彩圖 1：這幅水墨畫是中國書畫大師何水法特為本書創作。畫中題字：「太極雙魚乃中華文化之精髓，今以意為其寫照，甲午冬初何水法於湖上。」其中，嬉戲的太極「雙魚」活靈活現，陰陽兩極宛若雙鯉追逐、嬉戲，魚眼魚身隱然若現。黃河流經河南形成著名的龍門瀑布，傳說錦鯉奮力一躍過關則化龍升天。我們借用一點幽默感，將此喻為虛粒子轉變成真實粒子的過程；這重要的量子過程，現今被視為是宇宙結構起源的基礎（見彩圖 49 與彩圖 52）。此外，我們也可以鯉魚自況，將奮力上游的過程比喻成人類為了解自然的汲汲追尋。

彩圖 2：工作中的畢達哥拉斯，出自拉斐爾畫作〈雅典學派〉。

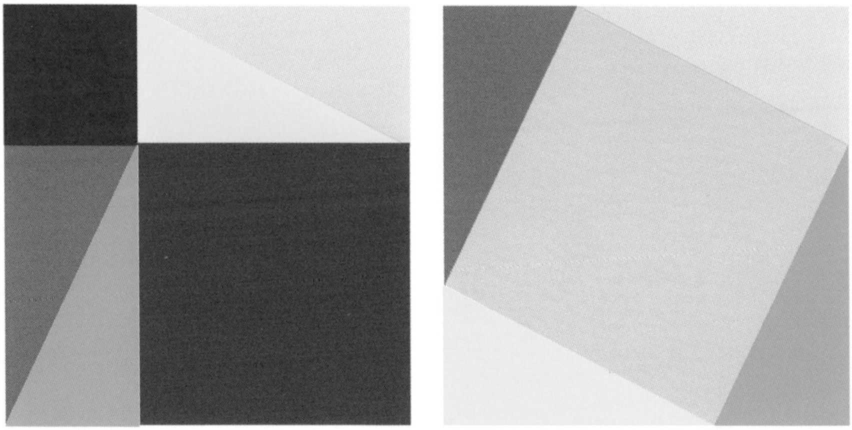

彩圖3：「太簡單了！」此圖讓畢氏定理一目了然。

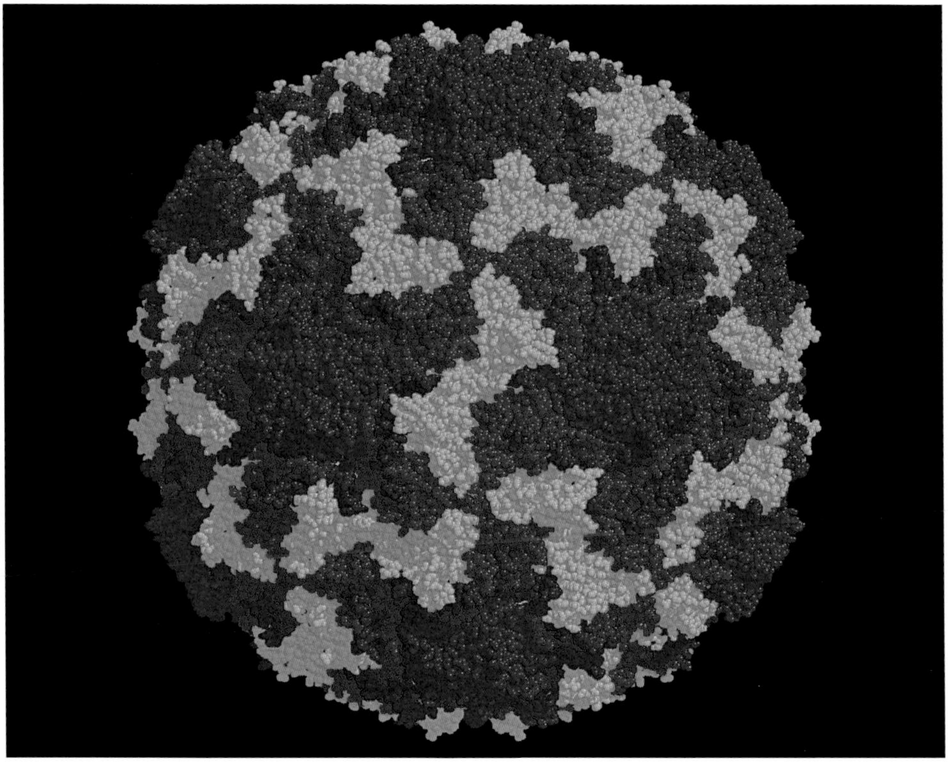

彩圖4：病毒的典型外殼，出現正十二面體與正二十面體的結構。

彩圖 5：達利畫作〈最後的晚餐〉中，聖餐在正十二面體裡展開。

彩圖 6：柏拉圖督促我們，若欲發現事物真實的深層結構，更應該關注表象之外。

彩圖 7：佩魯吉諾畫作〈將鑰匙交給聖彼得〉，以透視法展現喜悅。

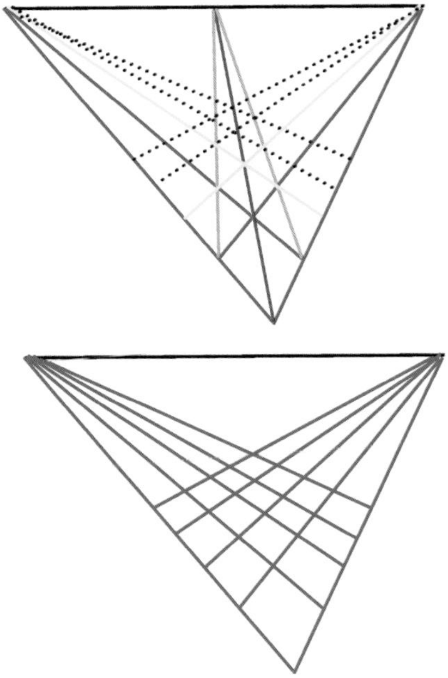

彩圖 8：以透視法為核心，畫出美麗的幾何圖案。

彩圖 9：在西方基督宗教的象徵中，白色是純潔與力量的強烈象徵。弗拉·安杰利科的〈變容〉即是莊嚴神聖的例子。

圖 10：當白光透過稜鏡時，會析出變成光譜色，利用第二道稜鏡又可變回白光。

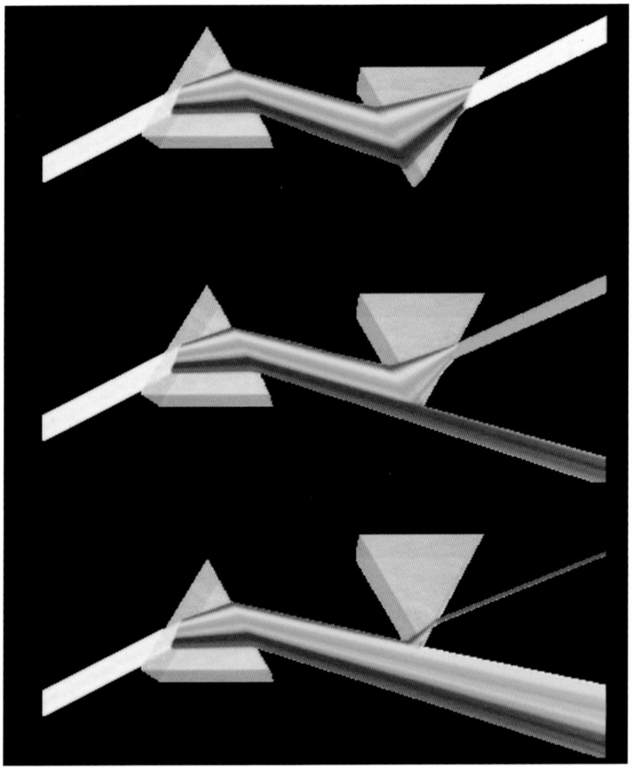

彩圖 11：布雷克描繪正在做研究的牛頓。

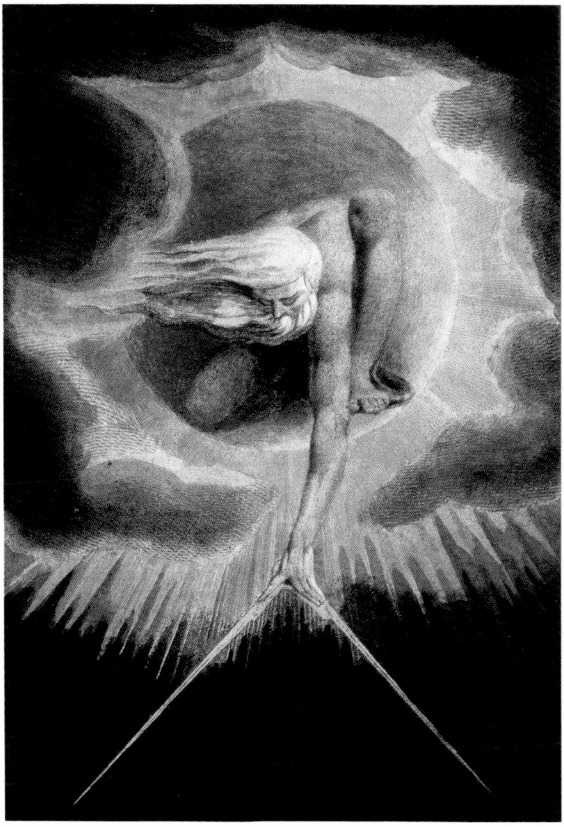

彩圖 12：布雷克描繪創世主與制法者尤里森。

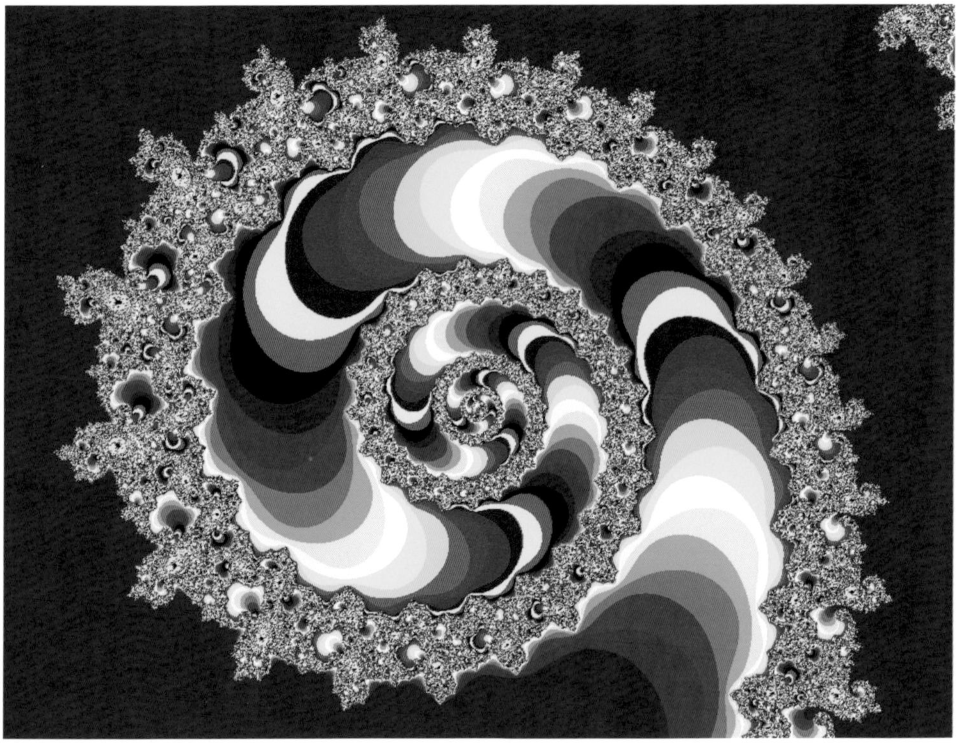

彩圖 13：這種常見的碎形圖案是根據簡單、嚴謹的數學規則而來，簡短的電腦程式就能生出這份精細繁複的圖案。

馬克士威方程組

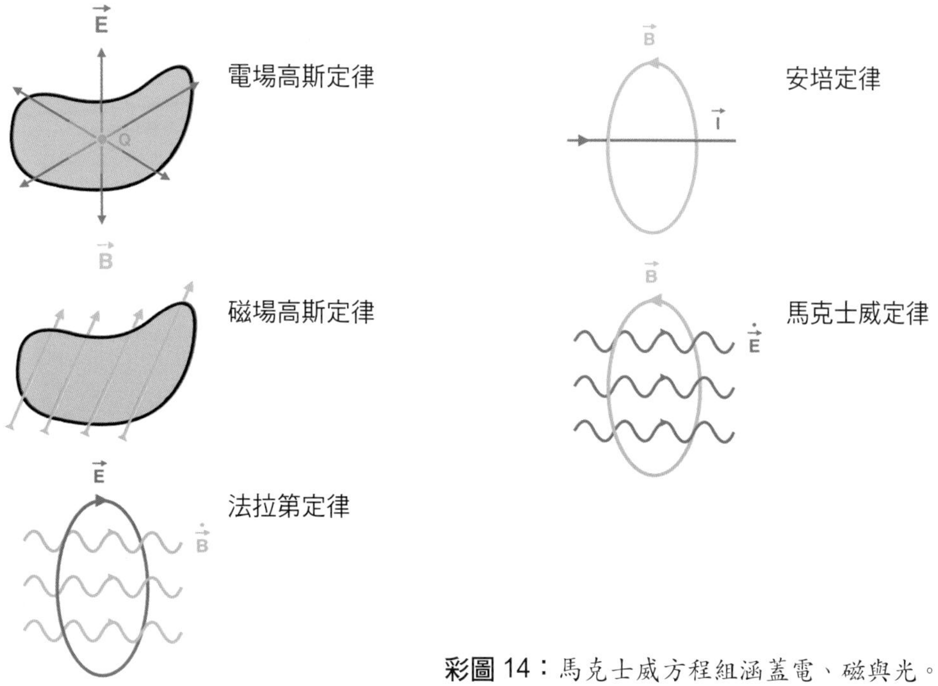

彩圖 14：馬克士威方程組涵蓋電、磁與光。

馬克士威的矛盾

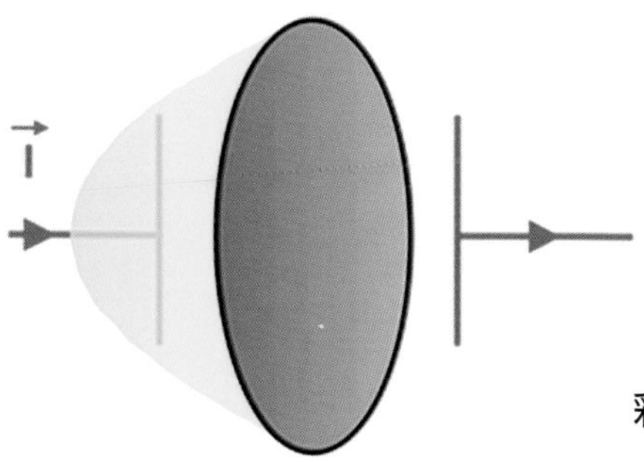

彩圖 15：馬克士威發現並解決的矛盾：
「到底電流有沒有流過圓圈呢？」

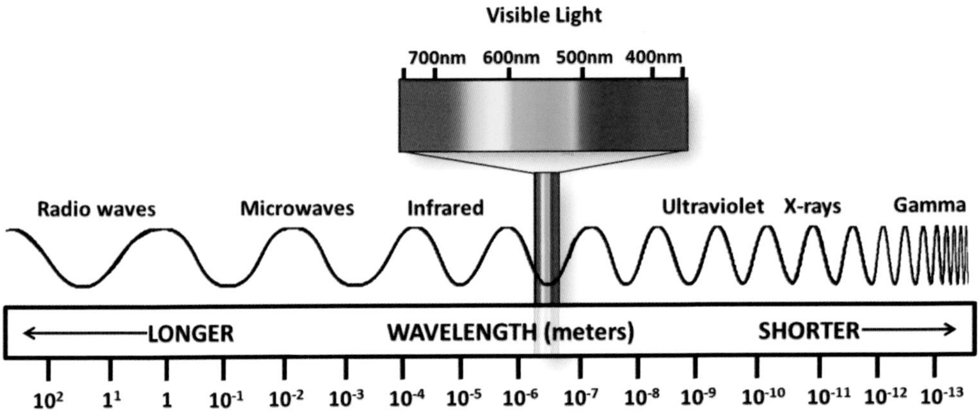

彩圖 16：馬克士威方程組解的描述遠遠超過可見光；運用現代科技，我們可以探索利用各式各樣的「光」。

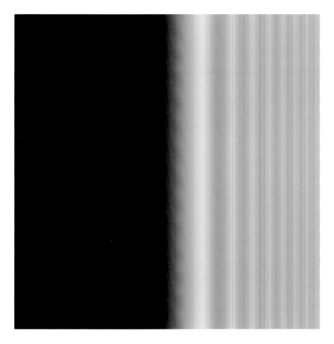

彩圖 17：鋒利筆直的物品（如刮鬍刀片）在光照下產生的繞射光影。

彩圖 18：克帕庫瑪（R. Gopakumar）數位繪圖〈上帝之子的誕生〉。

彩圖19：布雷克夢境般的複合媒材作品《天堂與地獄的婚姻》書名頁。

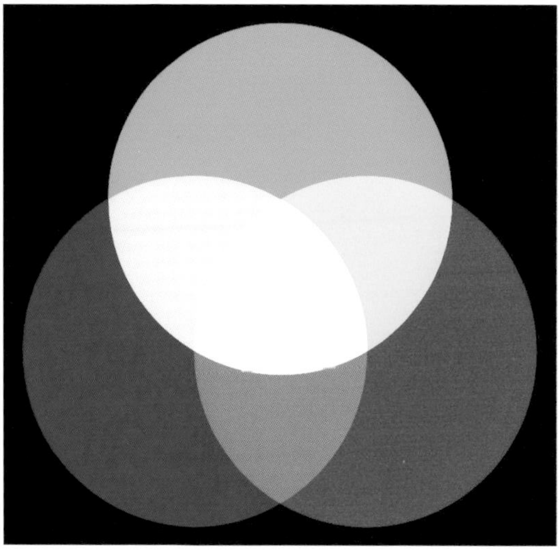

彩圖 20：將光譜紅色、綠色和藍色等光束混合，會產生各種知覺顏色，包括黃色和白色。不過，以這種方式產生的知覺白色，與陽光中的白色極為不同。

彩圖 21：把色盤裝在厚紙板上快速旋轉時，會使內圈的紅、綠色混和，讓我們容易與外圈的黃色相比較。由於黑色不會反射光線，在此可用來調整色環的明度。

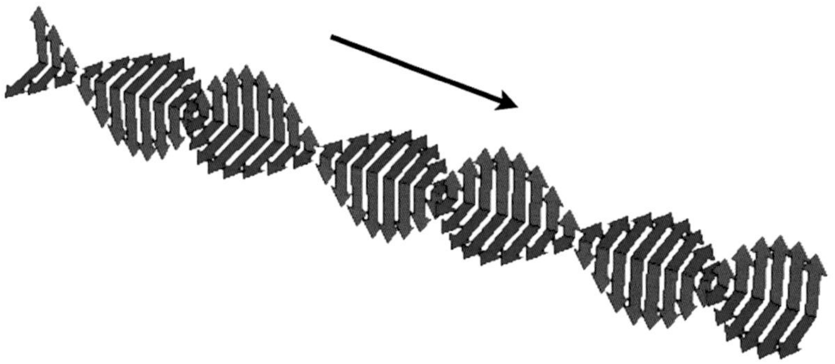

彩圖 22：此圖根據馬克士威（修正）的理論，呈現出光的電磁場示意圖。其中，紅箭頭表示電場，藍箭頭表示磁場。隨著時間，這道複合的電磁場擾動會沿著主軸朝東南方以光速運動！

人類眼中的世界

小狗眼中的世界

彩圖 23：在正常影像上進行處理，將色彩維度從三維投影成二維，大致可以呈現小狗眼中或色盲人士眼中的世界。

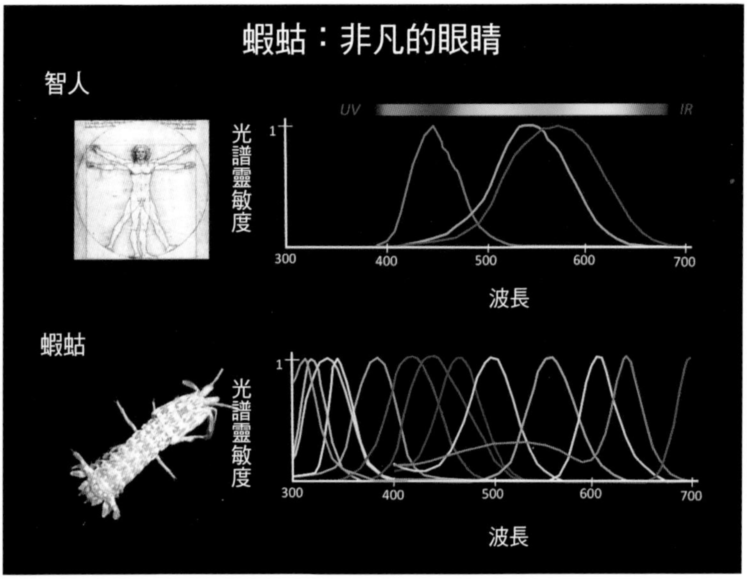

彩圖 24：人類的視覺系統是以三色受器為基礎，蝦蛄類則有更多色彩受器；圖中多條感光曲線代表蝦蛄優異的辨色能力。

彩圖 25：蝦蛄中辨色能力最強的物種，本身也是繽紛多彩，如圖所示。當然，這張照片僅僅只能傳達出我們人類眼中所見而已。

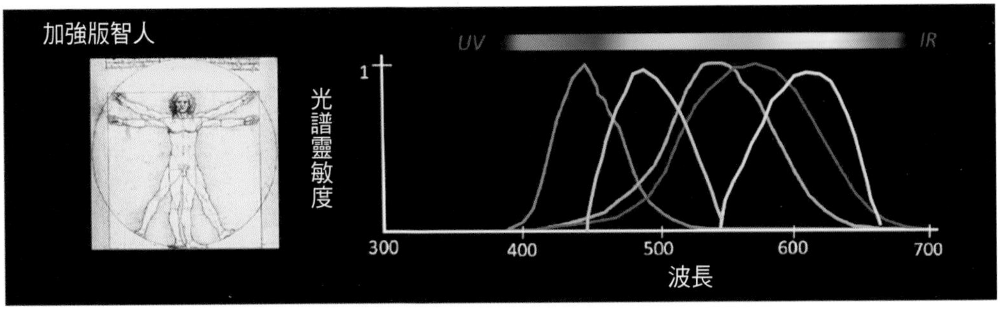

彩圖 26：利用「時間調變法」可以拓展新的受器頻道，提升人類的視覺認知。例如，我們也許能夠增加兩個新的人工頻道，創造五維度的色彩空間。

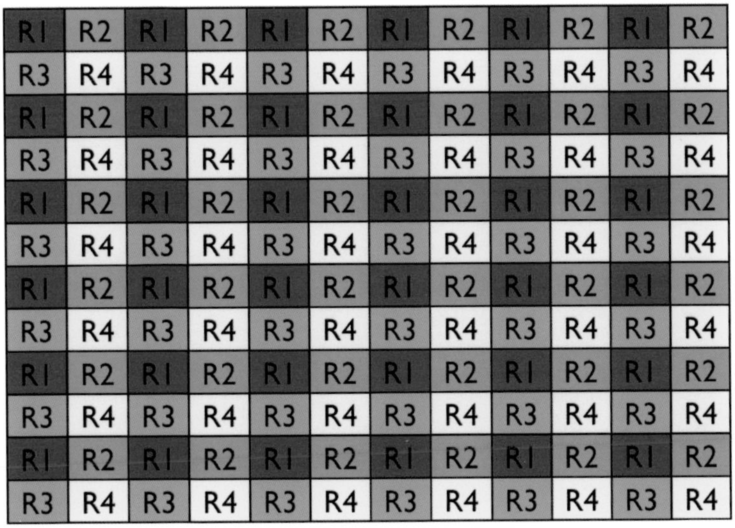

彩圖 27：將四種色彩受器緊密排成陣列，可擷取在細微結構上呈現四維度的影像。螢幕像素也以同樣的結構排列，至少有一個維度進行時間調變，讓這類訊息可供讀取。

彩圖 28：以數學描述的物理原子是三維物體，藝術家畫情揮灑的想像下，形成異常美麗的圖像。這裡是一幅電子雲的剖面圖，是氫原子的特定激發態〔致專家：(*n*, *l*, *m*) = (4, 2, 1) 狀態〕，表面是相等機率面，顏色表示相對相位。

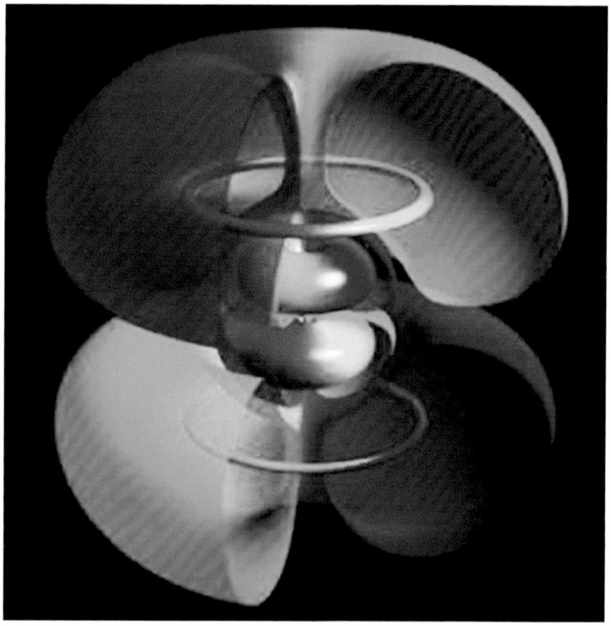

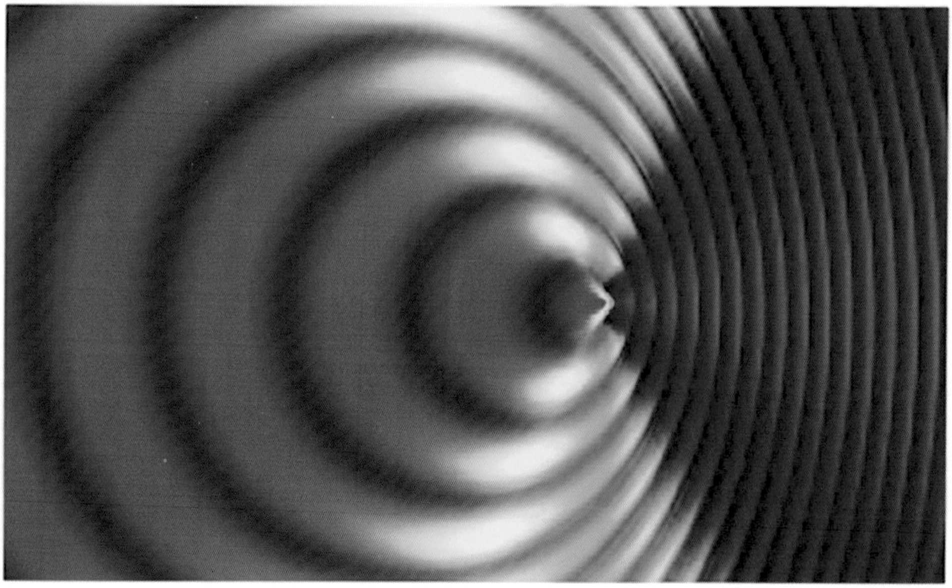

彩圖 29：在進行快速相對運動的觀察者看來，光束會出現不同的顏色。這裡是一道光束從光源射出，以十分之七的光速往右邊移動。若站在右邊，光束會接近，顏色是藍色；若站在左邊，光束是後退，看起來是紅色。這張圖是波形照片，光源靠近中心。

彩圖 30：變體畫不僅可以造成角度改變，也可以進行更廣的轉換。同一個場景可以呈現豐富的變化，包括扭曲的圖像。

彩圖 31：將一片石墨烯捲起來，可以產生形形色色的一維線狀分子，即奈米管。

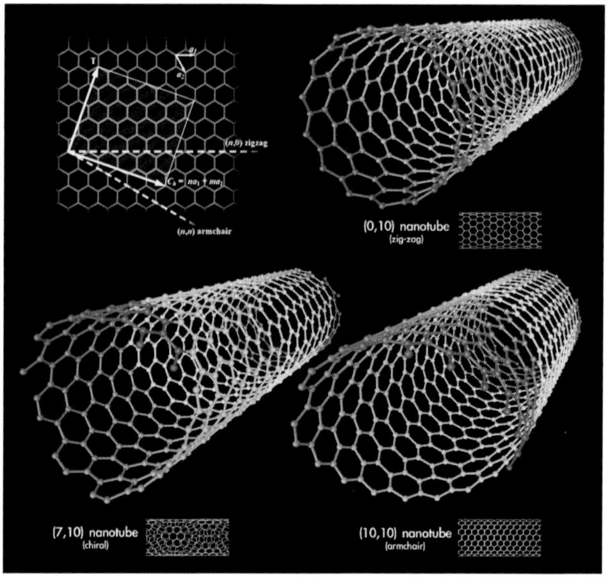

彩圖 32：色彩空間轉換的說明。左上角是巴塞隆納街頭一家糖果店的原版照片，右上角進行簡單剛性的色彩空間轉換，下面兩張圖則進行程度不等的局部轉換。

彩圖 33：幾何、色彩、對稱、變形、變色等技巧充分運用，共同體現屏息之美。

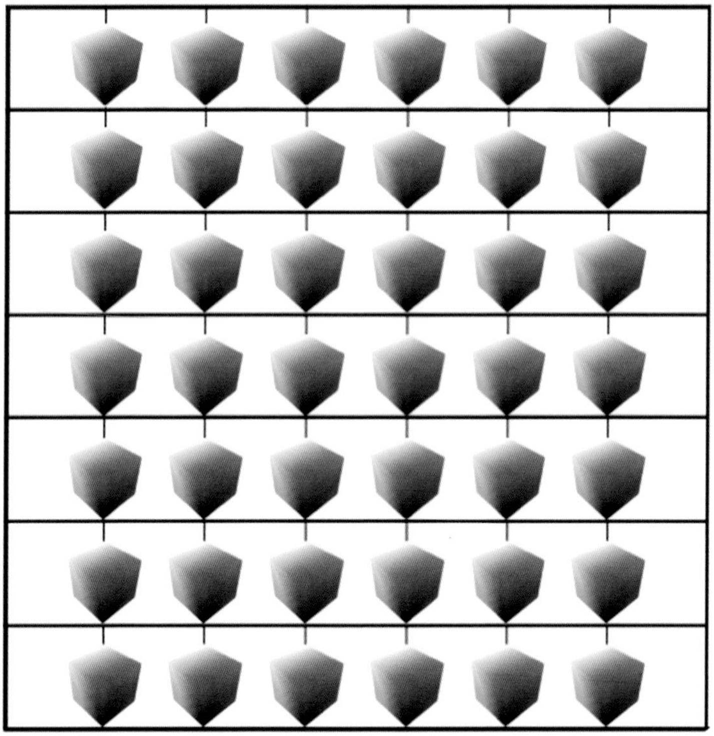

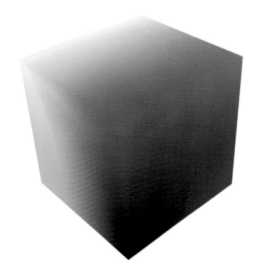

彩圖 34 與 35：RGB 彩色立方體是每點像素可有的選擇。
透過色彩視覺，讓我們觸及三個額外的維度。

電磁力

弱作用力

強作用力

彩圖 36：這裡展現出色彩性質空間的概念，每張圖對應不同的色彩投影，然後在下圖才採納整個色彩立方體；這些標示暗示核心理論使用一維、二維和三維的性質空間。

彩圖 37：使用魚眼鏡頭，為精美的現代清真寺更增添一層變體畫之美。

彩圖 38：夸克似乎需要某種像彈簧或橡皮筋之類的作用力，當中介的彈簧或橡皮筋拉長時，拉力會更強。

彩圖 39：一個電子和一個反電子（正電子）加速到高能狀態，並以相反方向運動，會湮滅消失。從這張圖可看到，結果有粒子群迅速往三個方向移動，三道粒子束即是夸克、反夸克和色膠子的化身。

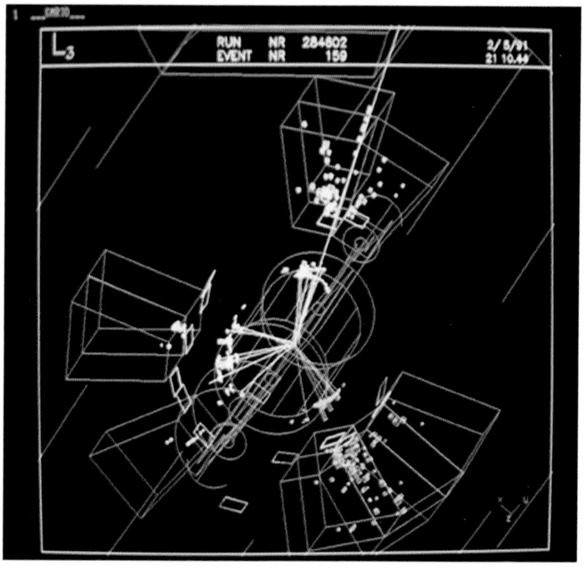

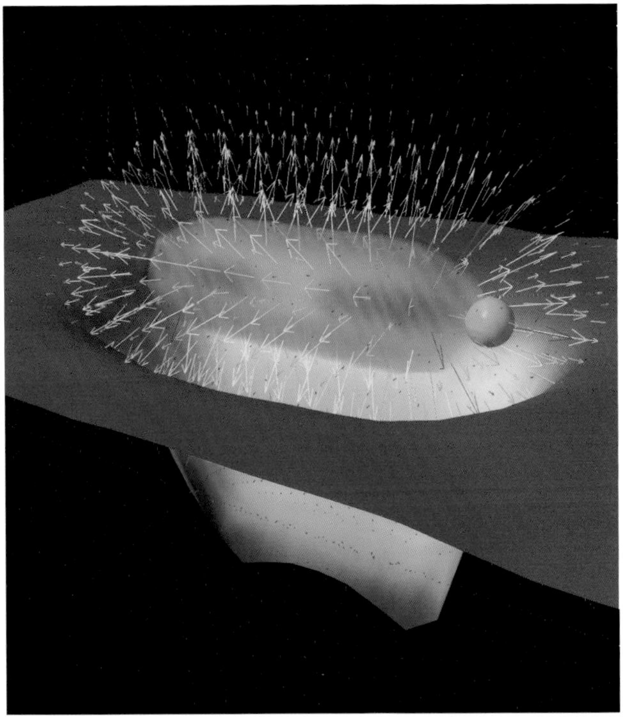

彩圖 40：描繪法拉第所謂的「力線」，連接一個夸克與一個反夸克，集中形成管狀。這根管子代表色場在源頭夸克與末端反夸克之間流動的通量。由於組成色場的膠子具自黏性，所以會黏結起來，此現象是夸克禁閉的關鍵。

彩圖 41：這張圖是彩圖 40 的重要變化，通量分布連接三個夸克，成為重子的骨架，例如形成物質的質子。

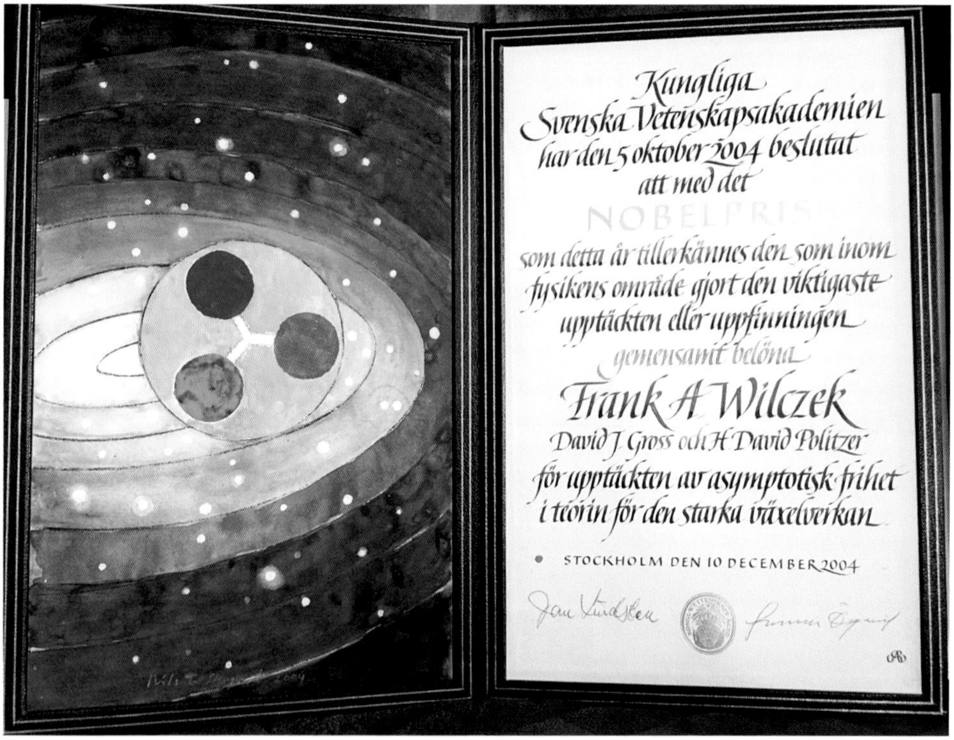

彩圖 42：三個通量管可能形成一個分岔，這是三色量子色動力學的獨到特徵，即文中解釋過的「漂白」規則。彩圖 38 是我獲得諾貝爾獎的紀念海報，裡面的通量分布並不太正確（見彩圖 41）。但是這份在我諾貝爾獎證書上的說明，描繪得就很傳神！

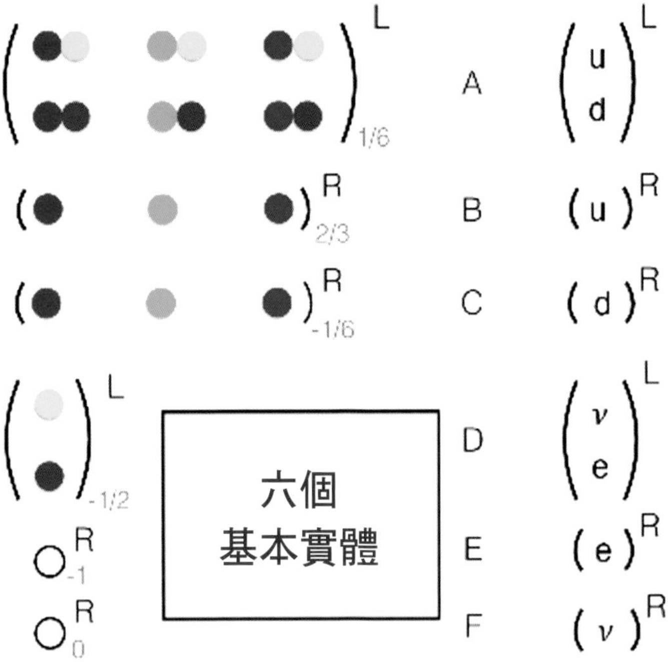

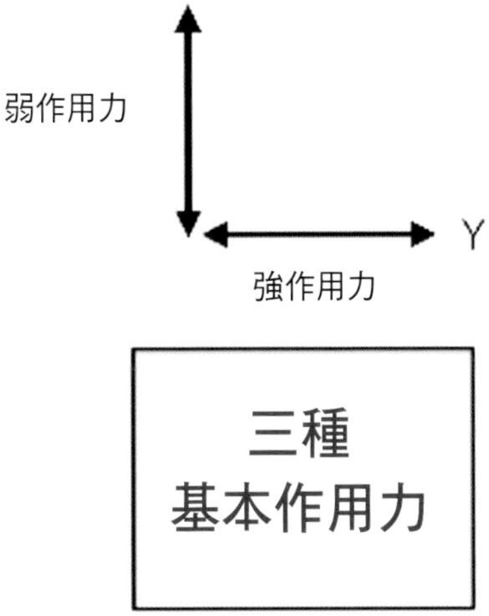

彩圖 43 和彩圖 44：核心理論第一階段摘要。

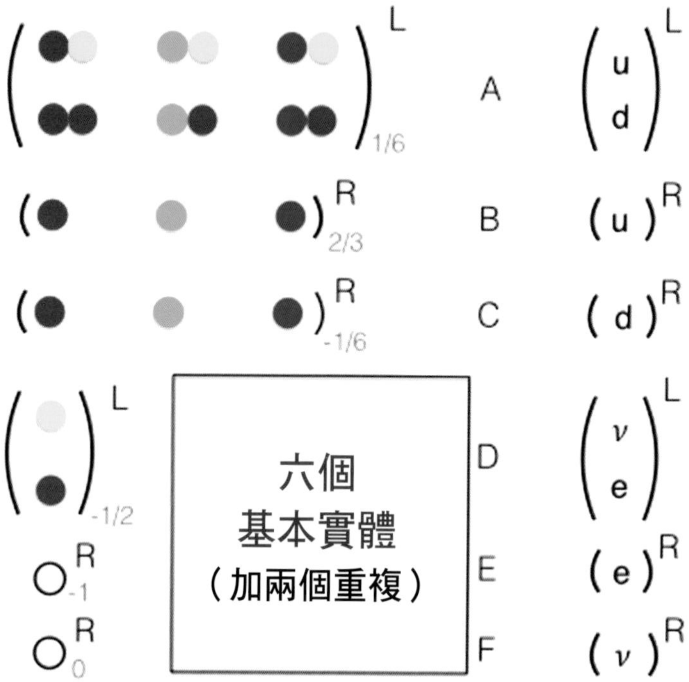

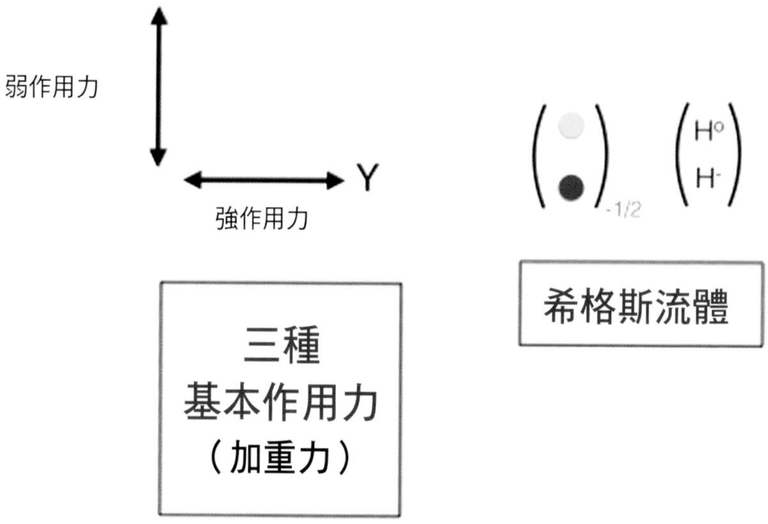

彩圖 45 與彩圖 46：核心理論第二階段摘要。

+	-	-	+	-	1/6
-	+	-	+	-	1/6
-	-	+	+	-	1/6
+	-	-	-	+	1/6
-	+	-	-	+	1/6
-	-	+	-	+	1/6
-	+	+	-	-	-2/3
+	-	+	-	-	-2/3
+	+	-	-	-	-2/3
-	+	+	+	+	1/3
+	-	+	+	+	1/3
+	+	-	+	+	1/3
+	+	+	+	-	-1/2
+	+	+	-	+	-1/2
-	-	-	+	+	1
-	-	-	-	-	0

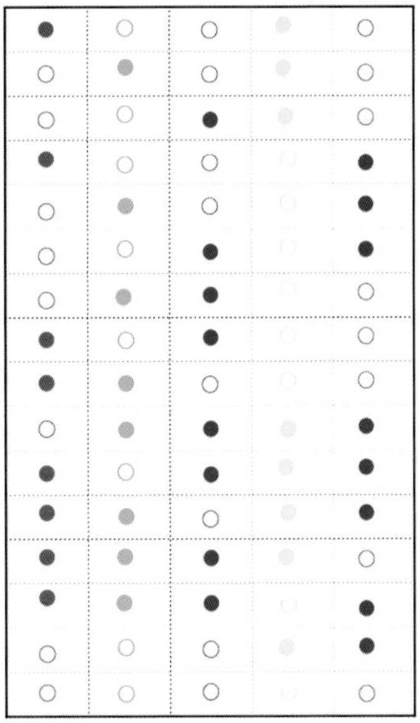

Y = -1/3（紅＋綠＋藍）＋ 1/2（黃＋紫）

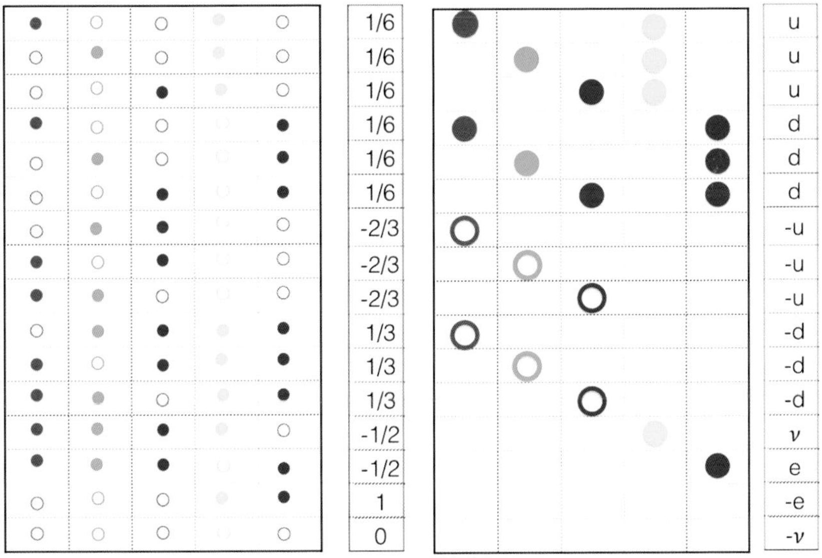

單一實體，單一作用力

彩圖 47 與 48：假設有更大的對稱存在，讓我們可以釐清核心理論的真實面貌，即彩圖 43 與 44 所提出的總結，也讓我們得以推出本書連貫呼應「真實＝理想」的極致。

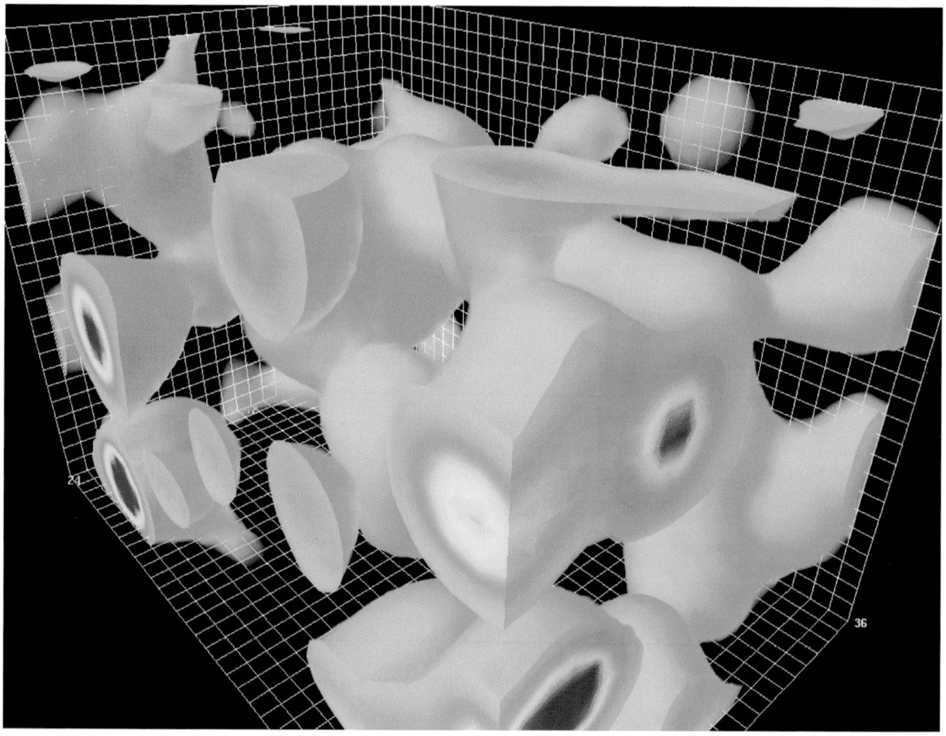

彩圖 49：真空在極佳的空間和時間解析度下的放大圖。

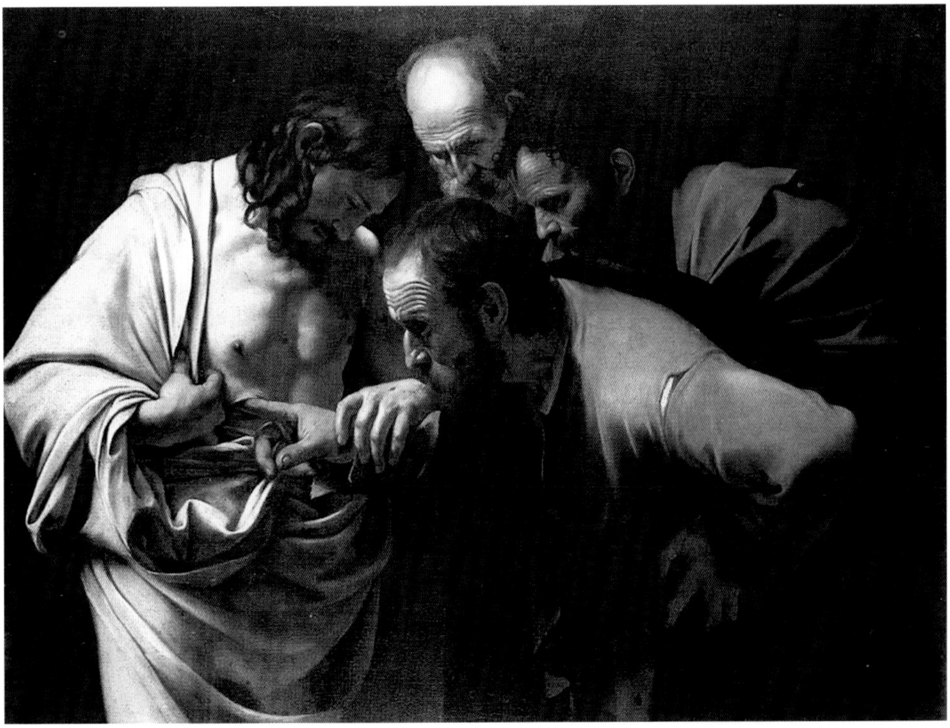

彩圖 50：卡拉瓦喬畫作〈聖多馬之疑〉。多馬懷疑耶穌復活，直到檢視傷痕才信服。

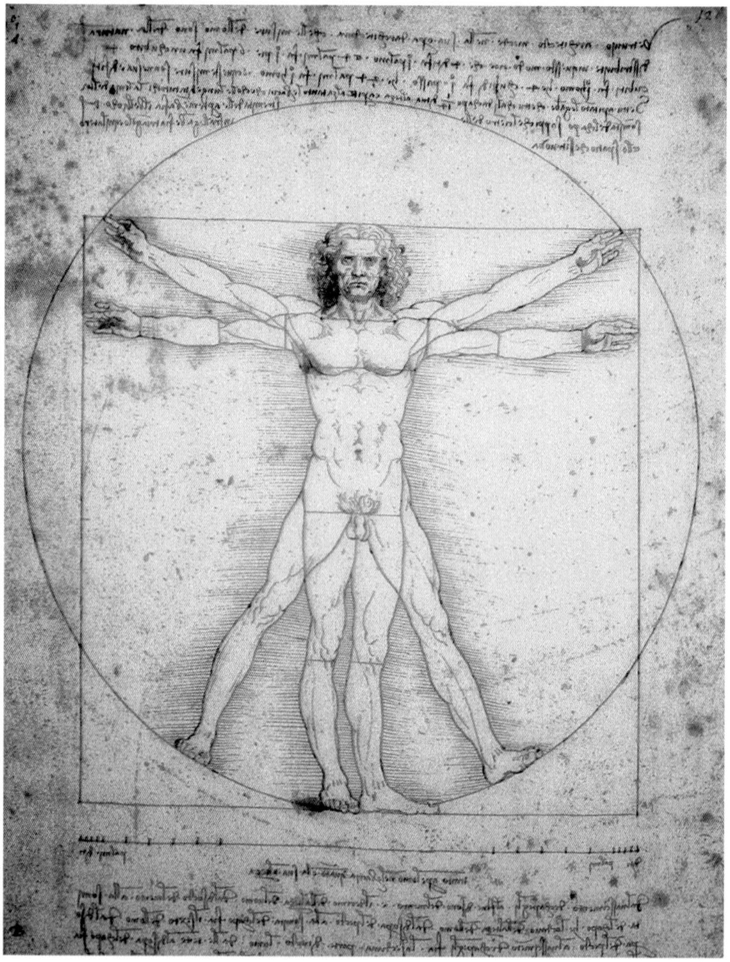

彩圖 51：達文西的〈維特魯威人〉，就像克卜勒的太陽系模型一樣，受到誤解的深層真實之美麗想法所啟發。

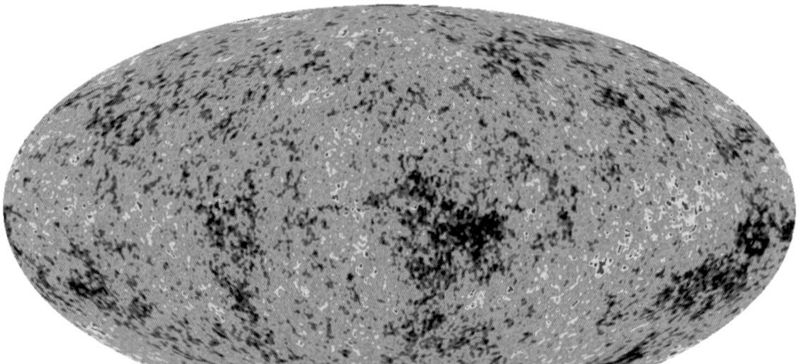

彩圖 52：經過高度處理的微波天空圖，顯示出宇宙結構的種子。

貓頭鷹書房

有些書套著嚴肅的學術外衣，但內容平易近人，非常好讀；有些書討論近乎冷僻的主題，其實意蘊深遠，充滿閱讀的樂趣；還有些書大家時時掛在嘴邊，但我們卻從未看過……

如果沒有人推薦、提醒、出版，這些散發著智慧光芒的傑作，就會在我們的生命中錯失——因此我們有了**貓頭鷹書房**，做為這些書安身立命的家，也做為我們智性活動的主題樂園。

貓頭鷹書房——智者在此垂釣

太極雙魚乃中華
文化之精髓今以之爲參
寫照 甲午冬之初何水法

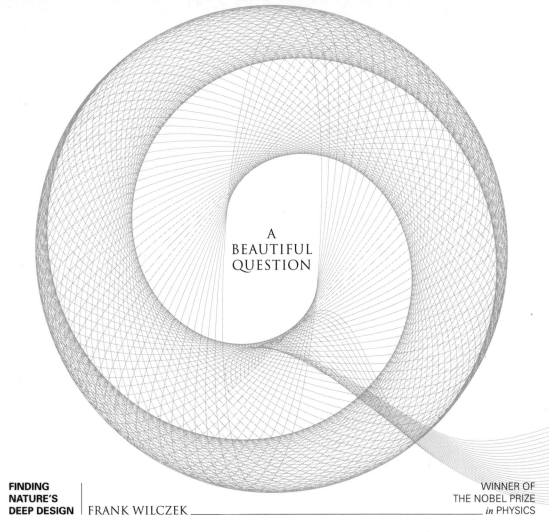

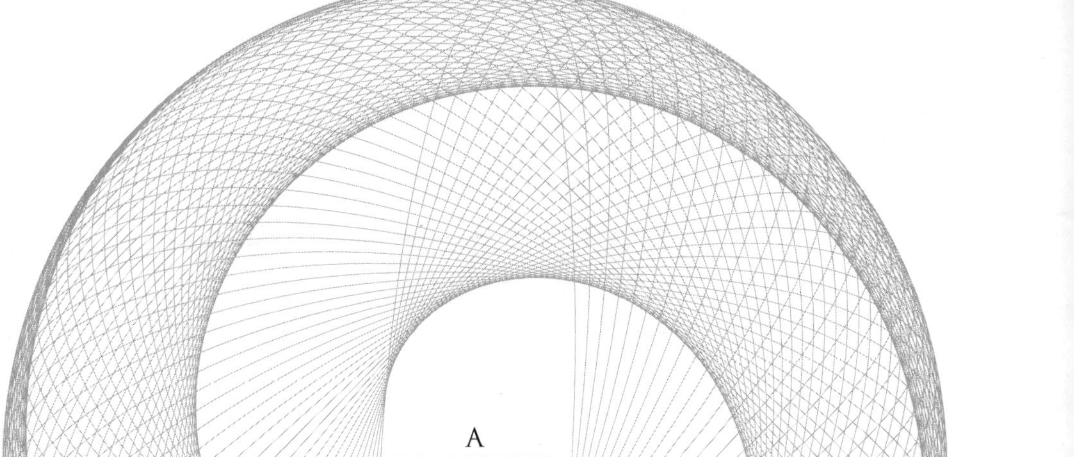

A BEAUTIFUL QUESTION

FINDING NATURE'S DEEP DESIGN

FRANK WILCZEK

WINNER OF THE NOBEL PRIZE *in* PHYSICS

萬物皆數

○諾貝爾物理獎得主○

探索宇宙深層設計之美

著＝法蘭克．維爾澤克

譯＝周念縈　審定＝郭兆林

貓頭鷹

〔作者簡介〕

法蘭克・維爾澤克（Frank Wilczek）：少年時期就嶄露頭角，高中獲「西屋科學獎」（後更名「英特爾科學獎」），二十三歲完成博士學位前（一九九四年）就先獲得理論物理學界的最高榮譽「Dirac 獎」，三十歲任普林斯頓大學正教授，現為MIT講座教授。在普林斯頓大學攻讀博士期間，與恩師戴維・格婁斯發現量子色動力學中的漸近自由，因此獲得二〇〇四年諾貝爾物理學獎。維爾澤克研究範圍異常廣泛，著有《存在之輕》（暫定，二〇一八年推出）、《奇妙的真實》及《和諧之嚮往》等。

〔譯者簡介〕

周念縈：台大新聞研究所畢業，與郭兆林合譯《圖解時間簡史》、《愛因斯坦——他的人生、他的宇宙》、《科學的九堂入門課》、《大設計》等，《科學的九堂入門課》榮獲第五屆吳大猷科學普及著作獎翻譯類佳作。另譯有《如何訂做一個好學生》、《網路到底在哪裡》、《人類發展學——兒童發展》等。

〔推薦序〕

相信「美」！

陳瑞麟（中正大學哲學系系主任）

對大多數人而言，艱深晦澀的物理學和「美」實在八竿子扯不上關係，本書作者維爾澤克——二〇〇四年諾貝爾物理獎得主——卻偏偏從「世界是否具體實現了優美的想法？」這個問題出發，寫了《萬物皆數》這本書。你可能會反應：天啊！是不是又有科學家過於熱中研究物理到腦袋短路了？

事實上，「美」這個看似相當主觀、只存在於藝術領域中的價值與概念，一再地重現於諾貝爾級的大物理學家的著作中，例如費曼（Richard Feynman）的《物理之美》（*The Character of Physical Law*）以「美感」為起點討論物理定律的特性；溫伯格（Steven Weinberg）的《終極理論之夢》（*Dreams of A Final Theory*）專章討論物理理論之美，標題即「美的理論」；《楊振寧傳——規範與對稱之美》有一章描述楊振寧為「追求科學美感的獨行者」……這些大物理學家對於物理之美的感受與表達，已經構成物理學的一個深厚的傳統，可以回溯到愛因斯坦、馬克士威，甚至被尊為「現代物理之父」的伽利略。

伽利略在他倡議哥白尼天文學的著作《兩個主要世界體系的對話》中，透過對話者之口問：「是否**真實的**必定就是**美的**？」*我們恍然大悟，維爾澤克寫《萬物皆數》的目的正是想回答伽利略以降大物理學家念茲在茲的大哉問。然而，之前的那些著作雖然討論「美感」或「美學」在物理研究中扮演的角色，卻集中在物理學內部，似乎預設「物理之美」與「藝術之美」的區分。《萬物皆數》的內容涉及更多藝術，維爾澤克雄心勃勃地想追求「物理之美」與「藝術之美」的和諧，甚至有意識地以一種**詩意的語言**來寫作本書，以體現內容和表達的一致之美。可以這麼說，維爾澤克雄心地追求「自然之美」、「物理之美」、「思想之美」、「表達之美」和「藝術之美」的大一統——這個雄心表現在他的詩意文字、表現在討論「概念與真實」、「心智與物質」等哲學議題上，也簡潔俐落地表現在「真實↕理想」這條公式上——它的意義是「真實」和「理想」（心智中的數學理念）互相**趨近**、**和諧**、**互補**。

為什麼對大多數人深奧難解的當代物理理論會體現出**美**呢？關鍵在於本書的核心主旨：**萬物皆數**。更精確地說，是使用**簡潔**、**對稱**的數學方程式來表達的自然定律，千錘百鍊地通過無數實驗的考驗，精確地吻合了無數經驗，使得我們不得不接受它們再現了真實（萬物背後的理），在追求這樣再現真實的過程中，物理學家感受到「減一分則太少、增一分則太多」的美。可是，要談「萬物皆數」這樣的觀念，不能不溯源至希臘哲學家畢達哥拉斯。

維爾澤克因此從事一個回溯最初源頭，再循著發源以來的歷史順序，為讀者導覽畢達哥拉斯、柏拉圖、牛頓、馬克士威、愛因斯坦、諾特等哲學、物理和數學大師的思想。就此看來，《萬物皆數》不僅是一本介紹當代物理理論的書籍，也是一本自然哲學史、物理學哲學、科學形上學的著作。「自然哲學」、「物理學哲學」、「科學形上學」這幾個名詞在此可以看成同義詞，都包含探討萬物最終構成成分的問題。*一言以蔽之，《萬物皆數》是一位諾貝爾獎大物理學家在自然哲學領地裡思辨探險的成果，最後「結穴」於「相信美」這一句鏗鏘有力的三字真言。然而，富饒趣味的是：《萬物皆數》的最後一段卻是「美與不美」的對照，維爾澤克寫道：

> 物理世界體現了美麗。
> 物理世界充滿了痛苦、紛亂與壓抑。
> 不管如何，我們都不應該忘記另一面的存在。

非常弔詭。不是「相信美」嗎？不是一個追求「美」的思辨歷程嗎？那麼，最後為什麼又出現「不美、痛苦、紛亂」等來攪局？要回答這個謎，我們必須理解維爾澤克的另一個核心哲學觀念：「互補」。「互補」這個觀念是量子力學大師波耳引入科學，它的精神遙契中國傳統哲學的陰陽互補觀念，維爾澤克也強調這個思想源頭，似乎也展現了一種東西方思想互補的精神。

---

* Galileo, Galilei (1967[1632]). *Dialogue Concerning the Two Chief World Systems: Ptolemaic and Copernican*, p. 133. Tr. by Stillman Drake, foreword by Albert Einstein. Los Angles: The University of California Press.

* 關於這些名詞的進一步詳細解釋，有興趣的讀者可以看本人的一篇網路文章〈科學形上學〉，看 https://www.facebook.com/POS.RueyLin/notes《陳瑞麟的科哲絮語》二〇一七年四月二日網誌。

在談了很多美學、哲學之後，筆者必須提醒讀者，維爾澤克是物理大師，量子色動力學的開創者之一，他發現了強作用的粒子交換機制，閱讀本書也是看一個理論創始者的現身說法，為讀者介紹相關的科學新知。總而言之，任何對於「萬物最終是由什麼東西構成的」這個既是物理又是自然哲學問題感興趣的讀者，都可以在閱讀本書的過程中感受到行文優美卻又知識飽足的雙重愉悅享受。

〔審定序〕

且以「美」理解宇宙萬物

郭兆林（史丹佛大學物理系教授）

宇宙最不能理解之處，在於它可以被理解。

——愛因斯坦

「各位旅客，現在本航班已達巡航高度，您可以開始使用的手機。但由於航速高達每秒兩百公尺，物理定律已經改變；請打開飛航模式，以確保手機能正常運作。」

你應該不曾、也永遠不會聽到空服人員如此廣播。這是因為我們的宇宙滿足一些對稱性，讓其描述簡潔而優美，也讓手機製造商的差事簡單得多：除了上述的「推進」對稱性外，可以躺著用手機（旋轉對稱），或是走到廁所也可以使用（平移對稱）。自然法則在改變下維持不變，以及宇宙在其他方面展現的優美性質，就是本書最主要的討論課題。

現代物理學的核心建立在少數幾個相當抽象的概念。以上提及的「全域」對稱，由於泛濫成災的手機使用大家已習以為常；此外，本書著重討論「規範」對稱與「量子場」的概念（書中稱為剛性對稱、局部對稱、和量子流體），通常在物理系研究所才會觸及。然而在一兩百年的研究之後，物理學家揭露自然的真實本質正是「場」，而自然法則的真實本質就是「規範對稱」。我們的世界的本質並不是一個電腦模擬，這當然值得讓普羅大眾知悉。

本書作者維爾澤克是大名鼎鼎的理論物理學家，當他還是研究生時，發現量子色動力學（QCD）容許漸近自由；大約同一時期，弱作用理論也取得重大進展，這些研究確定量子規範場論可以完整描述強、弱，以及電磁交互作用。在此之前，許多理論家已經因為核物理的混亂、困難而過早宣判場論死刑。這個成就，讓他於二〇〇四年獲得諾貝爾物理學獎。

作者以追尋「美」做為全書主軸，用一種非常人性化的方式鋪陳，更為抽象艱澀的理論物理概念找到很多非常好的譬喻。我從來沒有看過比「色彩局部轉換」（巴塞隆納的糖果店）和「變體畫」更能清楚說明、圖像化規範對稱性。就算是物理博士，還是有很多人對於源於數學家魏爾、楊振寧的規範對稱懵懵懂懂。因此，本書光在去神祕化方面的貢獻就應好好記上一筆。把相對論的廣義協變原理也用同樣的方式來理解，也是再清楚也不過。

這就是讀高度消化過的文獻的一大好處，有時比閱讀原典更容易抓到精髓。無論是初學者，或是專業物理學家，相信都能獲益匪淺。即使在尾注也隱藏珍珠，讀這本書讓我深感「遇到一位好老師，讓你茅塞頓開」！而我拿這本書來做上課教材，學生也說：「為什麼以前都沒有老師用這種方法解釋呢？」令我感到欣慰與開心。

自古以來，能以創新方式抓到艱深概念精髓之士寥若晨星。因此，本書大方地採用紀傳體的形式來介紹各種概念，從畢達哥拉斯、柏拉圖、克卜勒、牛頓、馬克士威等等，歌頌這些英雄在理想↔真實、雄心↔精確之間的掙扎。作者根據歷史、他本人的經驗，以及粒子物理標準模型的發展，主張堅持前者往往導致後者。

物理學家費曼曾在一場演講中（YouTube可找到），討論希臘式與巴比倫式的數學傳統。費曼認為，尋求對稱、統一和優美的的希臘式作風，在物理學發展不見得派上用場。據說，以重視實用的巴比倫派自居的他曾因此和加州理工學院同事、希臘式作風鮮明的蓋爾曼針鋒相對。一九七〇年後的發展，讓物理學雨過天青、重回優美，而懷疑論者不是撤退，就是只能挑些小毛病。維爾澤克不但居功厥偉，也在本書中自信堅定地服膺希臘派。

我和維爾澤克幾年前有一面之緣，不過我第一次接觸他，是閱讀他對於彭羅斯（Roger Penrose）《通向實在之路》（*The Road to Reality*）的書評。對於這位數學大師的巨冊，維爾澤克客氣但無情地摧毀它。維爾澤克是主流理論物理學的強力捍衛者、代言人。他根據深層的信念，正確地預測希格斯粒子必將出現，讓很多好事之徒洩氣。現在，他堅定預測LHC將會找到超對稱。在這方面，我相信他勝於任何人，也樂觀其成。

另外，維爾澤克和溫伯格所預測的軸子可能就是暗物質粒子。我在史丹佛大學和南極所做的研究，是在宇宙背景輻射中尋找初始重力波。二〇〇八年，維爾澤克在一篇論文指出，若軸子就是暗物質，宇宙背景輻射中將找不到初始重力波的遺跡；反之，若初始重力波出現，軸子就不會是暗物質。所以，到底是軸子還是初始重力波受大自然青睞，且讓我們拭目以待了。

國內外專業書評及推薦

人類自古就對世間事物的美投以主觀的眼光。然而，大自然亦自有其一套審美標準。不同的是，自然定律永恆不變。做為物理學家，法蘭克．維爾澤克一生致力在科學道路之上尋找大自然對美的定義。這本書，可以說是維爾澤克的一個總結：對稱性和經濟性。

我有時會問自己：一本好的科學普及書籍，應該如何寫？我漸漸發現，好的普及讀物不應單向傳達知識，那是教科書的任務。一部好的普及讀物，應該與讀者產生共鳴。維爾澤克以科學家為主軸，把兩千五百年物理史娓娓道來，解構科學與人類的關係。

我誠意推薦《萬物皆數》。

——余海峯（瑞典皇家理工學院粒子及天體粒子研究組博士）

格物窮理的科學家能談美、問美、論美嗎？美的定義是心證的，但對少年即英俊的理論物理學家維爾澤克而言，「美」在於瀰漫並管理宇宙的定律，乃是有序、有層理、簡約而饒富對稱的。而定律本身，竟又與「物」互為表裡，就像太極之生兩儀，以臻無窮。心與物、美與真，造物竟以不變為其變化的法則！來、來欣賞大師為你娓娓道來那導引他一生的熱情，同享人類所認知宇宙萬象背後的極簡與諧和吧！

——侯維恕（台大物理系講座教授）

對於有幸曾經親聆維爾澤克教授演講的我來說，其博學以及獨到的見地絕對不是他能用以征服聽眾的唯一法寶。事實上，他還能夠以深入淺出的方式，當場讓人直接體會艱深理論以及繁複數學背後的物理意義。光憑這一點，就讓我自嘆弗如！而維爾澤克教授這本書，也完全承繼了他這令人鼓掌叫好的一貫風格。當我第一次打開它的時候，就顧不得囫圇吞棗的禁忌，忍不住一口氣把它讀完。維爾澤克教授的書就是有這種魅力。

——陳義裕（台大物理系終身特聘教授）

這是一扇美妙的科學窗口，讓我們窺探科學在自然、藝術與日常經驗上扮演的角色。以量子物理學研究贏得諾貝爾獎的維爾澤克，為我們呈現一本深入淺出、思慮縝密和優美流暢的著作。

——艾碧柯恩《商業周刊》

任何想知道科學如何昇華超越的人士，都應該閱讀這本書。

——迪帕・科波拉（醫學博士）

維爾澤克帶領讀者，以專業導覽穿越兩千五百年的哲學和物理學之旅……這本書趣味盎然，因為作者秉持上窮碧落下黃泉的興趣，鑽研探尋人類所歷經的種種對稱之美……他完成一項罕見創舉：直探永恆的主題，成就這本具有濃厚人文深度的書本。

——《華爾街日報》

具啟發性且深入淺出……維爾澤克文藻優美引人入勝……無論大自然最終給予何種答案，且讓我們以聰慧但謙卑之心，愉悅沉浸其中。

——《高等教育紀事》

在維爾澤克書中，自然方程式之美融合文學之美，終臻藝術之傑作。

——《科學新聞》

引人入勝，欲罷不能……不是爬梳資料堆砌成章，而是巧妙地重新架構現代物理學的諸多基本概念……維爾澤克下筆前已胸有成竹，讓人讀來輕鬆愉快。

——《洛杉磯書評》

文思巧妙！在大眾科普讀物中獨樹一幟。適合每一位愛書人……《萬物皆數》讓我們想起科學與藝術的諸多關連，也讓我們對於人類揭開自然奧妙的成就拍案讚嘆！

——《今日物理》

《萬物皆數》既對廣大未開拓的領土進行精彩的探索，也為粒子物理學發展提供創意獨意的指南。

——《自然》

鄭重推薦（按姓氏筆畫序）

◎吳茂昆（中研院院士、美國科學院海外院士）

◎高涌泉（台大物理系教授）

◎孫維新（國立自然科學博物館館長、台大物理系暨天文物理研究所教授）

TO MY FAMILY AND FRIENDS:

BEAUTIFUL ANSWERS OF THE SECOND KIND

萬物皆數——諾貝爾物理獎得主探索宇宙深層設計之美　目次

凡例

- 本書特別設計由兩個方向開卷，主要的正文從封面，而特別為讀者建立基礎科學名詞而編纂的《物理小辭典》則由封底讀起，以便採用英文排序檢索專有名詞。
- 全彩圖例集中置於書首，請按照編碼檢索。
- 〈時間表〉的重點是本書提及或相關的事件，並非任何主題的完整歷史年表。
- 〈注釋〉：內文注釋包括文獻出處、參考資料，同時收錄兩首詩作。
- 〈延伸閱讀〉分成三大項來推薦讀物：古典物理、量子理論與現代發展，是作者精挑細選、強力推薦的重量級進階讀物。
- 《物理小辭典》收錄書中提到一般讀者可能不太熟悉的科學概念、關鍵用語，加以定義並簡短說明，用法上會比日常使用的更加嚴格而特定。盡可能援引主文提到的主題與例子，也收錄許多另類觀點，企圖朝一些新方向發展。

相信讀者至此已先欣賞過卷首的太極雙魚圖，為我們的冥思定下美麗的基調。

第一章　問題

這本書是對一個問題的漫漫冥思：世界是否具體實現了優美的想法呢？這個問題看起來或許很奇怪：想法是一回事，具體的物體又是另一回事，「想法」該如何「具體實現」呢？

落實想法是藝術家做的事情。從想像概念開始，藝術家創造具體的物件（或準物理性的產品，例如會轉化為聲音的樂譜）。那麼，我們所謂「優美的問題」，比較接近以下的意思：

這個世界是否是一項藝術作品呢？

如此一來，我們的「問題」會導向其他的問題。如果，將世界視為藝術作品有道理的話，那是不是成功的藝術作品呢？真實世界是不是一項美麗的藝術作品呢？要認識真實世界，有賴於科學家的研究，但要好好評判這項問題，還必須納入感性藝術家的見解與貢獻。

放在靈性宇宙學裡來看，本書的問題再自然不過了。如果世界是個精力充沛又萬能的造物主所創造，祂（她、他們或它）進行創造的動機，有可能是出於創造美麗事物的渴望與衝動。這聽起來或許很自然，但是根據大多數的宗教傳統，這卻不是正統的思想。古人賦予造物主諸多動機，但是極少提到藝術動力。

在亞伯拉罕宗教裡（基督宗教、猶太教、伊斯蘭教等），傳統教義主張造物主以求真求善為出發，並藉著創造來彰顯自己的榮耀。萬物有靈論和多神派宗教認定創造、統治世界各地的神祇可出於諸多動機，包括博愛、欲望或隨興。

在更高的神學層面上，有人主張造物主的動機是如此崇高偉大，以人類有限的智力不能奢望理解。祂只透露部分的啟示，要我們相信、接受，而不是去分析。換句話說，「上帝」即是「愛」。這些正統教義多互相牴觸，而並沒有令人信服的理由，讓我們相信這個世界體現美麗的想法，也沒有教人應該努力追尋這樣的想法。「美」或許是這些天地之說的一部分，但普遍被認為是枝節附屬，而非重點核心。

不過，許多有識之士提出饒富深意的洞見，指出造物主不止無所不能，更是一名藝術家，其審美觀凡人亦可欣賞分享，甚至大膽猜測，造物主的本質正是創作藝術家。漫漫歲月以來，秉持這份精神的人以各種不停變化的形式，投入研究本書提出的問題。在這種啟發下，他們孕育出偉大深奧的哲學與科學，以及精彩動人的文學與繪畫；有些人的作品結合數種或全部的形式，成為貫通人類文明的一脈金礦。

伽利略將真實世界之美，做為自己虔誠信仰的中心，並向眾人推薦道：

上帝的偉大和榮耀在祂所有的作品中奇妙閃耀，尤其是可從天空那本打開的書中讀到……

克卜勒、牛頓和馬克士威等人都是如此。對於這些探索之人，發現真實世界體現之美，反映上帝的榮耀，都是他們追尋的目標。這啟發他們潛心研究，讓好奇心帶著他們勇往直前；至於種種發現，則是讓他們的信仰獲得回報。

雖然本書的問題可以在靈性宇宙學上找到支持，但也可以自成一格。或許正面的答案會啟發宗教詮釋，但這並不是必需的。

在冥思最後，會回來重新思索這些想法，希望到時候更能妥善應對。在此之前，世界是自己的代言人。

英雄的探索

正如藝術有歷史發展，隨時間演變出不同的標準，因此，所謂「世界是藝術作品」的概念也會與時俱進。在藝術史上，舊有的風格不會突然過時，仍有可能繼續受到欣賞肯定，並對日後的發展提供重要的脈絡背景。雖然這種想法在科學上較不常見，也有所局限，然而以歷史研究本書問題，仍然具有許多優點。這讓我們（事實上，是強迫我們）從較簡單的概念，改採較複雜的概念。另外，觀察偉大的思想家如何掙扎與反覆地迷失，讓我們可以清楚看見，有些原本看起來荒誕怪異的想法，最後在大家習以為常的情況下，反倒變得「理所當然」而能輕鬆接受。最後（很重要的一點），人們特別習慣用「故事」來思考，將思想與人物連結，覺得帶有衝突的故事和結局都令人著迷；縱使只是思想上的衝突，並沒有刀光血影（雖然，少數真的有濺血……）。

有鑑於此，讓我們開始唱名英雄榜：畢達哥拉斯、柏拉圖、布魯內列斯基（Filippo Brunelleschi）、牛頓、馬克士威（之後會加入一位重要的女英雄埃米·諾特）；這些人真有其人其事，十分有趣！但是對我們來說，他們不只是人而已，也是傳說和象徵。我抱持這種心情來訴說他們的故事，強調清晰簡潔甚於學術考究。在這裡，傳記是一種手段，而不是目的，每位英雄人物都將我們的冥思向前推進幾步：

- **畢達哥拉斯**提出著名的直角三角形定理，他發現數字與大小形狀之間存在最基本的關係。因為數字是心智最純粹的產物，而尺寸是物質的主要特徵，此項發現揭示了心智與物質之間具有隱藏的連結。

  另外，從弦樂器的法則中，畢達哥拉斯也發現數字與和諧的樂音之間存在簡單而驚人的關係。這項發現使「心智－物質－美」貫通成為「三位一體」，以數字做為串連。這有如醍醐灌頂！讓畢達哥拉斯思忖「萬物皆數」的想法。這些發現和猜想，賦予本書問題生命與意義。

- **柏拉圖**想法恢宏，他以五個對稱體（今稱柏拉圖正多面體）為基礎，提出原子和宇宙的幾何學理論。在這個大膽的物理真實模型中，柏拉圖重視美甚於精確，雖然他的理論細究起來錯得無可救藥，然而卻對本書的問題提供引人矚目的正面答案，在幾個世紀後啟發歐幾里德、克卜勒和許多人精采的研究。事實上，現代獲得驚人成功的基本粒子理論（見第八頁核心理論），即是以強調對稱性為根基，這肯定能博得柏拉圖微笑以對。當試圖做猜測時，我常會追隨柏拉圖的做法，以具有數學之美的物體做為大自然的模型。

柏拉圖也是偉大的文學藝術家，他以「洞穴」做為比喻，抓住了我們人類做為探尋者，與自然真實在情感和哲學等重要層面上的關係。其核心信念是，日常生活僅給予我們的只是影子而非真實全貌，但通過心智探險與感官開拓，我們可以接觸到真實的本質，比起投影更為清晰美麗。柏拉圖想像中有位「造物者」（Artisan），將永恆完美的理想境界，翻製成不完美的副本，即我們經歷的世界。在這裡，「世界是一項藝術作品」的概念是明確而清晰的。

- **布魯內列斯基**根據藝術和工程學上的需求，將新的概念帶進幾何學裡。其投影幾何學涉及事物的實際外觀，將相對性、不變性和對稱性等概念帶進來；這些概念不僅本身很優美，同時也蘊藏無窮潛力。
- **牛頓**將對大自然的數學理解，在雄心和精確度兩面向都提高到全新的水準。

牛頓的研究汗牛充棟，成就包括光學、微積分和運動力學等，其一貫的共同主旨即他所謂「分析」與「綜合」的方式。這種方式以兩階段策略來達成理解，在分析階段中，我們將研究最小的部分，以「原子」來做為比喻。在成功的分析中，我們找出具有簡單的特性、可用法則精確定義的小單元。例如：

- 在光的研究中，純色光束是原子。
- 在微積分的研究中，原子是「無限小」與其比值。
- 在運動的研究中，速度和加速度是原子。
- 在力學的研究中，作用力是原子。

（這些後面會深入討論）在綜合階段中，我們通過邏輯和數學推理，從單個原子的行為，建立包含許多原子的系統描述。

說得如此廣泛，分析與綜合之道似乎沒什麼了不起，畢竟這與「解決複雜問題，分而治之」的生活通則相差無幾，並非什麼驚人的大發現。然而，牛頓講求理解的精準完整，他說道：

與其用無法確定的臆測來解釋所有現象，倒不如取得一點確切的進展，其餘留待後人接續。

而在許多令人印象深刻的例子中，牛頓落實了自己的理念抱負。他極具說服力地顯示，大自然本身正是以分析綜合之道運作；「原子」真的具簡單性，而大自然真的放手讓原子發揮而運轉。

牛頓也在運動與力學的研究中，豐富世人對物理法則的概念。其運動法則和重力法則都是「動態」的物理律，換句話說，這些是「變化」的法則。這種法則體現了一種不同概念的美，而非畢達哥拉斯和（尤其是）柏拉圖所鍾愛的靜態完美。

動態美超越特定的事物和現象，邀我們的想像力馳騁於無數的可能性。例如，行星實際運轉軌道的大小和形狀並不簡單，既不是亞里斯多德、托勒密和哥白尼（連串相接的）圓形，甚至不是克卜勒更接近準確的橢圓，而是時間的函數，必須以計算才能得出來的曲線，並依太陽和其他行星的位置和質量，以複雜的方式演變。這裡有極致之美和簡單性存在，但是唯有當我們了解深層的設計後，才會完全明白顯現；特定物體的外觀，無法道盡法則之美。

• **馬克士威**是第一個真正的現代物理學家，他在電磁學的研究不但引進了一個真實的新概念，也是現代物理學方法的濫觴。新的概念是馬克士威從法拉第的直覺發展而來，他主張物理真實的主要成分不是點狀粒子，而是充滿空間的場。新的方法則是「受啟發的猜測」（inspired guesswork），一八六四年馬克士威將已知的電和磁法則導成一個方程系統，但發現導出的系統不一致。和柏拉圖將五個完美的正多面體變成四個元素加宇宙一樣，馬克士威沒有放棄。他發現加入一個新的項，可以讓方程式看起來更對稱，並在數學上達成一致，結果導致馬克士威方程組，不僅統一電與磁，並且解釋光的存在，直至今天成為這些科目的穩固基礎。

物理學家的「受啟發的猜測」是受什麼啟示呢？邏輯一致是必要的，但絕非充分。美和對稱引導馬克士威和後人（也就是所有的現代物理學家）更接近真理，後面將可看到。

馬克士威在色彩知覺上的研究，讓我們知道柏拉圖洞穴的比喻相當真切地反映了視覺的限制：相對於真實的整體，人類的感官體驗少得可憐。他的研究釐清感官知覺的極限，讓我們超越了這些限制。我認為，能夠提升感官功能的最終工具，是一顆追尋探究之心。

量子實現

隨著二十世紀發展出量子理論，本書的問題才得到一個明確的答案：「是」。

量子革命帶來一項啟示：我們終於理解「物質」是什麼。其理論結構一般稱為「標準模型」，具備必要的方程式。但是，這個名字讓人想打哈欠，不足以彰顯其成就。我要繼續推動從《存在之輕》這本書就開始的呼籲，用更恰當響亮的名稱來取代，將「標準模型」改成「核心理論」。

這個改變更合理，因為：

1.「模型」意謂可丟棄的替代品，等著被「真正的理論」取代。但是，核心理論已正確表達出物理真實，任何假想中的未來「真正的理論」都必須納入它。

2.「標準」意謂「傳統」，暗示有更高深的智慧存在，但是事實上並沒有這樣的智慧。事實上，我認為雖然核心理論即使受到補充修正，但核心內涵將繼續保有，這點有充分的證據支持。

核心理論體現優美的想法，原子和光的方程式與支配樂器和聲音的方程式簡直一模一樣。舉目可見的優雅設計，見證大自然從簡單的一磚一瓦，建造出豐富滿盈的物質世界。

核心理論包含重力、電磁力、強作用力和弱作用力等自然界四大作用力，中心體現一項共通的原則：局部對稱性。後面會看到，這個原則既符合又超越了畢達哥拉斯和柏拉圖對於和諧與純粹的渴望。這項原則既建立在布魯內列斯基的藝術幾何學，以及牛頓和馬克士威對色彩本質的卓越見解上。

基於實用目的，核心理論已經完成了物質分析。利用核心理論，可以推斷出何種原子核、原子、分子和恆星存在，也能可靠地統整這些元素組合成大型物體的行為，製造出電晶體、雷射或大強子對撞機。核心理論的方程式已在極端的條件下經過測試，並達到極高的準確度，超過化學、生物、工程或天文物理學的實際應用所需。雖然，我們肯定有很多事情不明白（我馬上會提一些重要的東西！），但是物理學家已經確實知曉並了解打造我們的物質，以及平時生活中所遇到各式各樣的物質（不論我們是化學家、工程師，或天文物理學家）。

儘管具有壓倒性的優點，核心理論並不完善。事實上，正是因為對真實是如此忠實的描述，在探尋本書的問題時，我們必須堅持最高的審美標準。在仔細審查下，核心理論暴露了缺點，方程式倒向一方，而且有幾個鬆脫散落之處。此外，核心理論沒有考慮所謂的暗物質和暗能量，雖然在我們周遭這些作用微弱的物質可以忽略不計，卻遍布在星際和星系間的空隙處，占宇宙的總質量大半。基於上述這些原因，我們無法完全滿意。

雖然，人們在世界的核心已經品嘗到優美的滋味，然而卻渴望更多。我想，在追尋探索的過程中，「美」本身應該是最可望能指引迷津的。我做為物理學家，曾給一些建議提示，並實質改進對自然的描述。至於我「受啟發的猜測」中，美正是啟發與繆斯；好幾次都很管用，且聽我道來。

美的種類

不同的藝術家有不同的風格，不能指望在林布蘭的神祕晦暗中找到雷諾瓦的點點繽紛，或是拉斐爾的優雅細緻。莫札特的音樂來自於完全不同的世界，披頭四、路易斯·阿姆斯壯又分別是不同的世界。同樣地，在真實世界體現的美是獨特之美，大自然藝術家具有鮮明的風格。

欣賞大自然的藝術，必須感同身受融入風格中。伽利略曾經對此侃侃而談，他說道：

> 哲學（自然）在我們眼前寫下這本宇宙巨著。然而，若不先掌握書寫的語言和符號，勢必無法理解。這本天書是以數學語言寫成，三角形、圓形和其他幾何圖形是符號，不借助這些東西幫忙，就無法理解任何一個字，只能在黑暗的迷宮中茫然徘徊。

今天，我們鑽進這部巨著深處，發現後面章節使用的語言需要更強的想像力，而且比起伽利略懂的歐幾里德幾何學，用的是大家更不熟悉的語言。要流利使用這項語言，是終生的課題（或至少讀研究所的幾年功夫）。但是，我們不需要藝術史的碩博士學位才能欣賞理會世界上最棒的藝術作品。同樣地，我希望在這本書中帶領讀者體會自然的風格，幫助大家欣賞自然的藝術。努力必終得到回報，正如愛因斯坦曾經說過：「上帝是難解的，但祂不致詭詐。」

細探大自然的藝術風格，我們看出她十分「執著」兩項特質：

- 對稱性：對和諧、平衡和比例的熱愛。
- 經濟性：堅持用極有限的手段產生豐富效果。

請注意這兩大特性，因為在我們的故事中會不斷地出現和成長增強，使本書連貫一致。對這些特性的領會，已經從直覺與僥倖想法，演變出精確有力與成果豐碩的方法了。

現在，先聲明清楚。在物理基本的運作系統中，大自然的風格並未包含所有已知形形色色的美。例如，對人體的欣賞、對生動肖像的著迷、對動物和自然景觀的熱愛等，還有許多迸生藝術之美的源頭都未在物理宇宙現蹤。對此，我們只能說感謝上天，科學並非萬能！

概念和真實：心智和物質

我們的問題可以從兩個方向來解讀。顯然，這是一個關於世界的問題，也是目前為止我強調的方向。但是另一個方向也一樣有意思，當發現真實世界體現人對於美的感受時，我們發現的不只是這個世界，也更了解自己。

人類對自然基本法則的了解，是演化上或甚至時間上新近的發展。此外，這些法則必須經過刻意操作才會展露，並非自然而生，例如我們得透過精密的顯微鏡和望遠鏡進行觀察，將原子和原子核打散，或是必須進行繁複的數學運算。人的美感和自然定律不是那麼直接聯繫，不過可以肯定的是，我們對於自然的發現會激發美的感受。

如何解釋心智與物質之間奇妙的和諧呢？若是未能解釋這份奇妙，我們的問題依然會是神祕無解，這項課題將會在我們思考過程中不斷觸及。現在，先簡短提兩項期望：

1.首先，人類是視覺的動物。理所當然，我們的視覺以及較不明顯的內心世界，都是受到與光的交互作用而制約。例如，每個人都是天生的投影幾何學實踐者，這份大腦與生具備的能力，可將抵達視網膜的二維圖像，再現為三維空間的物體世界。

大腦裡有專門的模組，使我們能夠在沒有特別意識的情況下，憑藉三維空間中的三維物體，迅速建構出動態的世界觀。眼睛視網膜上的二維圖像是起點（這是外在物體發射或反射光線，再以直線傳播而來的產物），但是要從這些圖像回復到原來看到的物體，是逆投影幾何上的一個困難問題。事實如上所述，這不可能有唯一解，因為投射包含的訊息根本不足以進行明確的重建。基本的問題是，一開始我們就得將物體與背景（或前景）分開。我們會以物體的一般特性當基礎，例如顏色、紋理對比和邊界等，利用各種技巧進行這項工作。但是，即使完成這一步，留下的還是一道困難的幾何問題。所幸大自然十分幫忙，在我們的視覺皮層裡裝有一具優異的專門處理器。

視覺另一項重要的特點是，光線從遠方來到地球，為我們提供一扇天文學的窗口。不管是恆星明顯的規律運轉，以及行星較不明顯的規律運轉，很早就暗示我們宇宙具有法則，並為大自然的數學描述提供靈感源頭和試驗場所；就像好的教科書，天文學包含了不同難度的問題。

從較先進現代的物理學中，我們得知光本身是物質的一種形式，而且在深入了解後，發現其他物質性質和光也很像。基於人類的本質與本性，讓我們對光有了興趣和經驗，再次證明這是非常幸運的。

至於主要是通過嗅覺來感覺世界的生物（大多數哺乳動物），縱使其他方面非常聰明，還是比人類更難理解物理學。比如說，如果狗演變成聰明絕頂的社會動物，發展出語言，並充分體驗豐富有趣的生活，但是缺乏視覺經驗所帶來的獨特好奇和期待，那麼牠們的世界或許會充滿興衰起落，例如牠們可能會發明神奇厲害的化學物品、精美佳餚、強力春藥，藉以呼應普魯斯特式之逝水年華；然而，對於投影幾何和天文學，恐怕就不甚了了。我們現在當然知道，氣味是從化學而來，我們現在從分子反應出發來了解基礎，但是要從氣味研究推回分子和法則，一路到最終物理學，這個「反向」的問題在我看來難如登天。

另一方面，鳥像人類一樣是視覺動物，但是生活形態比人類更容易親身體會物理學。因為鳥類可以自由飛翔，以人類做不到的方式貼身體驗三維空間的基本對稱。牠們平日生活中也可以經歷運動的基本規律，特別是慣性作用，因為生活環境幾乎沒有摩擦力的存在。可以說，鳥類天生直覺就認識了古典力學、伽利略相對性和幾何學。如果有些鳥類演化出高階抽象思考的智力，不再是鳥腦的話，可望迅速發展物理學。相對上，人類必須忘掉日常生活中充滿摩擦力的亞里斯多德力學，才能有更深入的了解，是經歷許多歷史的奮鬥啊！

生長在水中的海豚，以及利用回聲定位的蝙蝠，都是這類有趣的課題，但是在此不予深究。

以上的思考點出一個常見的哲學觀點：這個世界並未提供自己獨特的詮釋。這個世界對於不同的感官宇宙提供許多可能性，可以對世界的意義提出許多不同的詮釋。在這種情況下，我們所謂的「宇宙」其實已經是多重宇宙了。

2. 成功認知涉及複雜的推論，因為我們對世界採樣的信息既片面又吵雜。除了天生具備的能力之外，我們也必須透過與世界互動、形成期望，以及比較真實與預測，來學習如何觀看世界。當預測成真時，我們感受到快樂滿足，這類回報機制會促進成功的學習，也會激發（與生成）我們的美感。

綜合這些觀察，對於為何物理上有趣的現象（可以學習的現象）！會讓人覺得很優美，或許可以找到解釋。其一重要的結果是，我們特別重視令人驚奇、又不至於太過驚奇的經驗。尋常、膚淺的東西不會勾起我們的挑戰心，也不認為值得主動學習。另一方面，我們完全無法理解的模式，也不是值得的經驗，而是被當成噪音。

所幸，在大自然的基本作品中運用了對稱和經濟的手法。因為這些原則可促進成功的預測和學習，就像我們對於光的直觀了解。從對稱物體部分的外觀，我們可以（成功地）預測其餘的外觀；從自然客體部分的行為，我們（有時候）可以成功預測整體的行為。因此，對稱與經濟之道，正是讓我們容易察覺到「美」的原因。

本書中的新思想和詮釋

本書不免重新審視一些已經廣為人知，且很陳舊的想法。不過除此以外，也提供幾個全新的觀點。在此，我想勾提一些要點。

我提議把核心理論當成幾何，以及對其推廣的猜測，是從我在基礎物理上的技術研究因運而生。當然，這是建立在其他許多人的研究上，不過，我以色場當做額外維度的例子，還有據此來彰顯局部對稱性的做法，（據我所知）是第一次。

我提出理論，指增進學習是培養對重要事物美感的基礎，也是進化的助力。另外，將這項理論運用在樂理方面（並對畢達哥拉斯在音樂上的發現提供合理的解釋），是我私下長期醞釀許久的一連串想法，在此首度公開，我不保證其正確性，信不信由你了。

我討論到拓展色彩感知，描述的是正在進行的一項研究計畫。想法已申請專利，我希望有朝一日能成為商品。

最後，但願波耳認可我對「互補性」的廣義詮釋，甚至承認他自己是創始之父，但我不確定他是否會同意我的觀點。

第二章　畢達哥拉斯㈠：思想與物體

畢達哥拉斯的殘影

西元前五七〇到四九五年左右，有一位名叫畢達哥拉斯的人。我們對真正的他所知極為有限，或者說有許多關於他的事，不過絕大部分肯定是錯的，因為文獻考證處處充滿矛盾，除了說他崇高偉大，也有荒謬可笑或根本是光怪陸離的傳說。

據說畢達哥拉斯是太陽神阿波羅之子，有條閃閃發光的黃金大腿。他是否真的提倡素食不得而知，不過最離譜的傳聞是他曾禁止吃豆子，因為「豆子有靈魂」，不過早先幾項記載都明確駁斥這一點。比較可信的是，畢達哥拉斯相信並倡導靈魂輪迴之說，有幾項故事附和這種說法，不過故事的真實性還是啟人疑竇。根據格利烏斯（Aulus Gellius）所言，畢達哥拉斯記得自己有四個前世，曾是美麗的交際花艾爾科。色諾芬（Xenophanes）則提到，畢達哥拉斯曾聽到一隻被打的狗哀號，馬上衝上前阻止，聲稱自己認出那是位故人的聲音。就像幾個世紀之後的聖方濟各，畢達哥拉斯也曾對動物傳教宣道。

《史丹佛哲學百科全書》（這是極珍貴的免費網路資源）綜合如下：

> 畢達哥拉斯現代為人所知的形象是個數學大師兼科學家。他在世的確就很有名，一百五十年後

在柏拉圖和亞里斯多德的時代名聲仍然不墜，然而從早期證據看來，畢達哥拉斯的名氣並非建立在數學或科學成就，而是以下列事蹟著稱：

1. 他是死後靈魂去處的專家，他認為靈魂永生不朽，會經過一系列輪迴轉世；
2. 他是宗教儀式的專家；
3. 他會創造奇蹟，擁有天賜黃金大腿，甚至能在同一時間現身兩地；
4. 他提倡嚴謹的生活方式，強調飲食戒律、宗教禮儀與嚴格自律。

有幾件事情似乎沒有疑義，歷史上的畢達哥拉斯出生於希臘薩摩斯島，他遊歷廣泛，啟發他創辦與推廣一項不尋常的宗教運動。該教派曾經在義大利南部克羅托內短暫蓬勃發展，並在幾個地方成立教會，而後則在各地受到壓抑。畢達哥拉斯學派隱密結社，成為同修生活中心。這些團體包含男女信眾，提倡一種神祕主義，世人對其教義覺得高深奇妙，卻又感到陌生與威脅。他們的世界觀著重對於數字和音樂和諧的崇拜敬仰，認為這反映出真實的深層結構（後面會看到他們說不定有些道理）。

真正的畢達哥拉斯

這裡再來引用《史丹佛哲學百科全書》：

從證據裡浮現的畢達哥拉斯圖像，他不是提供嚴謹證明的數學家，或是進行實驗發現自然本質的科學家，而是在已經廣為人知的數學關係中看到獨特意義並賦予重要性。

羅素說得較為簡練：

是愛因斯坦和瑪麗．貝克．埃迪的綜合體。

畢達哥拉斯的追隨者常將自身想法和發現歸諸在畢達哥拉斯身上，對於實事求是的傳記學者來說，這真是一大問題。這些後人希望藉此帶給自己的想法權威性，並提高畢達哥拉斯的名聲，以便推廣他本人所創辦的學派。結果，在數學、物理或音樂等各領域的重大發現，具啟發性的神祕主義、影響重大的哲思信念或崇高的道德理念，全都被塑造成是這位神人級人物的遺產。對於我們來說，姑且就把這位超凡入聖的人物，當做**真正**的畢達哥拉斯。

將所有功勞都歸於歷史上的畢達哥拉斯並非全然不妥，因為這些數學和科學的巨大成就，正是來自畢達哥拉斯其人所啟發的生活方式與所創辦的社群的產物。

（有興趣的人，也可以試試看比較重要宗教人物生前死後的生涯有何不同……）

感謝拉斐爾，我們知道真正的畢達哥拉斯長相。在彩圖2中，可以看到他專心寫一本巨著，身邊深受崇拜者包圍。

萬物皆數

在畫像中我們很難看出畢達哥拉斯在寫什麼，但我願想像他寫的是著名的根本信條：

萬物皆數

在時空分隔下，現在也很難知道畢達哥拉斯的意思到底為何，所以，我們必須努力想像。

畢氏定理

有一件事情要知道，畢達哥拉斯是受到自己的畢氏定理深深震撼的。衝擊力之強，讓他在發現定理後，竟暫時拋下素食主義者的堅持，不但獻上百牛祭（hecatomb），更齋戒沐浴以感謝繆斯。

畢氏定理有什麼值得大驚小怪的？

畢氏定理是有關直角三角形的定理，也就是含有一個九十度角的三角形。該定理指出，如果直角三角形的每個邊各放一個正方形，則兩個較小正方形的面積總和等於最大正方形的面積。一個典型的例子是邊長各為3－4－5的直角三角形，如下所示：兩個小正方形的面積為 $3^2=9$ 以及 $4^2=16$（我們依畢氏意思，以小方格來計算）；至於大方形的面積為 $5^2=25$，我們得 $9+16=25$。

現在，畢氏定理對大多數人來說都是耳熟能詳，如果還記得一點學校教的幾何學。但是，假若你第一次聽聞，例如用畢達哥拉斯的耳朵聽到的話，就會明白這太令人震驚了。這告訴我們物體的

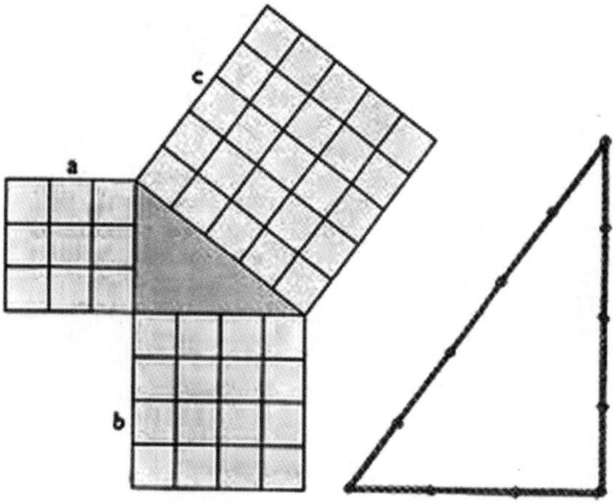

圖一：邊長為3-4-5的直角三角形，是畢氏定理的一個簡單例子。

幾何形狀體現了隱藏的數字關係；換句話說，數字即使不能描述萬物，至少能描述物體的大小與形狀，這與物理真實當然有密切關係。

在後面進行思考時，會遇到更先進複雜的概念，我必須借用引喻類比來傳達意思。然而在講求精準的數學思考中，當發現精確定義的概念完美成立時，那種獨一無二的快樂真是難以言喻；我們現在正好有機會體驗這種無上的快樂，因為畢氏定理的魔法之一是它可以用最少的東西來證明。最好的證明令人終生難忘，這啟發了赫胥黎和愛因斯坦，更不用說是畢達哥拉斯本人！希望讀者也能受此啟發。

圭多的證明

「太簡單了！」

這是赫胥黎的短篇小說〈少年阿基米德〉中，少年英雄圭多提到畢氏定理證明時說的話；這份證明以彩圖3為基礎。

圭多的彩色板子

讓我們來瞧瞧圭多一眼看出了什麼門道？

彩圖3兩邊的大正方形都包含同樣大小的四個彩色的三角形，而所有彩色三角形都是直角三角形，而且大小都相同。假設最小的邊長為a，次小的邊長為b，最長的邊長（斜邊）為c。這樣很容易看出來兩個大正方形的邊長都是$a + b$，尤其是這兩個正方形的面積都相等。那麼，大正方形非三角形的部分必定有相等的面積。

但是，這些相等的面積是什麼呢？在左邊第一個大正方形中，藍色正方形的邊長為b，紅色正方形的邊長為a，則面積分別為a^2與b^2，加起來面積和為$a^2 + b^2$。在右邊第二個大正方形中，灰色正方形的邊長為c，面積為c^2。回想前一段，結論是$a^2 + b^2 = c^2$，這就是畢氏定理！

愛因斯坦的證明（？）

在愛因斯坦的《自述註記》中，他回憶道：

> 我記得拿到那本神聖的幾何學小冊子之前，一位叔叔曾教過我畢氏定理。在經過許多努力後，我成功用三角形的相似性「證明」這項定理；這麼做的時候，我覺得可以「明顯」看出，直角三角形邊長的關係必定是由一個銳角來決定。

這裡沒有足夠的細節，可以明確重建愛因斯坦的證明，但是圖二是我最好的猜測了。我覺得應

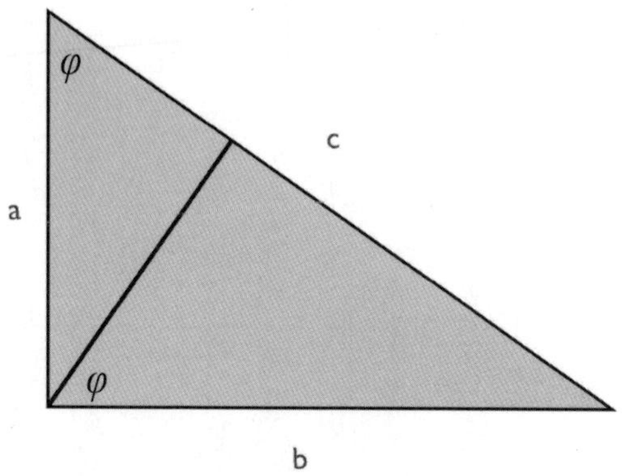

圖二：嘗試重建愛因斯坦對畢氏定理的證明，取自《自述註記》。

該沒錯，因為這是畢氏定理最簡單又最漂亮的證明了，尤其是可清楚看出，為何邊長平方與該定理有關係。

耀眼的寶石

我們從這項觀察開始：所有包含一個相同角度 ϕ 的直角三角形都是相似的，亦即整個三角形可以等比例縮放，就可以得到一模一樣的三角形了。同樣地，若是三角形的邊長按某倍率放大或縮小，面積為其倍率的平方。

現在思考圖二出現的三個直角三角形：大三角形和裡面的兩個小三角形。每個三角形都包含 ϕ 角，所以三個都相似，其面積等比例從小至大為 a^2、b^2 和 c^2。但是因為兩個小三角形的面積加起來等於整個大三角形，所以對應的區域也應該加起來，得到 $a^2 + b^2 = c^2$，畢氏定理就跳出來了！

美麗的反諷

不過，畢氏定理可以用來擊破畢達哥拉斯自己「萬物皆數」的主張，形成一個美麗的反諷。

學派這次沒把這尷尬的發現歸功於畢達哥拉斯本人，而直指學生希帕索斯；他在這項發現後不久，就命喪大海了。至於溺斃之因到底該歸咎於神祇的憤怒，或是畢達哥拉斯學派的憤怒，還留待爭辯。

希帕索斯的推理很聰明，但不會太過複雜，且讓我們簡單一看。

考慮有兩個邊相等的等腰直角三角形，即 $a = b$。根據畢氏定理，$2 \times a^2 = c^2$。

現在假設長度 a 和 c 都是整數。如果所有的東西都是數字，它們最好是整數！但是我們會發現，這是不可能的。

如果 a 和 c 是偶數，我們可以想像有一個大小一半的相似三角形。我們可以一直砍半，直到三角形的 a 和 c 至少有一個是奇數。

但是，無論哪一個是奇數，都會馬上出現矛盾。

首先假設 c 是奇數，則 c^2 也是奇數。但是，$2 \times a^2$ 顯然是偶數，因為包含2的因數。所以，無法得到 $2 \times a^2 = c^2$，和畢氏定理說的不一樣，矛盾！

再來，假設 c 是偶數，設 $c = 2 \times p$，則 $c^2 = 4 \times p^2$。然後畢氏定理告訴我們，當兩邊除以2，得 $a^2 = 2 \times p^2$。那麼用前面相同的推理，a 不可能是奇數，矛盾！

因此，這些數不可能全是整數；不可能有一種「長度原子」，讓所有長度都是該原子長度的整數倍。

畢達哥拉斯學派似乎沒有想到，或許有人會得出不同的結論，拯救萬物皆數之說。畢竟，我們可以想像有一種世界，其空間是由相同的原子構成。事實上，我的朋友弗里德金（Ed Fredkin）和沃爾夫勒姆（Stephen Wolfram）就是根據「元胞自動機」提出一項世界模型，正好具備這種特性。而電腦螢幕以稱為「像素」的光原子為基礎，展現的世界跟真實維妙維肖！從邏輯上正確說法是在這樣的世界裡，無法造出嚴格的等腰直角三角形，一定有地方稍稍不對，讓「直」角不是精確九十度，或是兩個短邊無法完全相等；或者就像電腦螢幕上一樣，三角形的邊並不是完全直線。

希臘數學家不是做這樣的理解，他們只以悅目的連續的形式來看待幾何，讓直角與等邊並存（這個選擇也證明對物理學最管用，從牛頓身上可看到）。要做到這一點，必須讓幾何學優先於數學，因為如上所述，整數甚至不足以描述極簡單的幾何圖形。因此只能放棄「萬物皆數」字面說法，但未放棄其精神。

思想與物體

畢達哥拉斯信條的真諦，並不是如字面斷言世界必須體現整數，而是一種樂觀信念，相信世界應該體現優美的概念。

希帕索斯付出生命得到的教訓是，我們必須願意向大自然取經學習。在不斷進取當中，理當保持謙遜。幾何學沒有比數學不漂亮，實際更適合我們天生視覺發達的大腦，大多數人也比較喜歡幾何圖形。再者，幾何學和數字一樣是抽象概念，同樣是純粹的心智世界的產物。在古希臘數學中（歐幾里德的《幾何原本》是縮影），在在顯示這點：幾何學是一套邏輯系統。

繼續冥思下去，我們會發現自然很會創造語言。自然以新的數字、新的幾何，甚至在量子世界以新的邏輯，不斷延伸拓展我們的想像。

第三章　畢達哥拉斯(二)：數與和諧

無論是古代七弦琴，或是現代的吉他、大提琴和鋼琴等樂器，所有弦樂器的本質大抵相同，都是琴弦振動而發出聲音。真正的聲調或音色取決於許多複雜的因素，包括琴弦的材質和「共鳴板」（共鳴器）的形狀，以及撥弄彈奏琴弦的方式。但是，所有的樂器都會有一個音高，就是我們聽到的音符。（非傳說的）畢達哥拉斯發現，音高遵循兩個明確的規則；這些規則使數字、真實世界的本質與我們對和諧悅耳的感覺（即美的一面），產生了直接的聯繫。

下面這幅畫（不是由拉斐爾所繪），描繪出畢達哥拉斯親自進行音樂和諧的實驗：

和諧、數量和長度：驚人的連結

畢達哥拉斯的第一條規則，是琴弦振動長度和我們聽到音調之間的關係。這項規則指出，同樣兩副琴弦，受到相同的張力，當琴弦長度的比例剛好是簡單整數比時，一起演奏會發出優美的聲音。例如，長度比為1：2時，形成一個八度音；當比例為2：3時，聽到的是五度音；當比例為3：4時，是四度音。用音符（C大調）表示，分別為兩個C（一個高八度音），以及C－G、C－F。人們發現這些音調組合很好聽，這是古典音樂，以及大多數是民謠、流行和搖滾音樂的主

圖三：中世紀歐洲的刻版畫，描繪畢達哥拉斯進行和諧樂音的實驗。從圖中推知，畢達哥拉斯改變兩個地方，觀察樂器發出的聲音如何變化。他按琴弦不同之處，改變實際振動的長度；而懸掛不同重量的重物，可改變琴弦的張力。

要組成部分。

在應用畢達哥拉斯規則時，必須考慮的長度當然是「有效長度」，也就是琴弦實際振動的長度。我們夾住琴弦，形成一個封閉的區域，就可以改變音調了。吉他手及大提琴家用左手在琴弦上按弦，就是在運用這種可能性；只是這麼做的時候，他們可能不知道自己正讓畢達哥拉斯復活了。在圖中，可看到畢達哥拉斯使用尖頭夾，方便定出精確的長度。

當音調聽起來悅耳之時，我們說這是和諧的樂音或是和弦。接下來畢達哥拉斯發現，和諧的樂音或許反映出與另一個數字世界的關係，雖然兩者乍看之下迥然不同。

和諧、數量和重量：驚人的連結

畢達哥拉斯的第二個規則涉及到琴弦的張力。張力可以很容易地用不同重物來控制與測量，如圖三。此處結果更加顯著，若張力是簡單整數的平方比，音調就會和諧悅耳；張力愈大，則音調愈高。因此，1：4的張力會產生一個八度音，以此類推。當弦樂家在表演前調整弦軸鬆緊來調音時，畢達哥拉斯又復活了。

以「萬物皆數」的證據來說，第二種關係比第一種關係更令人印象深刻。這種關係隱藏得比較好，因為數字必須經過處理（即平方），才能讓關係顯露。當然，發現後也就更令人震驚了。此外，這種關係也帶進重量，而重量和物質世界的聯繫似乎比長度更加顯著。

發現和世界觀

現在，已經討論過畢達哥拉斯學派的三大發現：直角三角形的畢氏定理，以及兩道音樂定律，一起將形狀、大小、重量及音樂和諧，用共同的線頭「數字」串連起來。

對於畢達哥拉斯學派，「三位一體」的發現已足夠撐起一個神祕的世界觀了。琴弦振動產生了音樂，這些振動不過是周期運動，也就是說每隔一段期間就會周而復始的運動。我們也看到太陽和行星在天上周期移動，推論它們在空間周期運動，所以它們必定也會發出聲音，形成充滿宇宙的天籟之音。

畢達哥拉斯喜歡唱歌，他也宣稱真正聽到了天籟之音。一些現代學者猜測，歷史上的畢達哥拉斯受耳鳴之苦；而真正的畢達哥拉斯，當然沒有。

無論如何，重點是「萬物皆數」與「數乃和諧」等道理。醉心於數學的畢達哥拉斯學派，在世界中處處看到和諧。

頻率是訊息

我認為，畢達哥拉斯的音樂規則值得視為是迄今最早發現的大自然量化法則（天文規律始自於日夜正常交替，當然更早注意到；曆法和星相利用數學來預測或重建日月星辰的位置，也是在畢達哥拉斯出生前就已是重要的科技。但是，對於特定物體的實證觀察與大自然的一般通則相當不同）。

因此，我覺得有點諷刺的是，至今還沒有完全搞懂為何這些音樂定律會成立。如今，對於聲音的產生、傳遞和接收等物理過程已有清楚許多的了解，但是物理知識與「音符悅耳」兩者之間的關連仍然捉摸不清。我整理了一套想法可望解釋清楚，相當接近於本書冥思關注的中心，因為如果對的話，將可闡明人類美感的重要起源。

我們分成三個階段解釋畢達哥拉斯規則的「為什麼」。第一個階段從琴弦振動開始，聲音進到我們的耳膜。第二個階段從耳膜開始，前進到神經末梢衝動。第三個階段從神經末梢衝動開始，變成感覺的和諧。

琴弦的振動會歷經幾項轉變，才會到心中成為訊息。振動會推擠周遭的空氣，直接造成擾動。

不過，單獨一根琴弦的聲響相當微弱，一般樂器用共鳴板，發出更強的振動來回應琴弦的振動。所以，共鳴板會更用力推擠空氣。

琴弦或共鳴板附近的空氣會產生擾動並向外傳播，即往各方向散播的一種聲波。任何聲波都是壓縮與放鬆的反覆循環，在每個區域振動的空氣，會對鄰近區域施加壓力並造成振動，最終部分的聲波會通過耳道複雜的幾何結構，到達位於耳朵幾公分內的耳膜。耳膜是人耳的共鳴板，空氣振動會引起力學運動，是一種接收的過程而與樂器相反。

下文會討論耳膜振動引發的更多反應。不過在這之前，我要提一下一個簡單而基本的觀察：這麼一長串的轉變看起來或許令人困惑，有人可能會想知道一路而來，如何汲取出一個有意義的訊號，反映出琴弦的情況。重點是在一切轉變當中，訊號的一項物理特質保持不變，即在時間上振動的速率，或者說是頻率，不管振動是在琴弦、共鳴板、空氣或耳膜內（或一路往下的聽小骨、耳蝸液、基底膜和毛細胞），振動的頻率都保持相同。因為在每個轉變時，一個階段的推拉會引發下一個階段的壓縮放鬆，一個接一個，所以不同的運動會同步，或者是說「同時」。因此，若是希望能感受到最初振動的某項特質，最有希望的就是它最後在大腦激發的振動頻率，最後我們會發現的確如此。

因此，了解畢達哥拉斯規則的第一步，是從頻率來說。今日有可信的力學方程式，可以計算琴弦長度或張力改變時，振動頻率將如何變化的情況。利用這些方程式，可發現頻率會隨長度增加而減少，隨張力平方而增加。因此，畢達哥拉斯的規則翻譯成「頻率」來說，都有同樣簡單的描述。兩者皆指出，若是音符的頻率呈現簡單整數比，一起彈奏出來的音樂就會悅耳動聽。

和諧的理論

現在回到故事的第二階段。耳膜附著三聽小骨的系統，接著又連接到膜狀的「卵圓窗」，開口朝很像蝸牛殼的結構「耳蝸」。耳蝸是關鍵的聽覺器官，大致類似於眼睛對視覺的角色。耳蝸裡充滿了液體，會隨卵圓窗的振動而振動。浸在液體中的是順著耳蝸螺紋旋入、漸漸變細的基底膜。與基底膜平行的是柯蒂氏器，源自琴弦的訊息經過多次轉換後，就是在柯蒂氏器形成神經衝動。這些細節轉變對專家來說複雜又迷人，但是要了解全貌很簡單，不需提細節。全貌是原來振動的頻率會轉換成神經元的衝動，也具有相同的頻率。

這些轉換有個特質很重要且特別優美，帶有畢達哥拉斯的精神，發現人貝凱希（George Von Bekesy）並贏得一九六一年的諾貝爾獎。由於基底膜逐漸變薄，不同的部分會以不同的頻率振盪：較厚的部分有更多的慣性，所以振動得比較慢（即頻率較低），較薄部分則以較高的頻率振動（這種作用造成男女之間聲音的典型音調差異，因為青春期男性聲帶明顯變厚，使得振動頻率較低，造成聲音低沉）。因此，當聲音在經過許多振動後，帶動周遭的液體運動，基底膜的反應會隨厚薄不同處而不同，低頻的聲音會讓較厚的部分振動得較為劇烈，高頻的聲音會讓較薄的部分振動得較為劇烈。在這種方式下，頻率的訊息就編碼成為位置的訊息了！

如果耳蝸是負責看的眼睛，柯蒂氏器就是視網膜了。柯蒂氏器與毗鄰的基底膜平行，其結構精細複雜，但大抵由毛細胞和神經元組成，每個神經元對應一個毛細胞。基底膜的振動攪動液體，對毛細胞施力，毛細胞會運動回應，觸動對應的神經元發射電子訊號。發射的頻率與刺激的頻率相同，也是與原始音調相同的頻率（致專家：發射模式帶有很多雜訊，但是包含很強成分的訊號頻率）。

因為柯蒂氏器毗鄰基底膜，神經元繼承基底膜與位置相關的頻率反應。這對於我們的和弦感覺非常重要，因為這意味著當幾個音調同時發出聲音時，訊號不會完全被打亂，不同的神經元會優先回應不同的音調！這是生理機制，讓我們能好好分辨不同的音調。

換句話說，我們的內耳遵循牛頓的建議，運用他對光的分析，將聽到的聲音進行絕佳的分析，變成純粹的音調（後面會討論到，人眼分析光的訊號頻率或色彩組成的能力，是根據不同的原則，但視覺辨頻能力比起分析聲音的能力遜色多了）。

這開啟了故事的第三階段。此時，從柯蒂氏器神經末梢傳來的訊號組合起來，並傳遞到大腦後面的神經層。我們對這方面的認識極為有限，但是唯有在這裡才終於可以碰觸到我們主要的問題：

為何音調的頻率呈簡單整數比之時，聽起來悅耳呢？（注釋①）

讓我們思考一下，當兩種不同頻率的聲音同時響起時，大腦會收到什麼訊號呢？這個時候有兩組反應強烈的末梢神經元，與刺激它振動的琴弦相同的頻率。神經末梢往大腦發射訊號，到達「更高」層次的神經元，在那裡訊號獲得整合。

下個層次的一些神經元，將會接收到兩組末梢神經元的輸入。如果神經末梢的頻率呈簡單整數比，那麼訊號將同步化（為了便於討論，這裡將情況簡化，忽略噪音並以精準的周期處理）。例如，如果音調形成一個八度音，一組發射頻率是另一組兩倍，比較慢的那一組每次發射訊號將會與前面那一組形成重複、可預期的關係。那麼，對於兩組訊號都敏感的神經元會得到一個重複的模式，可以預測又容易解讀。根據以往的經驗或是與生俱來的本能，這些次級神經元（或是接下來詮釋行為的更高階神經元）將會「了解」訊號，因為能夠簡單地預期未來的輸入（即更多的重複），而對未來行為的簡單預測能夠在許多振動上獲得證實，直到聲音產生質的變化。

需要注意的是，人類可以聽到聲音振動的頻率，範圍從每秒幾十次到幾千次，所以即使簡短的聲音也是由許多重複振動造成，除了極端低頻；而在低頻部分，和諧的感覺會漸漸變弱，與我們的思緒一致。

更高階的神經元會結合各組訊號，需要和諧一致的輸入，才能做好工作。所以，如果訊號組合能夠製造有意義的訊息，並成功預測，那麼高階神經元就給予某種積極的反饋來獎勵，或至少不要干擾打斷。另外一方面，如果訊號組合產生錯誤的期待時，錯誤將會傳播到高階的神經元，最後產生不適，並且想要終止。

什麼時候訊號組合會造成錯誤的預測呢？當主信號幾乎同步卻未完全同步時，就會發生這種情況。因為此時振動會在幾個周期時間內加強，使訊號組合導出一種模式，並預期這套模式會繼續下去，但是這預期卻很快被打破！的確，當音調只有些微差距時，例如C和C#一併彈奏的聲音是讓人最難受的。

如果這種想法是對的，和諧與否的基礎就是認知初期便能進行成功的預測（這種預測不需要，通常也未涉及意識）。成功的預測讓我們感受到愉悅或美麗，而不成功的預測則成為痛苦或醜陋的來源。自然而然，若能擴大經驗和學習，或許能聽見原先隱藏的和諧，並消除痛苦的根源。

從歷史上看，西方音樂可接受的音調組合變化隨著時間愈來愈豐富，個人在接觸學習下，也可以享受原先覺得不太悅耳的音調組合。事實上，如果人類天生喜愛利用「學習」來進行成功的預測，那麼太容易的預測反倒無法帶來最大的快樂，因為快樂也應該包含新奇才對。

第四章 柏拉圖(一)：從對稱而生的結構——柏拉圖正多面體

柏拉圖正多面體帶有魔法般的氣息，一如字面向來引人思索玩味。它們的起源可遠溯至史前時代，至今還在《龍與地下城》等複雜的桌遊當中做為決定命運的骰子。此外，柏拉圖正多面體的精深奧妙，迸發出豐碩的數學與科學發展時刻；要思索何謂美之體現，當然不可錯過。

杜雷（Albrecht Durer）在〈憂鬱1〉畫作中（圖四），隱含正多面體的意味，雖然出現的並非完全是柏拉圖正多面體（從技術上講，這是三方偏方面體截塊，是由正八面體向外特別延伸而成）。畫中這名哲學家之所以鬱悶，也許是對於討厭的蝙蝠為何會丟個怪東西到書房裡，卻不是直截了當的柏拉圖立體，而感到百思不解吧。

正多邊形

要了解柏拉圖正多面體，先從簡單的物體出發，也就是最相近的二維正多邊形。正多邊形是平面圖形，等邊又等角。最簡單的正多邊形是三個邊的等邊三角形，接下來是四個邊的正方形，然後是正五邊形（畢達哥拉斯學派選擇的象徵，也是美國著名國防大廈的造型）、正六邊形（蜂巢單位以及後面會介紹的石墨烯）、正七邊形（許多種錢幣的形狀）、正八邊形（停車標誌）和正九邊形

圖四：杜雷畫作〈憂鬱 1〉，圖中出現了柏拉圖正多面體截塊、魔法方塊板與許多神祕的符號。我認為，這幅畫貼切描繪出我用純思考去理解現實時，經常遇到的挫折；幸運的是，有時還是會成功。

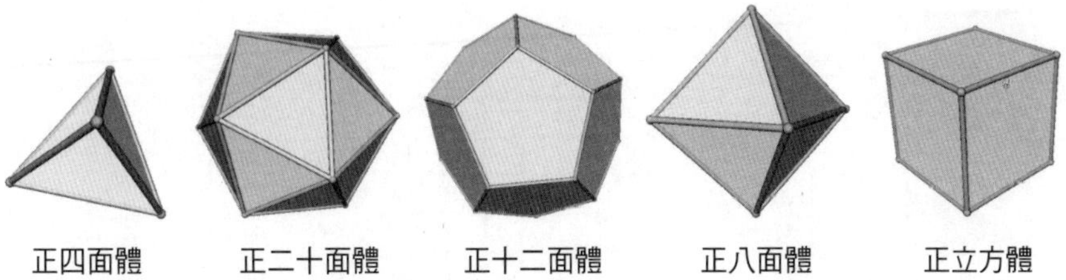

圖五：赫赫有名的五個柏拉圖正多面體非常重要，影響甚鉅。

等等，可以無限拓展下去：從三開始的每個整數，都有一個對應的正多邊形；圓形也可視為是一種極端的正多邊形，具有無限多個邊。

直覺上，正多邊形捕捉了平面的「原子」具有理想的規律性，可以做為概念上的原子，對於秩序和對稱建立更豐富複雜的想法。

柏拉圖正多面體（注釋②）

當我們從平面轉向立體，企圖尋找最大規律性時，可以用種種方式來推廣正多面形。有一種選擇很自然，結果也是最有效的方式，便是柏拉圖正多面體。我們要求立體每面都是全等的正多邊形，並以相同方式連接於頂點。在這規則下，我們不會得到無限多的解，而是剛好找到五個正多面體！

這五個柏拉圖正多面體是：

- 正四面體：有四個三角形面和四個頂點，每個頂點連接三個面
- 正八面體：有八個三角形面和六個頂點，每個頂點連接四個面
- 正二十面體：有二十個三角形面和十二個頂點，每個頂點連接五個面

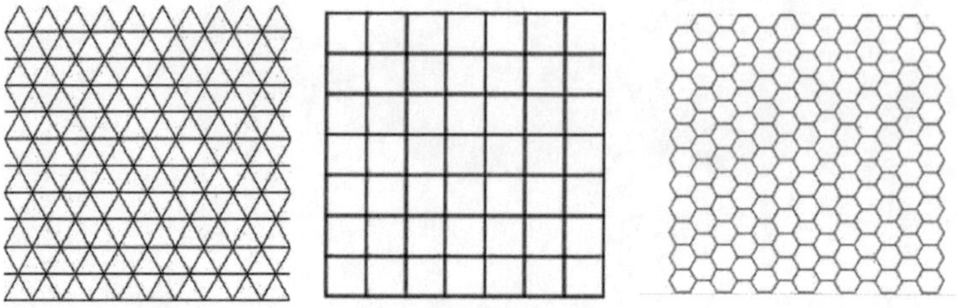

柏拉圖浪子

圖六：三種無限的柏拉圖面，這裡只顯示無限分割的一部分。這三種常見的分割應當視為柏拉圖正多面體的親戚，是飄泊而一去不返的手足。

- 正十二面體：有十二個正五邊形面和二十個頂點，每個頂點連接三個面
- 正方體：有六個正方形面和八個頂點，每個頂點連接三個面

這五種正多面體的存在很容易掌握，因為很容易想像，而且建造實際模型也不難。但是，為什麼只有這五種呢（或者，還有其他正多面體嗎）？

讓我們好好想一想，可注意到在正四面體、正八面體和正二十面體中，每個頂點各連接有三、四、五個三角形。如果繼續推到六個三角形呢？可發現連接一個頂點的六個三角形，將會形成平面，而平面一直重複下去，無法變成形狀明確的物體，而是一個無限的平面分割，如圖六所示。

如果將四個正方形或三個六邊形放在一起，會發現類似的結果。這三種常見的分割值得視為柏拉圖正多面體的補充，在微觀世界可以發現其蹤跡（圖二十九，見223頁）。

如果我們試著將超過六個等邊三角形、四個正方形或三個以上的大多邊形放在一起，會沒有空間容納愈來愈多的角。所以，這五個柏拉圖正多面體就是僅有的正多面體了。

在幾何規律與對稱的考量下，特定的數字「五」出現了，格外引人注意。思考規律和對稱，是自然而美麗之事，但是與特定的數字並沒有明顯或直接的關連。後面可看到，柏拉圖如何獨具創意來詮釋這項深奧的發現。

史前時代

人們常常會將各種發現，歸功於知名人士。這就是「馬太效應」，社會學家默頓（Robert Merton）以《馬太福音》第十三章第十二節做例證：

> 凡有的，還要加給他，叫他有餘；
> 凡沒有的，連他所有的，也要奪去。

柏拉圖正多面體的命名，也是這種「劫貧濟富」的狀況。

牛津大學阿什莫林博物館（Ashmolean Museum），可以看到西元前兩千年的五個蘇格蘭石刻（注釋③），很像柏拉圖正多面體（儘管有些學者有異議）。這些東西極可能是用在某種骰子遊戲中，可以想像一下穴居人圍聚營火旁，玩一把舊石器時代《龍與地下城》。不過，首度以數學「證明」這五個物體是僅有的正多面體，很有可能是與柏拉圖同時代的泰阿泰德（Theaetetus）（西元前

圖七：柏拉圖正多面體的前身，大概用於西元前兩千年的骰子遊戲。

四一七－三六九年）。我們不清楚泰阿泰德是受到柏拉圖什麼樣的啟發，或是反過來，或是兩人共同呼吸的雅典空氣施展了魔法，總之，所以獲得「柏拉圖」正多面體之名，是因為柏拉圖這位獨具創意和想像的天才，以此為真實世界建構出一個識見深遠的理論。

更往前推，現在知道一些生物圈最簡單的生物，包括病毒和矽藻（通常會長出精細外殼的海藻），不僅遠在人類行走地球許久之前，就「發現」柏拉圖正多面體，更是活脫成為化身，皰疹病毒、B型肝炎病毒、HIV病毒以及許多壞東西，即擁有正二十面體或正十二面體的外形。這些生物的蛋白質外殼有DNA或RNA等遺傳物質，決定了外形結構（見彩圖4）。外殼按照顏色編碼，相同的顏色代表相同的磚石。正十二面體中的正五邊形三重交會躍入眼簾；若把藍色區域的中央點用直線連接，就會出現正二十面體。

更複雜的微生物也體現了柏拉圖正多面體。海

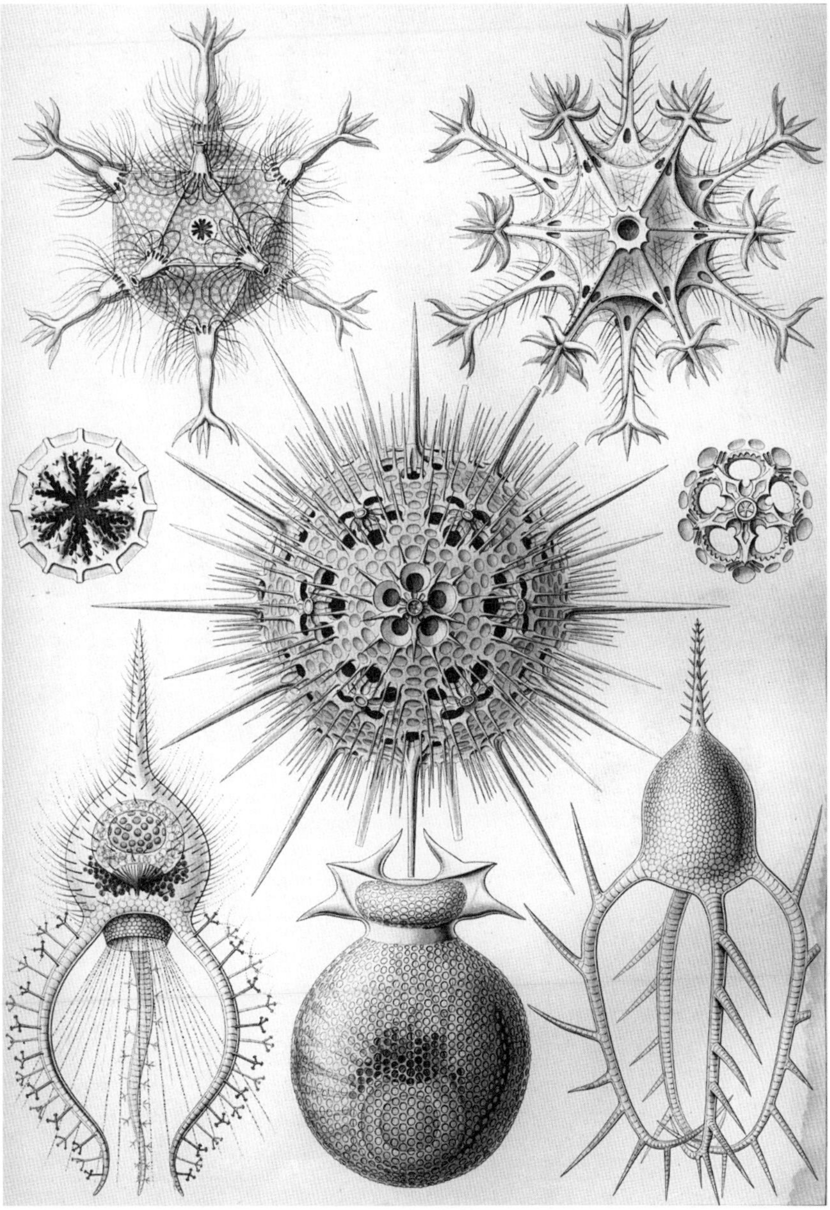

圖八：顯微鏡下放射蟲清楚可見，外殼往往表現出柏拉圖正多面體的對稱。

克爾（Ernst Haeckel）的《自然界的藝術形態》令人大開眼界，書中即有精心描繪的放射蟲，圖八可看到這類單細胞生物具有精細複雜的矽殼。放射蟲是一種遠古時代的生物，出現在最早的化石中，今日繼續在大海裡繁衍生長。許多物種都可發現五種柏拉圖正多面體的蹤影，有些甚至以此命名，包括 Circoporus octahedrus（八面體銳棘環孔蟲）、Circogonia icosahedra（二十面體環角蟲）和 Circorrhegma dodecahedra（十二面體環裂蟲）等。

歐幾里德的靈感

歐幾里德的《幾何原本》可以說是有史以來最偉大的教科書，遙遙領先競爭者。這書把系統和嚴謹帶入幾何學。從更高的角度來看，它更是建立認知理解範疇的分析與綜合法。

分析綜合法是牛頓以降的物理學家首選「化約法」的過程。牛頓如此說明：

> 通過分析，從化合物追究到其組成元素，從物體的運動追究到造成運動的外力；更廣義來說，從結果追究到背後成因。而綜合的過程，在於將發現的原因建立為原則，由這些原則出發描述各種現象，並提出解釋。

這種策略與歐幾里德處理幾何學的做法平行，他從簡單直觀的公理，推演出驚人豐富的成果。牛頓的巨著《原理》是現代數學物理的基石，也遵循歐幾里德的闡述風格，從公理透過一步步邏輯推演，導出重大成果。

需要強調的一點，是公理或物理法則並不會告訴你該怎麼應用。若是漫無目的串在一起，很容易產生一大堆會忘掉、沒有價值的事實，像是一齣戲或是一首曲子無的漫遊，最後不知所終。而那些試圖利用人工智慧來做創意數學的人，已經發現確認「目標」通常是最困難的挑戰。心中有目標，比較容易找到實現的手段。我最喜歡的幸運餅詩籤，是這麼說的：

從做中學！

當然，演講或寫文章的話，有一個鼓舞人心的目標在眼前，對於學生和讀者來說較具吸引力，而且會印象深刻；讓他們一開始就覺得精采可期，一步步從「明顯」的公理，建構出完全不明顯的結論。

那麼，歐幾里德在《幾何原本》的目標是什麼？這份曠世巨著的最後一冊（第十三冊），建構五個柏拉圖正多面體，並且證明只有這五種正多面體存在。想像歐幾里德開始動筆寫書時，心中已有結論，並且朝此邁進，讓我覺得心悅誠服。不管如何，這項合適的結論令人滿意。

以柏拉圖正多面體為原子

古希臘人認為，物質世界具有四種磚石或元素：火、水、土和氣。你或許會注意到，「四」種元素相當接近「五」種正多面體。柏拉圖注意到了！其對話錄《蒂邁歐篇》高瞻遠矚影響廣大，可以找到以正多面體為基礎的元素理論。裡面這麼說道：

每種元素是從一種獨特的原子建造而來，而原子以柏拉圖正多面體形式存在：火的原子是正四面體，水的原子是正二十面體，土的原子是正立方體，氣的原子是正八面體。

這種配置有些道理，具一定程度的說服力。火的原子具有尖銳的角，所以碰到火會很痛。水的原子最為光滑圓潤，所以滑動流暢。土的原子很緊密，可以填滿空間。空氣又濕又熱，氣的原子介於水與火之間。

不過，雖然五接近四，畢竟還是不同，所以正多面體的原子與真實的元素之間，仍然無法完美吻合。若只具一般聰明才智，遇此難題可能會退卻，然而柏拉圖更是一名天才，他毫無畏懼，當成是挑戰與機會。他主張，剩下的正十二面體確實在造物主的建構中，但不是當成原子，而是整個宇宙的形狀。

亞里斯多德一向想超越柏拉圖，他提出不同版本的理論，雖然保守但在想法上卻更為一貫。這位深具影響力的哲學家有兩大思維：日月星辰的天體世界，是凡塵俗世找不到的物質所打造；而「自然厭惡真空」，所以天體之間不可能是空的。兩者為求一致，需要有第五元素或伍素（quintessence）存在，不同於水火地氣等四種元素，以便填滿天體世界。於是，正十二面體找到自己的位置，成為「伍素原子」或稱「以太原子」。

今天，不管是哪個版本的理論，都不堪細究。在科學上，不管用四種或五種元素來分析世界，都完全失敗；現代的「原子」也與柏拉圖正多面體相差甚遠，絕非有稜有角。從今天的角度來看，柏拉圖的元素理論不但粗淺，也和事實一點關係也沒有。

從對稱到結構

雖然是失敗的科學理論，柏拉圖的見識卻是成功的預言，更稱得上是知性的藝術之作。要能欣賞其中奧妙，必須遠觀看全貌。柏拉圖看待真實世界，核心直覺是認為真實世界根本上必須體現優美的概念，而且必定是獨到特殊之美，即數學規律與完美對稱之美。如同畢達哥拉斯一樣，柏拉圖認為這種直覺也是一種信念、嚮往與指導原則。他們試圖調和精神與物質，主張物質是最純粹的心靈產物。

要強調的重點是，柏拉圖的想法突破過去哲學泛論的水準，對「物質」提出具體的主張。雖然具體想法錯了，但至少未淪落先前理論「連錯都談不上」的尷尬。柏拉圖甚至也嘗試拿理論和現實比較，例如被火燒到會灼痛，因為正四面體有尖角；水會流動，因為正二十面體較圓滑等。他在《蒂邁歐篇》中寫得很清楚，也有一些富想像力的解釋，以原子幾何為基礎，解釋現在所說的化學反應和化合物（即非元素）等特性。只不過，這些隨口說說的研究，很難讓人認真想用實驗測試是否為科學理論，更不用說進一步開發利用。

然而在某些方面，柏拉圖的遠見已預見現代前端科學思維的觀念。

雖然柏拉圖提出的物質磚石與我們今日所知並不相同，但是他指出只有幾種磚石存在，有許許多多一模一樣的副本，符合今日基本的概念。

除了對我們隱隱的啟發之外，柏拉圖的遠見採用具體的策略，從對稱衍生出結構，是貫穿千古的回響。我們從純粹數學思考（考慮對稱性），導向少數幾種特殊的結構，並且轉向大自然，成為她設計時的候選元素。柏拉圖採用的數學對稱，成為其磚石候選名單，與我們今天所使用的對稱大不相同。但是「對稱是自然根基」的主張，儼然成為今日對物理真實認知的主流。至於「對稱決定結構」這種難以捕捉的概念，即嚴格要求數學完美而限縮可實現名單，成為建造世界模型的施工手冊，如今也已成科學未知前端的指路明星了。這種想法大膽到幾乎褻瀆，因為它居然聲稱我們可以拆解「造物者」的技法，而且方法毫不隱藏。後面會看到，這種大膽想法居然完全正確！

柏拉圖用「demiurge」（造物主）這個字，表示我們所見真實世界的創造者。「造物者」（Artisan）是標準翻譯，這個字經過精心挑選，反映柏拉圖認為「真實世界不是終極真實」的看法，有一種永恆不變的理想世界存在，比任何必然不完美的實際更早存在，並且獨立無涉。一個毫不倦怠並充滿藝術思想的造物者，利用理想為模板，揑塑出各種創作。

《蒂邁歐篇》不容易理解，很容易誘使學者將晦澀誤為深不可測。我倒是覺得有一點饒富深意，那就是柏拉圖沒有把「正多面體」當成真正基本，而是繼續思考這樣的「原子」是如何從更原始的三角形構成。當然，細究起來他的理論甚至「連錯都談不上」，但是他認真把自己模型看做真實，使用模型的語言，並且追求極限等本能，都是很正確的精神。他思索原子或許還有次原子的組成，這種識見可謂走在時代之前。而他猜想，這些次組成可能無法個別存在，或許只能在更複雜的物體裡找到，這些觀念至今都由已發現的夸克和膠子證實，它們永遠都關在原子核裡面。

總之，在柏拉圖的猜想中，可發現對本書冥思的核心想法：即世界深層結構體現優美的觀念。這是柏拉圖猜想的靈魂神髓。他主張，世界最基本的結構即原子，是純粹概念的體現，可以由純粹的心智來發現並加以闡釋。

手段有限

回到病毒上：它們到哪裡學幾何呢？

這是複雜外表可以由簡單原則產生的好例子，或者講得更精確，是簡單的規則造就外觀複雜的結構，思考過後又變回極為理想的簡單。重點是病毒的ＤＮＡ要用指令複製一模一樣的大軍，但是ＤＮＡ又極小，所以為了讓說明書精簡節省，若能以簡單又相同的零件，又以相同的方式組裝製造，必定效益極高。這裡，關鍵字是「簡單、相同零件、相同組裝方式」，這正符合柏拉圖正多面體的定義！由於「見微知著」，病毒並不需要「知道」正十二面體或正二十面體這些東東，只要知道三角形，以及一兩個組裝規則即可；只有更多樣、更不規則以及毛病很多的物體，如人類，才需要更詳細的安裝說明。當訊息和資源有限時，對稱性就成為預設結構了。

年輕的克卜勒和天籟之音

在柏拉圖身後兩千年，年輕的克卜勒承先啟後，找到自己的使命，而數字「五」也是關鍵。克卜勒很早就熱情地轉向哥白尼的想法，將太陽視為創造的中心，試圖了解太陽系的結構。當時，知道有六顆行星：水星、金星、地球、火星、木星和土星。可以看到，數字六相當接近數字五。巧合嗎？克卜勒不以為然，造物主在設計創作時，有什麼比使用最完美的幾何物體更具價值呢？

哥白尼和托勒密一樣，他的天文學也是以圓周運動為基礎。這又是一次美麗的錯誤，由柏拉圖和亞里斯多德背書（他們也是始作俑者），認為只有最完美的圓形才值得創造，而行星是由天球帶動。至於這些天球應該以何處為中心（太陽或地球），哥白尼和托勒密有不同的看法，但是兩人都認為天球理所當然為球形，年輕的克卜勒也一樣。因而，克卜勒認為六大天球以太陽為中心。他問道：為什麼是「六」？而為什麼天球大小是這樣？

有一天，克卜勒在上天文學入門課時，突然靈光一現想到了答案：前面五個球體可各與一個柏拉圖正多面體相切，然後外接於另一個球體，球體又內切於另一多面體等，如此五個柏拉圖正多面體可以搭起六個球體！不過，只有球體大小適當，整套系統才能運作。在這種方式下，克卜勒可預測每個行星和太陽之間的相對距離。他深信自己已經發現上帝的藍圖，在充滿激動歡喜的《宇宙奧祕》（*Mysterium Cosmographicum*）這本書中宣布：

天上一片和諧聖潔的景象，讓我激動萬分無法言喻，久久不能自已。

以及這一段：

上帝如此仁慈，祂沒有閒著，而是開始簽名將自己烙印進世界裡。因而我猜想，這一片悠然靜謐的天空，都是幾何藝術的象徵。

這確實是一個華麗的系統，在圖九中這個精緻的實物模型中可以看到。顯然克卜勒曾自問，也相信他這樣回答我們的問題：這個世界確實體現了美，與柏拉圖的預期連成一氣。他進一步詳細分析這些旋轉的天體真正發出來的音樂調性，並且把樂譜寫出來！

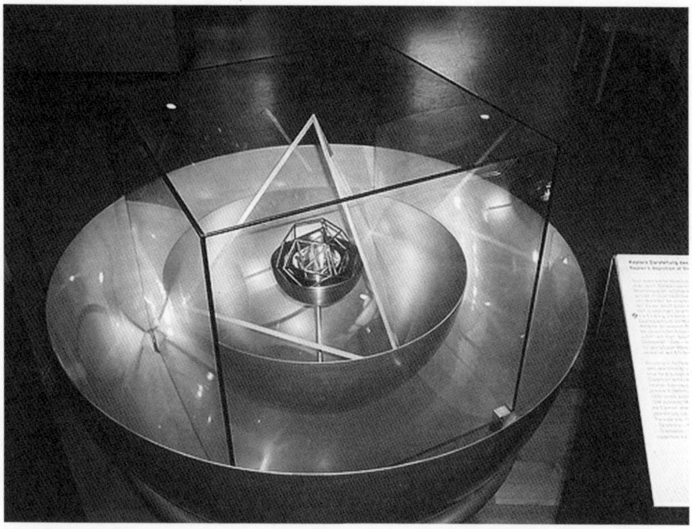

圖九：柏拉圖正多面體啟發了克卜勒，他提出如圖中所見的太陽系模型。天體運轉帶動行星運轉，而柏拉圖正多面體做為鷹架，控制行星間的距離。

克卜勒的熱情帶領他度過充滿困頓的人生，包括個人生活與專業研究。繼宗教改革之後，中歐飽受戰爭、宗教和政治動盪席捲，他居住於漩渦中心，母親以女巫受審。而他孜孜矻矻研究如何精確描述行星的運動，結果自己的發現推翻了年輕時的夢想，因為行星運轉不是圓形，而是橢圓形（克卜勒第一定律），太陽也不是這些橢圓的中心（致專家：位於焦點之一）。從克卜勒更成熟精確的描繪中，最終湧現了自然深奧之美，但是與他年輕時的夢想截然不同，他也沒能活著看到。

深真理

偉大的丹麥物理學家和哲學家波耳（一八八五－一九六二），是量子理論與後面要強調的互補原理創始者。波耳很喜歡一個他稱為「深真理」（deep truth）的概念。這體現了維特根斯坦（Ludwig Wittgenstein）的主張，指所有哲學可以或是都該以笑話的形式表達。

波耳認為，一般的命題僅具字面意義，通常真的相反就是偽。然而，深層的命題除字面外，底層具有隱藏意義；是否為一個深真理，可以從反面也是一個深真理看出來。就此意義，下面這段話結論明確：

> 原來，這個世界並非如柏拉圖所猜測的方式依數學原理打造。
>
> ……表達出深真理，因為其反面亦為真。
>
> 這個世界依數學原理打造，一如柏拉圖所猜測的。

達利〈最後的晚餐〉

在這條分線思考中，似乎很適合放入與這個主題相關的現代藝術作品。彩圖5是達利名作〈最後的晚餐〉，包含許多隱藏的幾何主題。但是在這些主題中，最奇特又引人注目的是出現幾個只有顯現部分的大正五邊形，籠罩住整個場景。顯然，這些正五邊形似乎用來構成一個正十二面體，不僅包圍出席賓客，同時也圍住觀看者。呼應了柏拉圖的概念，這種形狀是宇宙的架構。

第五章 柏拉圖(二)：逃離洞穴

在探尋自然之美的問題時，部分緊繫於物理真實與感覺認知之間的關係。前面討論過聽覺，下文會討論視覺。

不過，本書的問題還有另一個層面，須探討物理真實和終極真實之間的關係；或者若對「終極真實」的概念不自在（這可以理解），那就來探討「全貌」，思考物理真實的深奧本質如何與人們的夢想與希望連結。究竟，宇宙一切代表著什麼？在超越原始感官的層次之後，這些課題是體會世界美或不美的重要元素。

針對這些問題，柏拉圖很早之前便提出一些答案。這些答案不是基於科學研究，而是來自於神祕的直覺和啟人疑竇的邏輯。儘管如此，這些答案啟發科學研究，影響持續至今，讓後人一再玩味思索。影響力超越科學範疇，擴及到哲學、藝術和宗教等領域。懷海德（Alfred North Whitehead）寫下這句名言：

> 我們可以很安全地概括總結：歐洲哲學傳統等於是柏拉圖的一系列注解。

所以，現在讓我們一探柏拉圖的「洞穴」，在那裡可發現他世界觀的神祕核心，畫面生動饒富想像。

洞穴的寓言

柏拉圖的「洞穴」寓言，出現在代表作《理想國》（*Republic*）中，他照例托師尊蘇格拉底之口說出。蘇格拉底對柏拉圖的兄長葛勞康（Glaucon）談到「洞穴」，他也是蘇格拉底的學生。這項場景和人物安排，突顯「洞穴」在柏拉圖思考中的核心地位。

以下是柏拉圖的鋪陳：

蘇格拉底：現在讓你看一幅畫面，想想看人類本性究竟是何等開明或閉塞：看哪！有人住在地穴中，迂迴通往天光；這裡的人們自小住在裡頭，雙腳頸項被綁住不能走動，頭部纏繞鎖鍊無法轉動而只能看前面的東西。這些囚犯的上後方遠處有火堆燃燒，兩者之間有一道土堤，定眼一瞧原來上面築有一堵矮牆，就像皮影戲演員前面操縱戲偶演出的屏幕。

葛勞康：我知道了。

蘇格拉底：而且你看到了嗎？人們沿著矮牆走來走去，帶著各式各色的交通工具、木石等材質刻製的雕像或動物，影子藉火光投影在牆上？有些影子似乎在對話，有的則靜靜不出聲。

葛勞康：這幅畫面很奇怪，他們真是奇怪的囚犯。

蘇格拉底：就像我們一樣。

重點簡單明瞭：囚犯看到真實的投影，而不是真實本身。因為他們只知道投影，會視為理所當然，這就是他們的世界。但是我們不應該自覺比那些愚昧的囚犯更高一等，因為根據蘇格拉底（即柏拉圖），我們自己的情況並沒有不同。「就像我們一樣」這句話，真是當頭棒喝。

洞穴的故事當然不能「證明」我們看見的只是投影，畢竟，這只是一則寓言故事而已。但是，確實能說服我們去考慮這種可能性：除了感官認知所及，在邏輯上是否有更多的真實存在。這項深具顛覆性的故事提出了挑戰：不要畫地自限，盡力嘗試不同觀點，質疑感官認知，並懷疑權威。

彩圖6以「宇宙版的洞穴」，精美勾勒出柏拉圖的洞見，他暗喻有一個超越表象世界的真實存在。

我要指出，柏拉圖身為政治哲學家，是烏托邦式的保守份子，他提出這種顛覆思想不是為了讓大眾警醒。他提出自由思考的處方，也並不是推薦給每個人，而是針對一小群管理份子，那就是負責事務運作的哲學家們，這些人是他心中認定的讀者吧！

永恆的觀點：「不變」的矛盾

柏拉圖主張超越表面的真實，這種看法統一了兩股思潮。我們已浸淫其中之一，即畢達哥拉斯的萬物皆數說，也看到幾項優美的發現支持該信條。前面一章討論到柏拉圖的原子論，也是本著相同精神的另一次嘗試（只是缺少證據或事實）。

就現代來講，第二種思潮更貼切於哲學，屬於形而上學（metaphysics），字面上的意思就是「後物理學」（after physics，這個英文字的根源很有趣，當亞里斯多德的作品收集成冊時，將《物理學》之後的書籍統稱為「後物理學」，純粹是因為裝訂的緣故。這些書籍的主題在於提出事情的首要原則或道理，「後物理學」的書籍涉及存在、空間、時間、知識和認同等主題，不是透過實驗觀察處理，而是像數學純靠認知推理。此後，這類雄心萬丈但隱晦難懂的知識探索，便稱為「形而上學」了）。

二十世紀哲學大師與數學家羅素（Bertrand Russell）曾提及，巴門尼德（Parmenides）說過一段經典的形上學辯證，指出「為什麼事物不會改變！」：

> 思考的時候，想的是某種東西；用一個名稱時，必定是某種東西的名稱，因此思考和語言都需要別的東西存在。既然隨時都可能想到或說到某種東西，所以只要會被想到或說到的東西，就必須時時刻刻都存在。因此不能有改變，因為改變涉及東西出現或不見。

儘管邏輯「無懈可擊」，但是心理上真的不容易接受。如果改變是一種錯覺，那麼它真是巧妙的錯覺啊。

例如，東西看起來當然會運動。克服這種「幻想」的第一步，是要破壞對表象的天真信仰。巴門尼德的學生芝諾，是一位顛覆高手。他提出四種悖論，指出關於「運動」的想法太天真，根本是無可救藥必錯無疑。

其中最有名是阿基里斯和烏龜的悖論。阿基里斯是荷馬《伊利亞特》的大英雄，這名戰士以速度和力氣聞名。我們想像阿基里斯和一隻小烏龜要比賽五十碼短跑，讓烏龜從起跑點十碼前開始跑。有人可能會覺得阿基里斯會獲勝，但是芝諾說：「錯！」他指出，為了贏烏龜，阿基里斯必須先追上。但是，這是一個大問題，事實上是一個無限的問題。假設起跑時，烏龜在位置A，阿基里斯必須先跑到A，但是當他到達之後，烏龜已經前進到A'。然後阿基里斯必須跑到A'，但是等他到達那裡時，烏龜已經前進到A"。現在可以看到是怎麼回事，不管我們反覆幾次，阿基里斯永遠追不上。

要否定「運動」這回事，可能像巴門尼德所說教人匪夷所思。但是芝諾主張，接受有「運動」這回事恐怕更糟糕，那不是教人匪夷所思，而是教人神經錯亂。

羅素回頭看芝諾，這麼說道：

> 發明四項博大精深的論證，後來的哲學家卻隨便栽贓他是跳樑小丑，說他所有論點都是詭辯。歷經二千年不斷的攻詰，這些詭辯得以愈辯愈明，成為數學復興的基礎。

的確，要給芝諾適當的物理答案，只有等到牛頓力學與力學體現的數學出現，才能做到，請容稍後再談。

今天，看起來有可能在量子理論的框架下，同意巴門尼德的觀點，正確看待事物外觀，改變的可能真的只有外觀而已。在這段冥思結束時，我會證明這項看似張狂的主張。

不過，讓我們重新回到故事，回到事件發生的歷史順序。

理想

在柏拉圖的「理想論」（Ideals）中，畢達哥拉斯派對和諧完美的直覺，以及巴門尼德提出「不變的真實」，兩股思潮滙聚流動（柏拉圖的理論通常被稱為「思想論」，但我認為「理想」更貼切其初衷，因而採用）。

「理想」是完美之物，而真實物體是不完美的複製。因此，若有一隻「理想的貓」存在，那麼真實的貓與理想貓共享一些特質，僅此而已。當然，理想的貓永遠不會死，也不會有任何改變。這項理論體現了巴門尼德的形而上學：有一個理想境界存在，代表深層真實，它永恆不變，我們賦予名稱、討論行為者其實都是理想境界的物體。同時，這也建立在畢達哥拉斯之上：在處理數學概念或柏拉圖正多面體時，我們與永恆完美的理想世界產生緊密接觸。

還有潛藏第三種思潮，必然也滙聚於理想論中，這是俄耳甫斯教（Orphism）之流，可以說是希臘神話嚴肅的一面。俄耳甫斯教以神祕儀式為特色，細節已經掩蓋在歷史的迷霧中（這就是搞神祕的下場！），在此我們也不再細究。但教派主張「靈魂不滅」的核心教條，深深牽動人心，至今揮之不去（當然）。維基百科描述如下：

> 視人類靈魂為神聖不朽，但在靈魂輪迴或不斷的投胎轉世中，注定有段時間會感受痛

苦。

這些想法與理想論完美契合。就本質而言，每個人都參與了理想世界，參與的部分是我們不朽的靈魂。雖然活在世上容易受表象分心，若是不求超越，我們的靈魂就會睡著，只是懵懵懂懂知道理想的存在。然而，通過哲學、數學和一點神祕主義（俄耳甫斯宗教的神祕儀式），我們可以喚醒靈魂。記住洞穴的存在，而且有一道出路。

解放

柏拉圖描述解放的過程：

蘇格拉底：現在再看看，如果囚犯被釋放的話，自然會發生什麼事？……。強光會讓他感到刺眼，他會無法看清之前看到的陰影所對應的實體……。他不會認為以前看到的陰影，比現在眼前的物體更加真實嗎？

葛勞康：的確。

……

蘇格拉底：他必須習慣上面世界的景象。一開始，他能把陰影看得最清楚，接下來是水中人物景象的倒影，再來是真正的物體本身；然後，他可以凝視日月星光與無垠的天際；而且，他晚上觀看星、月會比白天看太陽更清楚？

葛勞康：沒錯。

值得注意的是，柏拉圖（藉蘇格拉底之口）將「解放」描述成積極主動的過程，是學習和參與的過程。近代比較流行的想法認為救贖是透過外在的恩典或懺悔而來，這兩者大有不同，我覺得前者有趣多了。

如果自由是與隱藏的真實接觸而來，我們該如何實現呢？這裡有兩條路，一條向內，一條向外。

在向內的道路上，我們嚴格審視自己的觀念，努力去除表象的糟粕，達到理想的意義；這是哲學和形而上學的道路。

在向外的道路上，我們嚴格檢視表面，努力看穿複雜的現象，發現隱藏的本質；這是科學和物理學的道路。正如我們所預期，向外的道路確實會帶來自由，後面會深入討論。

重現真實：往前看

就柏拉圖的中心直覺，他相當正確，甚至遠超過他所能明白。自然賦予人類的世界觀，只是真實世界的影子投射而已。

從世界賜予的聚寶盆中，未加輔助的感官只能讓人類汲取微不足道的訊息。在顯微鏡的幫助下，出現一個微觀宇宙，充滿微小奇異的生物，它們或敵或友。然而物質世界裡有更多奇異的組成，在那裡按照詭異的量子力學法則運轉。在光學望遠鏡的幫助下，我們發現浩瀚的宇宙，頓時讓地球變為一個不起眼的小點，在那廣漠黑暗以及（顯然）空蕩蕩的空間裡，灑滿成千上百億各種不同的恆星和行星。在無線電接收器的幫助下，我們「看見」原本看不見的輻射，充滿在空間中，並且加以運用。這一切等等……

至於感官和頭腦，若是沒有借助訓練和幫助，根本就沒有辦法看清真實世界的豐富精采，更不用說「未知的未知」。我們上學念書、探索網路、使用手寫板、電腦程式和其他工具，幫助理清複雜的思緒，解出支配宇宙的公式，讓成果具體可見。

這些東西幫助了感官和想像，打開認知的大門，讓我們從洞穴逃脫。

轉向超凡

但是對這些未來一無所知的柏拉圖，更強調的是向內的道路。他解釋了原因：

蘇格拉底：因此，我們必須借用美麗的天空為例，說明我們的理論，複雜而又規律的天界像戴達羅斯（Daedalus）這傑出的藝術家所繪製精美的圖畫。面對這樣的設計時，幾何學的專家也會佩服其手藝精巧，但是不會做夢說要詳細研究，期待所有角度和長度都精準吻合理論值。

葛勞康：當然，那樣就太荒謬了。

蘇格拉底：所以，真正的天文學家在研究行星的運動時，也會抱持相同的態度。他會承認，天空和天空裡包含的一切，創造者已經盡可能把它完美實現……。他不會想像眼睛所見的實際變化，會永遠符合預期持續下去，也不用浪費精力想找出最精準的完美。

葛勞康：聽您這麼說，我懂了。

蘇格拉底：因此，如果我們想要善用與生俱來的智慧好好研究天文學，應該效法幾何學的做法，去研究數學問題，而不是浪費時間觀察天體。

我們可以用不等式總結這單向的對話。這話很簡單，真實比不上理想，真實必定次於理想：

$$\text{真實} < \text{理想}$$

從理想世界創造真實世界的造物者是一名藝術家，而且是一名優秀的藝術家。然而，造物者最終只是複製者，其創作反映了現有材料的混雜；這名造物主用粗筆作畫，將細節模糊帶過。真實世界是我們所追尋終極真實有缺陷的代表。

換一種方式說：柏拉圖建議我們超脫凡俗。如果理論很美麗，但不完全吻合觀測，那是觀測的問題。

兩種天文學

為什麼柏拉圖在追尋終極真實時會轉向內心，遠離真實世界呢？毫無疑問，部分原因是他鍾情於自身的理論，不肯追究理論是否可能出錯。這種太人性的作風至今仍在，是政治上的標準做法，社會科學上的常態，就連物理學也無法完全避免。

但是，另一部分的原因是研究大自然而來，也就是對話中涉及的天文學課題。

曆法準確對古代社會十分重要，因為農業是經濟基礎，尤其是仰賴灌溉的農業。無獨有偶，這點對宗教也很重要，因為必須按照時節舉行儀式，才能祈求神明幫助播種豐收，這一切都仰賴天文學，占星術與卜卦未來也是如此。古代巴比倫人對於預測天文事件極為純熟，包括太陽起落位置變化、春分夏至或日月食的發生。原則上，他們的方法很簡單，幾乎與理論無關，累積幾百年的觀察，記錄規律性（周期性）並推斷未來。換句話說，他們認定天體運轉周而復始，不斷重複。如今「大數據」方興未艾，但基本概念可以追溯許久之前，因為與古代巴比倫天文學所使用的方法並無二異。

柏拉圖寫作之時，巴比倫人的研究正當成熟，他極可能只略知一二。不管如何，他們「由下往上」重資料、輕理論的方式，與柏拉圖的目標和方法完全相反。

正如所見，柏拉圖認為最重要的是人類的靈魂要向上提升，追求智慧、純潔與超脫凡俗的理想。因此要解釋行星的運動，最重要是理論要漂亮，而不是要完全正確。首要的目標是要確認啟發造物者的「理想」為何，迫於現實接受的原始建材只是次要的考量。

天文學上最主要也是最簡單的周期運動，是日夜交替與季節更迭，與恆星運轉天際和太陽運轉軌道有關。今日，我們了解這些周期與地球每日繞軸自轉一圈，以及每年繞日公轉一圈有關。因為這兩種運動都是相當接近圓形的等速運動，觀察到的現象可由一個極為漂亮（完美近似值）的理論描述如下：

最完美的幾何圖形是圓形。在封閉的圖形中，圓處處都完全相等；其他的圖形不同部分各有不同，這些部分不能處處皆完美，所以整體也不能稱上完美。同樣地，最完美的圓形運動是等速運動，而且等速圓周運動是最規律的運動了，因為它時時刻刻都保持相同的形式。從這些「由上而下」的考量，可推斷「理想」運動是等速圓周運動。仰望天空時，可發現這兩項完美至極的運動結合，與觀察到的太陽和恆星運動幾近吻合。

乍看之下，這是驚人的成功，延續畢達哥拉斯發現的精神，找出物理世界隱藏的數字和幾何關係。然而，這項發現又更加輝煌崇高，因為太陽和恆星是直接出自造物者手中而光芒萬丈，人類的造物者不過是打造樂器而已。

遺憾的是，在進一步考究下，事情急轉直下。結果人們發現，行星和月亮的視運動非常難描述。由上而下的方式，要求我們以理想（即等速圓周）的運動來解釋現象。為應付這項要求，數學天文學家讓行星在圓形軌道上進行另一層的圓周運動，但是還是行不太通，所以他們再加上一層圓周運動……。將這一圈又一圈經過巧妙的安排，有可能重現行星的視運動，然而在複雜又明顯的人為系統中，最初承諾的純粹和美麗不見了。我們可以擁有美或真，但是不能同時擁有。

柏拉圖堅持美麗，並願意妥協（或者該說是放棄精確）。否定事實看來雖然傲慢，但透露的其實是深度缺乏自信以及束手無策，等於是放棄兩全齊美的心願，讓美麗和精準、真實和理想能夠結成連理。柏拉圖遙指超脫塵俗的方向，門生們走得更遠。在黑暗時代，世上戰亂貧病充斥以及面臨古希臘文明的崩潰，可以理解這種桃花源具有一定的吸引力。

柏拉圖的繼任者暨對手亞里斯多德，在某些方面更像是大自然真正的學生。他和學生們收集生物標本，進行許多敏銳深入的觀察，並且詳實記錄結果。遺憾的是，他們一開始就著眼於非常複雜的物體和問題，錯過了幾何學和天文學的簡單清晰。他們不求也不期待在盤根錯節的真實中，找到蘊藏數學上的「理想」。他們著重描述與組織，並不追求美麗或完美。當亞里斯多德學派轉向物理和天文，他們也同樣畫地自限，亞里斯多德之後（與之前）的科學家會要求精確的方程式，他們卻滿足於空泛的言語描述。

客觀的主觀：投影幾何

漫漫歲月之後，文藝復興時期自信昂揚，這股新文化重新發現了柏拉圖，拾起他所追尋的理想，但放棄了他超脫塵俗的態度。

由藝術家和工藝家領頭帶路，面對一項根本的挑戰：如何用二維圖畫，表現出三維空間的物體幾何？這是十分實際的問題，當時攝影尚未發明，私人財富迅速累積，富人希望以畫像將自身與財富永久記錄下來。

乍看之下，這似乎與柏拉圖渴望超越事物表象，探索更深的真實沒有關係；透視藝術科學最主要就是捕捉表象吧！

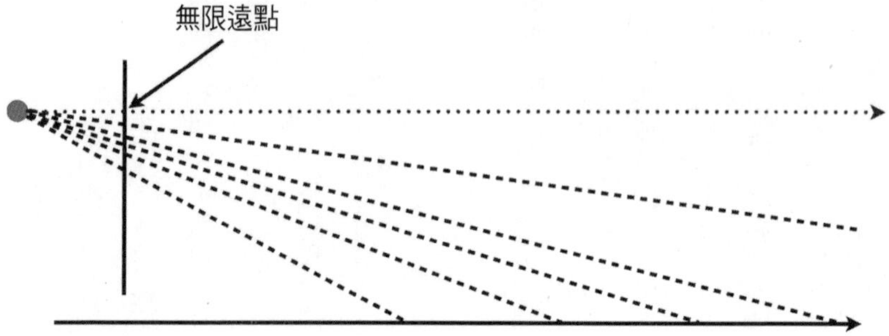

圖十：水平線（地板）上的各點投射到垂直線（畫布）上的一段。水平線在真實中永遠無窮盡，不過會投射到畫布上一個真實、有限的「無限遠點」。

然而，掌握事物的表象，會讓人感覺更貼近本質。一旦明白隨著觀看的角度不同，相同的場景看起來可能會不同，我們就學會將角度的偶然性，與事物本身的特質分開。將主觀以客觀處理，讓人得以掌握事物精髓。

回歸正題！這方面初步的工作已帶來一些令人愉快的驚喜。讓我們簡化問題直探精髓，只看畫布和風景的截面圖，讓兩者都以直線表示，如圖十：

在最簡化的風景上（水平面，在截面圖成一直線），各點將光線投射到觀察者眼中，成為圖中的虛線。視線到與畫布（截面圖為垂直實線）相交處，可決定風景各點應該落在畫布何處。

從圖十清楚看到，遠方風景投影在畫布上方，但是當風景愈來愈遠時，投影點往上爬升的速率會愈來愈慢。視線會接近一道水平極限（圖中虛線表示），這道極限並未對應風景中任何實際的點，卻與畫布相交在一個特定點。

在我們眼前，發生了一個概念上的奇蹟：我們抓住了「無限」！看風景時，會有一道地平線；地平線並非實體，而是一種理想化，代表視野的邊界落在無限遠。然

圖十一：平行線在地平線會合，有一個共同的「消失點」；一旦注意到這種現象，可發現生活周遭比比皆是。

而，畫布上投射而成的地平線無疑是真實的，是獨一無二的「無限遠點」！

當我們將畫布和風景（平原），都回復成完整的二維度時，前頭有更多的奇蹟等待著。

為簡化起見，假設畫布和地面互相垂直。

現在，讓我們想像地面有很多條直線，各個延伸到天邊，也都將對應的無窮遠點投射到畫布上。但是，我們將發現地面上所有平行線，在遠方都趨近地平線上的同一個點。在圖十一中，這點清楚躍入眼簾。

我們將該點稱為平行線家族的「消失點」。對畫布來說，平行線在無限遠會合了。

這句話，既是工藝上的平白陳述，也是對自然藝術的神祕禮讚。

不同的平行線家族定義不同的消失點，共同確定了地平線。當投射回畫布時，地平線生出一條水平線，將地平線化為無限遠點的集合。換句話說，概念上的地平線投射到畫布上，成為無限

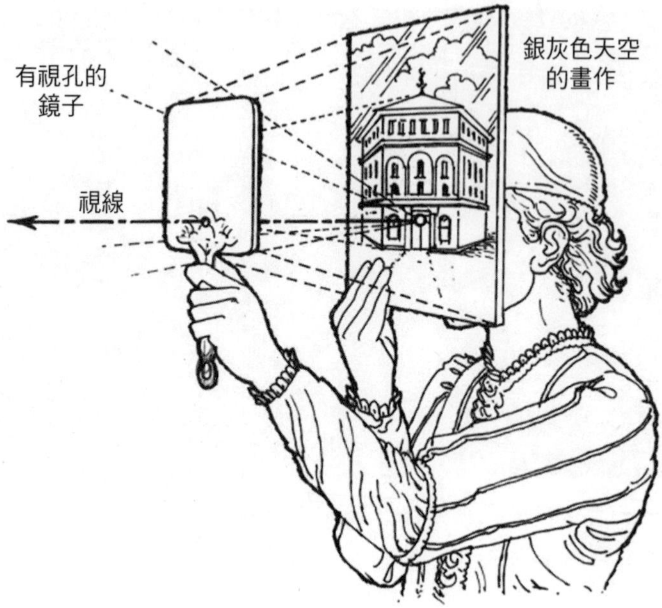

圖十二：布魯內列斯基以運用科學透視法的新道具，來比較畫作與真實。

遠的一道有形線。

對於文藝復興時期前驅的藝術家／科學家／工程師布魯內列斯基來說，這類發現讓他興奮莫名，迸發源源不絕的動力。他將這些創見發展成高超的技術，創造出逼真寫實的畫作。在一項著名的實驗中，他運用投影幾何，精確描繪出佛羅倫斯聖約翰洗禮堂從鄰近興建的大教堂入口，究竟會看到何種模樣。如圖十二所示，他設計道具讓觀看者能夠比較鏡子映照出來的畫作，與拿掉鏡子之後真正的洗禮堂模樣（畫作上有個小孔可以穿透觀看）。

這種巧妙的手法讓當代的藝術家大受震撼，競相將布魯內列斯基的技巧發揚光大。沒過多久，透視法揮灑出一幅又一幅的傑作，如佩魯吉諾所繪的〈將鑰匙交給聖彼得〉（彩圖7）。這幅壁畫坐落在梵諦岡西斯汀教堂，透視法在裡面發揮積極的角色，為天主教教會的創建營造出一股獨特的祥和、秩序與權威感。

想了解藝術家發現並以透視法做實驗的喜悅，分享簡易的創作是最佳的方式了。在彩圖8，可看到如何以透視法，將磁磚地板的方塊從前方延伸到無限遠的正確透視圖，我們只需要一支鉛筆、直緣和橡皮擦。（「直緣」是沒有數字標記的尺，當然一般直尺也可以，不要管上面的數字即可。）

這裡是繪製的過程。我們先畫一條黑色的地平線，再來從前方一個藍色方塊磁磚開始畫起，當然不是畫成方形，因為我們是斜著看地板。將「方形」的兩側延伸下去，最後到地平線相交於消失點，這些也都是畫成藍色。所以，我們從一個方形磁磚和一條地平線開始，挑戰就是將地板鋪滿相同的方塊，以實際觀看者透視的角度畫出來。

觀察的重點是方形的對角線也會形成平行線家族，一起會合在地平線的另一個消失點。我們可將方形的紅色對角線繼續延伸，找到那個消失點。然後從消失點回來，用橘色線畫出相鄰方形的對角線！找到這些對角線後，可知道橘色線和藍色線的交點是相鄰方形的頂點。黃色線通過這些頂點和對應的消失點，成為這些方形的邊。現在可以繼續下去，黃色的「邊」線與橘色「對角線」的交點，成為新方形的頂點……。高興的話，可以一直畫下去，直到失去耐心，或是沒筆芯了，或是方形已經縮小到原子尺寸了。

要完成這項工作，可以將對角線擦掉，或是將所有線條改成相同的顏色，最後變成下圖的成品。這張圖的透視相當極端，好比用螞蟻的眼光看地板，視角極為平貼。我想要突顯這些方形完全相同的圖形，看起來如何差異極大。當然，也可以將這本書拿起來，嘗試用不同的角度看這張透視圖，可看到方形大小或有不同，但是交點永遠保持相同的模式。

我畫了這種圖不下十次，每次看到方塊地板出現時，我都覺得很興奮。這雖然是很小的動作，但也是一種真正的創造。

我覺得，這是任何造物者都會享受的事情。

我發現，對基本透視法的領會打開了我的雙眼。說得更精確些，這些概念讓我的眼睛和心靈關係更緊密。尤其在大都會裡，我常常可找到許多組真真實實存在的平行線，往不同的消失點而逝。當我愈關注到這類事情，經驗就愈加完整生動，我也希望讀者能體驗。訓練想像力飛馳，可以帶我們飛出那平凡乏味的黑暗洞穴。

依觀點而異：相對性、對稱性、不變性與互補性

現代基礎物理學有許多中心思想，對大多數人都很陌生。若要從原本的脈絡裡，硬生生抽離使用，會感覺很抽象，讓人退避三舍。因此，想要對大眾推薦引介的人，經常得借用譬喻的方式。但是，既要忠於原來的概念，又要讓聽眾易於接受，真是一項挑戰，若想進一步點出其中蘊藏的美，更是難上加難。一直以來，我一再為這些問題努力，在這裡很高興提出一個自己很滿意的解決之道。

投影幾何這項文藝復興時期的藝術創新技法，極具巧思創意，不僅可以用做比喻，也可做為真正的模型：

• **相對性**（relativity）指同一客體可以許多不同的方式呈現，不會減損其忠實度。就這層意義上，相對性正是投影幾何的本質。我們可以從不同的角度描繪相同的場景，雖然畫布上油彩位置不同，但是都代表著相同客體的訊息，只是編碼不同。

• **對稱性**（symmetry）與相對性密切相關，但直接與客體連結，而非以觀察者為主。例如，如果我們轉動描繪的客體，然後以固定角度來看，客體看起來會不同，然而投影描述（所有可能觀看角度的綜合）會保持不變（因為畫家可搬動畫架補正）。總結這種情況，我們說物體旋轉是投影描述容許的對稱性，即可以轉動物體造成改變，但是不會改變投影描述。我們後面會再度強調，「變而不變」是對稱的本質。

• **不變性**（invariance）是相對性的對應。當改變觀察角度時，客體的許多面向會有不同的呈現，但是有些特點在所有呈現中都保持相同。例如，客體中的直線不管是從哪一個角度看，永遠都是直線（雖然畫布上畫出來的方向和位置可能不同）；而若客體中有三條直線相交，則不管是從什麼角度，呈現出來的都會相交於一點。對於所有呈現都保持相同的特徵，便是具有「不變性」。不變的「量」尤其重要，因為它們界定客體的特徵，從任何觀點來看都有效。

• **互補性**（complementarity）是相對性的加強。這是量子理論的深層原則之一，但是對於洞察事物的本質而言，重要性超越物理學之外（我認為，互補性是真正形而上學的創見，難能可貴）。最簡單來講，互補性指原則上觀察客體可以有許多不同但都一樣有效的觀點，但是要觀察（或畫圖、描述）該客體時，必須擇定一種方式。

如果互補性只有這點意思，那不過是就相對性增點光彩而已。在量子理論出現的新亮點是，即使是理論上兩位量子畫家也不可能同時以不同的觀點描繪同一客體。在量子世界中，必須考慮到「觀察」是會與客體發生互動的積極過程。

以觀察電子為例。我們必須以光（或X射線）照射電子，但是光會將能量和動量傳給電子，以至於擾亂電子的位置，也干擾到我們本來想觀察的現象。

所以，在測量電子時要極其小心，才能正確捕捉到某些特質，並犧牲其他特質，因為觀察過程中會受破壞。實驗準備方式的不同，讓我們可以不同的方式在觀察或犧牲兩者做選擇，重點是一定得做選擇。在描繪量子世界時，必須在所有可能的觀點中做一個選擇，然後小心達成。若是有另一名畫家也按照自己的意思擺布電子作畫，將會遮蔽我們的視野，破壞我們的畫作（我們也會毀掉他的作品）。

這種強形式的互補性，超越了相對性範疇：客體有許多一樣有效的視角（即一般說的「觀點」），但彼此是互斥的。在量子世界中，一次只能採納一個觀點；量子立體主義是不可能的。

相對性、對稱性、不變性和互補性這四大概念，形成現代物理學的核心。它們應該是（卻尚未成為）現代哲學和宗教的中心，然而置於這些脈絡下，有時候會呈現出怪誕抽象的形式，讓人困惑不已。在困惑之時，不妨想起投影幾何，把抽象概念化為具體而美麗的圖像來思考。

第六章　牛頓(一)：方法與瘋狂

古典科學革命並不是單一的歷史事件，而是一段介於西元一五五〇年至一七〇〇年、令人驚心動魄的時期。在這段期間，許多領域都有著戲劇化的顯著進展，但首當其衝為物理、數學和天文學。文藝復興時期的藝術家兼工程師，如布魯內列斯基和達文西的無盡好奇心和發明，充分展露早期科學的精髓。然而，一般公認哥白尼的《天體運行論》（*De Revolutionibus Orbium Coelestium*），才是科學革命的曠世巨著。哥白尼根據天文觀測的數學分析，提出非常嚴謹的論證，指出地球不是靜止不動地位於宇宙的中心，而是環繞太陽運轉的衛星。這一結論似乎嚴重違背基本常識，更嚴重牴觸教會受柏拉圖與亞里斯多德的影響建立的宇宙學概念。然而，沒有人能抹煞數學的嚴謹，幾個超越時代的思想家重視論證的精確度，而非加以壓抑，最終取得了勝利。伽利略、克卜勒和笛卡耳都有重大貢獻，再由知識界的巨擘牛頓加以整合並發揚光大，牛頓其人其事正是本章的重心。

分析與綜合

科學革命除了富有各式各樣的具體發現，也是追求雄心壯志的革命，更是講求品味的革命。亞里斯多德式對自然界的鳥瞰概述，讓新的思想家感到不足，他們除了要求有飛鳥的角度，認為螞蟻的角度也應該獲得充分尊重。另外，他們也摒棄柏拉圖的風格，不再為了融入宏觀的解釋，而捨棄部分細節。他們要求觀察、測量和精確的描述，盡可能採用幾何、方程式和數學系統。

牛頓捕捉這種新思維的精髓：

> 在數學和自然哲學中，困難的現象首先要由分析（analysis）的方法來研究，然而再運用綜合（synthesis）的方法。通過分析，從化合物追究到其組成元素，從物體的運動追究到造成運動的外力；更廣義地說，從結果追究到背後成因。而綜合的過程，在於將發現的原因建立為原則，由這些原則出發描述各種現象，並提出解釋。

這段話簡潔有力地指出研究的方法，讓我們進一步闡述並豐富其內容。

要求精確度

螞蟻必須仔細掌握地形才行，而鳥兒在任意翱翔開闊的天際。盯著天空的螞蟻會撞到石頭或掉進坑坑洞洞裡，而一心注意地面的鳥兒可能會一頭撞上崖壁。同樣地，精確（precision）與雄心（ambition）兩個目標有所衝突，一方面想要事事追求精確，另一方面也希望道理能夠應用廣泛。

在前文中，我們提到柏拉圖放棄精確，將重點都放在追尋普適性的雄心壯志上。對他來說，這是明智的決定，他希望通過大腦思考找到更美好的世界，而將我們的世界視為不完美的副本。畢達哥拉斯發現了美妙的音樂和諧律，但由於主觀成分使精確度打了折扣。天文學定律的精確度很高，但準確度（accuracy）仍嫌不足，前文已討論過。柏拉圖認為，數學定律是通往理想的窗口，精確與準確兩者兼具。

現實與理想之間的張力，在牛頓前輩克卜勒的著作中，達到歐威爾式「雙概念」（doublethink）的地步。前文談過，克卜勒年輕時對於柏拉圖正多面體太陽系模型十分著迷，雖然這個模型和先前的模型同樣（徹徹底底）錯誤，克卜勒的概念比柏拉圖在《蒂邁歐篇》的臆測，到達更高的科學層次。克卜勒試圖兼顧精確具體，而不像柏拉圖忽略細節。水星軌道的球面與正八面體相切，而八面體的頂點與金星軌道的球面相接。然後，正二十面體、正十二面體、正四面體和正立方體，分別定義了金星與地球、地球與火星、火星與木星，木星與土星的軌道球面。這項模型完全決定行星軌道的相對大小，而克卜勒將理論預測和觀測具體數據做比較，雖然兩者並不完全吻合，但是克卜勒仍然受到足夠的鼓勵，再接再厲尋找更好的模型，並與更精確的數據比較，試圖找到更清晰的天籟之音。

由此，克卜勒以正多面體模型開啟在天文學的傳奇生涯。他進行複雜艱苦的計算，發現行星軌道具有精確的規律性，這正是著名的克卜勒三大行星定律。克卜勒定律在牛頓的天體力學扮演核心角色，將於第八章〈牛頓㈢〉討論。

克卜勒對於這項發現十分高興，也理所當然感到自豪。然而，他先前根據柏拉圖正多面體提出的美妙天球體系，卻也受到了致命一擊。克卜勒充分運用第谷．布拉赫（Tycho Brahe）精確的觀察，據此發現火星軌道完全不是遵循圓形，而是橢圓形，讓天球的概念遭受重創！

克卜勒自己的研究已摧毀了正多面體模型的概念基礎，更何況早先數據與模型雖大致符合，但在更精準的觀測下誤差開始愈來愈大。然而，克卜勒從來沒有放棄自己的理想系統，他在一六二一年新版大幅擴充的《神祕論》（*Mysterium*）正文當中，仍然大談正多面體模型，卻把精確的行星運動定律放在附注，這倒似法庭裡證人通篇不符事實的幻想，在交叉詢問之下瓦解。符號或模型？雄心或精確度？克卜勒拒絕選擇，於是回歸柏拉圖的誘惑，把理論的理想置於現實之上。

對牛頓來說，兩者之間的選擇再清楚也不過。與現實脫節的理論僅僅是假設，就這麼簡單：

> 不從現象推論而出的陳述只能稱為假說；無論假說是根據形而上學、物理論證、隱匿本質或機械原因，在實驗哲學中不應具有任何地位。

牛頓認為，理論必須提供精確的描述。科學歷史學家與哲學家柯瓦雷（Alexandre Koyre）認為牛頓最具革命性的成就，在於他大幅提高科學的標準，也造就科學革命的巔峰：

> 牛頓摒棄原有「差不多」的世界，摒棄談感覺論性質的世界，也摒棄日常生活主觀喜好的世界，以（阿基米德式）精確度量與嚴謹的宇宙取代。

要同時達到高標準的真實度與精確度很困難，柏拉圖更是宣稱兩者互不相容，即使克卜勒也只從兩者當中擇一。牛頓在光學和力學的研究中，完全證明兩者可以同時得到滿足，為物理理論樹立高標準的典範，成為我們這些以牛頓追隨者自居的現代物理學家追崇的目標。為了滿足這些標準，理論不能一開始就野心過大。牛頓承認：

> 要解釋自然界的所有性質，對於某個人或甚至整個世代來說，是太過艱巨的任務。與其用無法確定的臆測來解釋所有現象，倒不如取得一點確切的進展，其餘留待後人接續。

養成雄心

話雖這麼說，牛頓本人卻雄心萬丈。他的好奇心往多方面延伸，在內容包羅萬象的筆記中，對許多事物提出假說。閱讀牛頓留下來的著作，是令人振奮又很辛苦的工作，因為這些高明的想法來得又多又快。他詳細觀察討論發酵、肌肉收縮等現象，並對古代煉金術和近代化學所記載的物質轉變進行仔細研究。

為了調和雄心與嚴謹，牛頓使用兩種基本方法，一是知識方法學，另外純粹是表述技巧。

我喜歡將牛頓的研究方法視為一種篩選過程，相當於在思想世界裡達爾文式的適者生存過程。牛頓總是試圖將猜測與實際觀測做比較並推出結論，一些想法在殘酷的考驗下得以倖存，或留下後代，而失敗的猜想就只有滅絕一途了。

在牛頓的筆記本當中，有許許多多你從未聽聞的失敗想法。牛頓的名言：

我不知道世人是怎麼看我，但對我自己來說，我只像是一個在海邊玩耍的小孩，偶爾找到一顆光滑的鵝卵石，或是個漂亮的貝殼，然而眼前如此浩瀚的真理大海，仍然未能探索。

一般人通常把這段話看做謙虛的表現，但我並不這樣看。牛頓可不謙虛，但他卻是個誠實的人。他比其他所有人都清楚，還有多少現象沒有辦法解釋。

牛頓的一些猜測雖然存活下來，卻無法茁壯成長，達到他公開宣布的高標準。這些半吊子想法，牛頓用偷渡的方法向大眾介紹。

牛頓的做法直白令人欣賞，就是在句尾加個問號。這麼一來，這些陳述就不是斷言或假設，而只是疑問（queries）。牛頓最後的科學工作，就是在《光學》（*Opticks*）一書的再版中，加上三十一道疑問。

一開始的疑問很簡短，通常以否定方式詢問。例如，第一道疑問為：

物體是否不對光施以作用，而讓光線彎曲；距離愈近而作用力不就愈強？

這個疑問實際上是對未來研究方向的建議，和其他許多疑問一樣，成果相當豐碩。這道疑問可以看做是牛頓預測光線會被太陽和遙遠的星系彎曲，而這是二十世紀物理學的大發現。

雖然牛頓本人似乎沒有詳細計算出結果，但他已經常常把光假設為微小粒子，如果把萬有引力

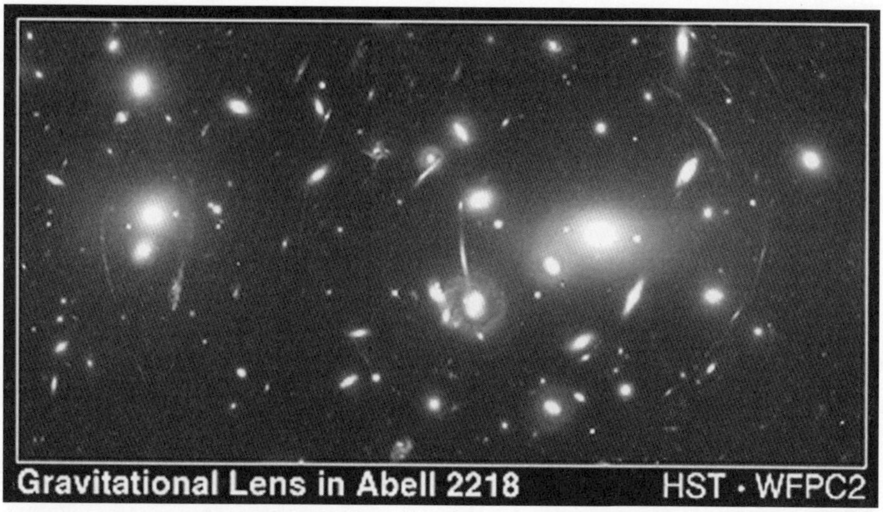

圖十三：物體的引力場會使光彎曲，造成宇宙的透鏡。圖中星系的影像受到嚴重扭曲，形成稀疏的弧形。

定律運用在微粒上，很容易推導出光線會與速度相同的行星遵循相同的軌跡（重力與質量成正比，而作用力等於質量乘以加速度。因此，重力產生的加速度與質量無關）。牛頓知道羅邁爾（Ole Romer）以天文方法所測量到的光速，並且在《光學》一書當中提到，光線從太陽到地球需要七八分鐘的時間，所以牛頓照理已經可以計算光線由於太陽引力所產生的彎曲；不過，這是一個非常小的值，遠遠超過牛頓時代的測量技術所及。愛因斯坦一開始以牛頓力學計算星光受太陽彎曲的影響，然後在一九一五年用廣義相對論的新理論重新計算，所得的偏折量是牛頓力學結果的兩倍。一九一九年日食期間，一個國際探險隊前往日全食區測量太陽周圍恆星的偏折量，發現的確如愛因斯坦理論所預測。探險隊的成功象徵著歐洲共同價值的復興，而這正是慘烈的第一次世界大戰後人們亟需的慰藉。因為這層意義，廣義相對論轟動世界，而愛因斯坦聲名鵲起成為世界名人。

當遙遠星系的光線穿過前景星系的時候，會受到更大質量、更長遠距離的影響，造成壯觀的重力透鏡現象。如同觀察水杯中的吸管，會發現影像受到折射扭曲，遙遠的星系圖像也會受到視線的重力場作用而扭曲。從圖十三的例子可看到，遠方星系扭曲影像所造成的弧形，可以到達透鏡星系團範圍的五到十倍之遠。

牛頓若地下有知，肯定會對第一道疑問所得到的宇宙級平反感到很高興！

上窮碧落下黃泉

後來，牛頓所列舉的疑問愈發廣泛，直到第三十一道疑問，更不再直接以問號收尾。在這裡，牛頓提出他最宏大的假設，以及對光與自然的最後總結：

> 人們透過自然哲學得知造物主與祂的萬能、祂的恩典，以及我們對造物主與他人應盡的義務，也都可以從自然獲得啟示。如果耶穌誕生前，不信主者沒有受偽信仰所蒙蔽，他們理應追隨挪亞等先知的教誨，讓世人崇拜真正的造物主，擁有超越四樞德（注：基督宗教認為人的行為有四種樞紐：「明智」、「公義」、「勇敢」與「節制」）的情操。可惜，後來卻誤入歧途，改而倡導靈魂轉世、崇拜日月和逝去的英雄偉人。

有些人可能覺得很奇怪，牛頓這位科學革命巨擘何必冒入神學和道德的領域，但牛頓是用整體的角度來看待世界。

著名的經濟學家凱恩斯博學多產，他根據牛頓大量未發表的文章做了開創性的研究。我強烈建議讀者參考〈牛頓此人〉這篇非常了不起的文章（請見〈延伸閱讀〉），凱恩斯總結對牛頓的看法寫道：

> 牛頓把宇宙當成萬能的上帝設下的一道謎。

對於牛頓來說，自然並不是尋找存在之謎的唯一來源：

> 我們不僅可以在自然界找到哲學問題的答案，而且神聖的經文中也多有啟示：《創世記》、《約伯記》、《詩篇》、《以賽亞書》等等。在這方面，上帝讓所羅門成為最偉大的哲學家。

牛頓相信，古人擁有豐富的知識，將真理隱藏在深奧的文字和符號當中，如《以西結書》和《啟示錄》記載的預言異象、所羅門聖殿的尺寸，以及煉金術士充斥符號的著作。牛頓在這方面的著作晦澀難懂，總計超過百萬字，其中包括經仔細修訂出版、逾八十萬字的《增補古王國年紀》。這本天書和喬艾斯的《芬尼根守靈夜》一樣難解，但時間更是早了幾百年。

牛頓也親自在劍橋設立一個特別的實驗室，勤奮進行多年實驗工作，旨在釐清並充實煉金術中的物質轉變現象。

應該強調的是，研究聖經或煉金術的牛頓，還是那位天才牛頓。凱恩斯寫道：

他在神祕學或宗教方面未發表的作品，同樣以精確的方法徹底研究，並以極端警醒的文字來陳述。這些著作幾乎與他耗費二十五年光陰的數學研究，在同一時期寫下。

在這裡，我將添加一個我自己的「疑問」：把對於世界的了解，硬生生分成兩個面向而不去試圖調解，不是很不自然嗎？

這本書就是我對自己這個疑問，所提出的回應。

牛頓略傳

牛頓一生的成就，完全違背優生學家和教養理論家的說法。牛頓的父親也叫艾薩克，是沒有受過教育、不識字但富裕的自耕農，個性「浮華張狂」；牛頓的母親漢娜則是鄉紳貴族的窮親戚。牛頓是早產的遺腹子，在一六四二年耶誕節誕生。根據母親的說法，牛頓出生時小到可以「放到水瓶裡」。牛頓三歲時母親改嫁，繼父要求牛頓離家由外祖母照顧，直到漢娜再次喪偶，才與兒子在一六五九年團圓。總之，牛頓的出身卑微而且不幸。

年少的牛頓，就已經為世人帶來有如神助般的廣泛好奇心、創造力和智力上的探險。

孩提時代的牛頓追蹤太陽的陰影，建造仔細校準的日晷，並記錄日出日落的季節變化，在時鐘尚未發明的那個時代，牛頓成為鎮上報時的權威。他也製造精心設計的風箏，有一次他在晚上放風箏，還掛了幾個燈籠，因而驚動鄰居（並觸動了早期的UFO目擊報告）！年輕的牛頓本來應該當農夫，但他既不喜歡也不在行。然而，他在學校裡卻是非常優秀的學生，校長史托克（Henry Stokes）認為牛頓應該去念劍橋大學，更成功地說服了他的母親。在史托克推薦下，他被劍橋錄取為僕生（subsizar），這意味著牛頓得充當富裕大學生的僕人，以換取本來應繳的學費和生活費。

一六六五年至一六六六年英格蘭爆發腺鼠疫流行，劍橋大學關閉，二十二歲的牛頓因此回到伍爾索普家裡的農場。這段期間，牛頓在許多領域提出開創性的新見解：數學（無窮級數和微積分）、力學（萬有引力）和光學（色彩理論）。他自己說：

> 這一切都發生在一六六五年至一六六六年瘟疫期間，那時候是我創造力的黃金年代，對於數學和哲學的專注，可謂空前絕後。

牛頓自我超越的精神，可以從他當時所做下面的實驗表露無遺。他試圖釐清外面的世界和主觀的視覺之間的關係。下面是他對這個實驗的描述，包括文字說明和繪圖（圖十四）：

> 我拿了一把長錐 gh，把它放在我的眼球和眼眶中間，盡可能推到我的眼球背後。接下來我用錐末擠壓眼球（以便使眼球凹下，形成 abcdef 曲面）。此時我眼中可以看到黑

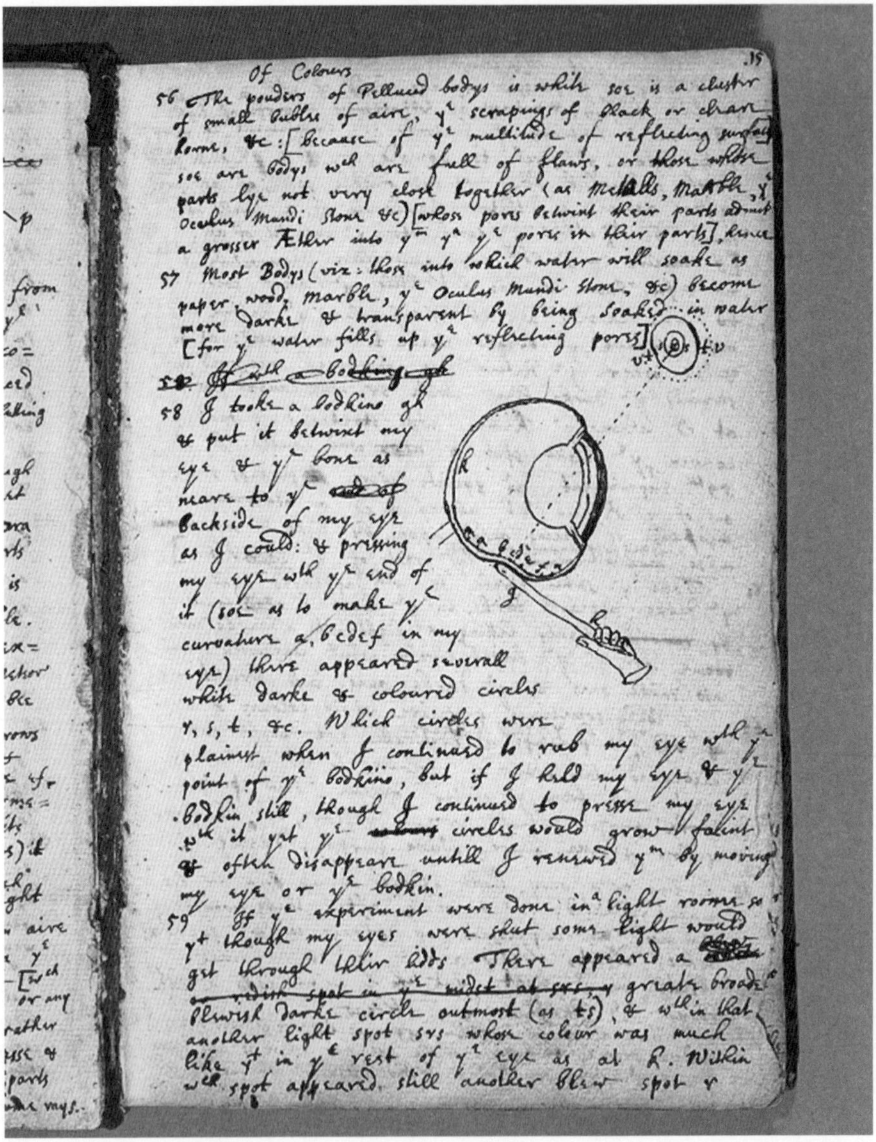

Of Colours 15

56 The powders of Pellucid bodys is white soe is a cluster of small bubles of aire, ye scrapings of black or char horne, &c: [because of ye multitude of reflecting surfaces] soe are bodys wch are full of flaws, or those whose parts lye not very close together (as Metalls, Marble, ye Oculus Mundi Stone &c) [whose pores betwixt their parts admit a grosser Æther into ym yn ye pores in their parts], hence

57 Most Bodys (viz: those into which water will soake as paper, wood, marble, ye Oculus Mundi Stone, &c) become more darke & transparent by being soaked in water [for ye water fills up ye reflecting pores]

58 I tooke a bodkine gh & put it betwixt my eye & ye bone as neare to ye backside of my eye as I could: & pressing my eye wth ye end of it (soe as to make ye curvature a, bcdef in my eye) there appeared severall white darke & coloured circles r, s, t, &c. Which circles were plainest when I continued to rub my eye wth ye point of ye bodkine, but if I held my eye & ye bodkin still, though I continued to presse my eye wth it yet ye circles would grow faint & often disappeare untill I renewed ym by moving my eye or ye bodkin.

59 If ye experiment were done in a light roome so yt though my eyes were shut some light would get through their lids There appeared a greate broad blewish darke circle outmost (as ts), & wthin that another light spot srs whose colour was much like yt in ye rest of ye eye as at k. Within wch spot appeared still another blew spot r

圖十四：牛頓冷靜記錄自己對眼睛所做的駭人實驗，目的在於了解光的感知，以及視覺是否由力學原因造成。

> 白相間以及彩色圓圈 rstc。這些圓圈影像在我持續以錐末摩擦眼球就會保持清晰，但如果錐末不動，即使仍對眼球持續加壓，眼中看到的圓圈會逐漸變得暗淡，要不是我再度移動眼球或長錐，最後會完全消失。

接下來二十五年，牛頓以異於常人的精力瘋狂研究。這段長時間的全神貫注，在人類歷史上幾乎絕無僅有。到了一六九三年中，牛頓終於撐不下去，用現代的說法就是精神崩潰。他連續幾天沒有辦法睡覺，想像朋友們陰謀陷害他（並寫了許多惡毒的信件給他們），並有顫抖、失憶與迷惘等症狀。牛頓自己描述：「對於我的狀況感到很慌張，在過去十二個月沒有睡過一晚好覺，也沒有吃過一頓好飯，更是失去了以前一貫的神智清明。」這些症狀持續了幾個月，然後才逐漸消退。他的病情可能有部分是汞中毒造成，因為煉金術最常使用這種材料。

一六九四年，牛頓離開劍橋到倫敦皇家鑄幣局任職，這是關心他的朋友為他安排的肥缺。他在接下來二十五年的確成為一個比較「正常」的人，甚至是一個非常有效率的公務員，但他瘋狂追求真理的時代已經一去不復返。

圖十五：盛年期的牛頓。

圖十五是牛頓極為傳神的肖像畫，我認為這是唯一能傳達牛頓精神與力量的畫作。從畫中可看到，牛頓的頭髮在年輕時就已花白了。

第七章　牛頓(二)：色彩

色彩是自然的微笑。

——李亨特

從上述討論中可明顯看出一點，白色的太陽光是由多種不同的顏色組成；光線的折射讓各種不同顏色分開，投影在白紙或其他白色物體上時會產生色彩。而光線的顏色本身是不可改變的，當所有色光重新混合之後，會和以前一樣重現白光。

——牛頓

第一則引用無需解釋，人類喜愛色彩，也喜愛笑容，這是油然而發的本性。而牛頓對色彩的解釋將占據本章的許多篇幅，我們將開始更深入探討色彩，這是我們冥想的一大部分，為本書主題提供重要的啟示。

最喜愛色彩的人往往擁有最純粹與最深邃的心智。

——約翰．羅斯金《威尼斯之石》

這就是在說我們，讓我們開始吧！

純化光線

白色一直是代表純潔的顏色。在古埃及伊希斯的祭司們穿著白色亞麻布，而木乃伊也一身是白，為來世做準備。白色也是傳統婚禮代表色，象徵純潔的心兩相結合。在基督宗教教義中，白色是羔羊的顏色，象徵上帝、基督的勝利，如彩圖9所示。

從白色聯想到純潔似乎很自然。太陽是我們最主要的自然光，在日正當中的時候就是白色。白色也是最亮的表面（如雪地），最能反射陽光時所顯現的顏色。不過，在科學分析下似乎不是這麼一回事。

當一束陽光穿過玻璃稜鏡，會出現具有各種顏色的彩虹，也就是所謂的光譜。自然界的彩虹，是因為陽光穿過水滴所產生的類似效果。

在牛頓的研究之前，人們多半認為光線通過稜鏡或水滴產生顏色，是因為白色光退化所致，而顏色普遍被認為是黑色和白色不同比例的混合。根據光在稜鏡中路徑的長短，白色「退化」程度有所不同，所以顯現出不同的顏色。這種想法的好處在於很簡單：只要兩種、甚至一種成分，就可以描述現象。

相反地，牛頓卻提出白色光（特別是來自太陽的白光），是由許多基本成分組成的混合物。按照他的想法，稜鏡並沒有讓白光退化，只是將日光分解為本來就存在的組成成分。牛頓引用一個簡單卻重要的關鍵實驗（彩圖10）支持他的理論，在實驗中被稜鏡解析出的光譜，經過第二道稜鏡後會重新組合為原來的白光；若僅使用光譜的一部分，組合成的光就不是白色的，而是通過第二個稜鏡色彩的混合。如果用這種方法把日光中的藍色部分阻擋下，最後組成看起來是綠色；如果只讓狹窄範圍的光譜通過（如圖中的紅色），則從第二個稜鏡出現的就只有那種顏色的光。

這個實驗的重點，在於第二個稜鏡可以將過程逆轉，變回與原來的日光性質無異的白光。而且若使用部分光譜，白光就不會產生，而出現不同顏色的光。因此，稜鏡並不是讓白光退化，而只是把它分析為組成成分。

若把日光視為由光子所組成，那麼很容易解釋這個實驗的結果（雖然「光子」這個詞要幾個世紀以後才開始使用，但為了避免混淆，我還是使用這個詞，而不是牛頓時代用的「光原子」）。我們可以假設光子具有不同的種類，如不同形狀或不同質量等，會受到稜鏡玻璃不同程度的影響。於是，稜鏡將不同種類的光子施以不同角度的折射，依性質排列成光譜。這就像是現代自動販賣機可以區分不同大小的硬幣一般，不同種類的光子也以不同方式影響眼睛，讓我們看到不同的顏色。

牛頓並沒有正式提出特定的模型，那樣會到科學假設的步驟了！但是，這個想法存在他心中，引導進一步的實驗研究。

分析光線的想法還能進一步延伸嗎？我們可以藉著僅讓光譜的一小部分通過，以獲得純色的光束。這些過濾之後的光束，通過稜鏡皆有同樣的折射角。這已是光的最基本組成嗎？或者還可以進一步純化呢？

牛頓把稜鏡純化過的光束，施以各式各樣的「拷打」。他把單色光束從各種表面反射，並通過各種透明或半透明材質（不再限於一般玻璃）的透鏡或稜鏡。他發現，一旦經過稜鏡分析之後，純色光就不能夠再進一步分析出組成成分了。

黃色光在反射之後仍然發黃，藍色亦然。彩色物體會吸收不同色光，例如我們看起來藍色的物體會吸收所有色光，但將藍色光反射出來，所以才會呈現藍色。相較下，黃色光碰上藍色物體不會反射成為藍光，只會被吸收。

光線穿過不同材料（折射）時，同樣適用該規則：光譜的顏色不會改變。不同色光有不同折射量，但特定顏色在特定材料中具有特定的折射量。

透過這些實驗，牛頓證明從光譜得到特定顏色的光束，是一種具有特定、可重複性質的純物質。然而光譜中，並沒有白色這種顏色，白色光總是可以分解成組成色光。諷刺的是，雖然白色象徵純潔，白色光卻一點也不純。

（我應在此提到一項有趣的但書。嚴格來說，真實的色光其實可以再進一步分析為兩種不同的偏極，在本書後面討論馬克士威的研究時，我們會很自然地再提起這一點。不過，把單色光分為兩種偏極並不是那麼容易，因此在很多場合我們不需要考慮這一點。這就像化學元素中的同位素，要分開是可能的，不過相當困難。）

雖然我還沒有聽到別人如此描述，不過我認為牛頓在這裡、甚至在整部《光學》當中，等於是在研究光的「化學」。因為分析或純化，正是化學的第一步。

光的「化學」

在純化光之後，讓我們進一步追究化學特性。

到目前為止，我們的分析是以光子的概念做為指導原則，即不同種類的光子受玻璃彎曲程度不同，在穿過稜鏡的時候會分開。特定光譜位置代表特定已被純化的光，僅含有一種光子，這就是光的組成元素。

現在，將光的化學與一般熟悉的物質做比較。一般物質的化學雖然在歷史上較晚發展，但是比起光複雜多了。現在，從周期表開始：

- 光的周期表只有一列，也就是以顏色做區分的光譜。物質的周期表有好幾列，每行以化性相似的不同化學元素構成。化學周期表還附帶另外兩個奇怪的長列：鑭系元素（稀土族）和錒系元素，其化學性質沒有很大的變化。
- 光的周期表可以具體有形的方式呈現。事實上，把一道日光或任何高溫物體產生的光，通過稜鏡並投影於屏幕上，基本上已經得到了光。元素周期表則相反，這是思想產物，自然界沒有相對應的實現。
- 光的周期表是連續的，而物質元素周期表是離散的。
- 光的元素之間只有極弱的交互作用。事實上，兩道光束交叉而過不會有反應（不會激出火花，也不會撞出光分子留下來）。在這方面，光子與化學中的「惰性氣體」（鈍氣）相似。

從更大的角度來看，原子彼此之間和光子的交互作用是同一門科學，所以將這兩種化學合併討論極為自然。一旦從這麼廣的角度看待現象，光子就不再顯得那麼遲鈍。雖然光子不容易相互結合，光子卻會按照一定規則被物質的原子所吸收。下文將會深入討論，請參見〈第十二章量子美（一）：天籟之音〉。

煉丹術的主要目標是製造所謂「哲學家之石」（Philosopher's Stone），據說這種物質能把一種原子變為另外一種原子，例如更昂貴的黃金。對於光原子來說，哲學家之石就是運動！如果我們朝著純色的光束移動，看起來會呈現不同的顏色。在這種情形下，顏色會從光譜的紅色往藍色方向變化，這種現象稱為「藍移」。同樣地，遠離光束或是光源離我們而去，會產生「紅移」現象。位移的大小與相對速度成正比，而且除非運動速度接近光速，位移量會很小。牛頓無法觀察到這麼微小的效應，而且在日常生活中多可以忽略這種現象。但是，遙遠的星系光譜當中，明、暗光譜線的位置可以確切指出紅移量，使我們計算星系遠離的速度，測量宇宙的擴張率。

光是由粒子（或稱光子）組成的想法，具有一段曲折的歷史。正如我們所說，牛頓對這個想法有感情，但是未及嫁娶（他調情卻未鍾情）。但是由於他的權威，光的粒子理論一直主宰科學界，直到十九世紀光波理論接棒為止。隨著馬克士威以電磁學來解釋光（後面會討論），光波理論似乎完全大勝。但是在二十世紀，隨著量子力學的出現，粒子理論捲土重來，光的原子也正式命名為光子。現在我們知道，粒子說和光波說對光的本質提供互補的觀點。牛頓保有許多選擇，不讓一種假說專美於前的做法，成為現代互補性的先驅。

從分析中受益

牛頓改進了望遠鏡，提高對顏色的基本認識，可做良好應用。在他之前，望遠鏡有兩個透鏡，裝設在長筒兩端，基本上是收集遠方物體來的光線，然後將影像聚焦放大。因為不同顏色的光穿過透鏡時會走不一樣的路線，不是所有顏色都能同時聚焦精準，所以會得到模糊的影像。這是色差的問題，牛頓建議使用凹面反射鏡來收集光線，而不是使用透鏡，並且照這個想法設計了望遠鏡。他的反射望遠鏡可消除色差，也容易製造，基本上現代多數望遠鏡都是反射望遠鏡。

光的分析帶來成果豐碩的科學發現。在眾多例子中，我要介紹一個容易說明又極重要的發現，同時帶有一股悠然詩意。

看著太陽產生的光譜，整體印象是連續的色階。但是，如果稜鏡的玻璃品質非常高，可以更精確將光線分開，發現更豐富的細節。十九世紀初期，領先這個領域的弗勞恩霍夫（Joseph Von Fraunhofer），在連續色階裡發現超過五百七十四條的暗線。這些明暗線一直令人無法理解，直到一九五〇年代本生（Robert Bunsen）和基爾霍夫（Gustav Kirchhoff）發現，相似的線條可以在地球上產生。他們將特定的冷氣體放在熱光源之前，氣體會吸收一些光，由於氣體通常對吸收的光相當具選擇性，只會吸收一小段光譜線的光。在分析光的時候，被吸收的顏色會消失，在光譜上留下暗線。

不同種類的氣體（如不同化學元素的氣體）會吸收不同的光譜顏色。所以，如果有一種成分不明的氣體，可以看吸收的光推斷組成。以廣義的化學語言來說，本生和基爾霍夫將弗勞恩霍夫發現的暗線所包含的訊息，解釋成是特定原子只會與特定的光元素（光譜顏色）結合（吸收），而忽略其他的光所致。此外，也有相反的情況，即加熱的氣體會發出特定顏色的光，在光譜上產生亮線。於是，這些亮線和暗線就像指紋，可以用來辨識物質。

所以，天文學家分析星光再與實驗室氣體所發出的暗亮紋做比對，可以判定恆星組成（以及光線穿越大氣層裡的諸多細節）。這迅速成為物理天文學的標準做法，並且持續至今。最根本的是，這指出恆星的組成材料與物理法則，都與地球上觀察到的相同。

洛克耶（Norman Lockyer）和揚森（Pierre Janssen）在日冕光譜看到一些令人不解的現象，一度被視為挑戰了這項偉大的結論，但最終反倒成為有力的佐證。一八六八年在一次日食過程中，他們發現一系列譜線，不曾看見地球上的氣體產生過。原本他們以為這是天上特有的一種新元素「corunium」。但是，一八九五年兩名瑞典化學家克利夫（Per Cleve）和蘭利特（Nils Abraham Langlet），以及獨立研究的拉姆齊（William Ramsay）等三人，發現鈾礦發出的氣體會產生這樣的譜線。如此一來，又再度回歸天地合一了。新元素依希臘的太陽神赫利俄斯（Helios），（重新）命名為氦（helium）。

第八章　牛頓(三)：動力學之美

牛頓力學的基本法則是動力學法則，即描述事物如何變化的法則。相較之下，幾何學規則，或畢達哥拉斯和柏拉圖提出討論的各種法則，主要是描述特定的物體或關係，動力學法則有本質上的不同。

動力學法則讓我們擴大對「美」的探索。我們不僅要考慮「現在」的世界，更要探尋「可能」的世界，這會更加開闊與充滿想像，可以說牛頓力學的世界是「可能性」的世界。

這廣闊的追尋，在牛頓高山挖到金礦（圖十七）。但是在進一步探訪之前，必須先做行前準備。

地球對宇宙

牛頓的前輩們為自然哲學留下一道未完成的巨大任務。

伽利略利用自製世界第一具天文望遠鏡用二十倍數觀測月球，在《星際信使》（*Sidereus Nuncius*）繪製數十張素描。從陰影暗亮交錯的圖案中，可清楚看見月球表面崎嶇不平（圖十六）。

伽利略將原本以為無瑕的天體打回人間，反之，哥白尼假設地球就像天上許多其他行星一樣運

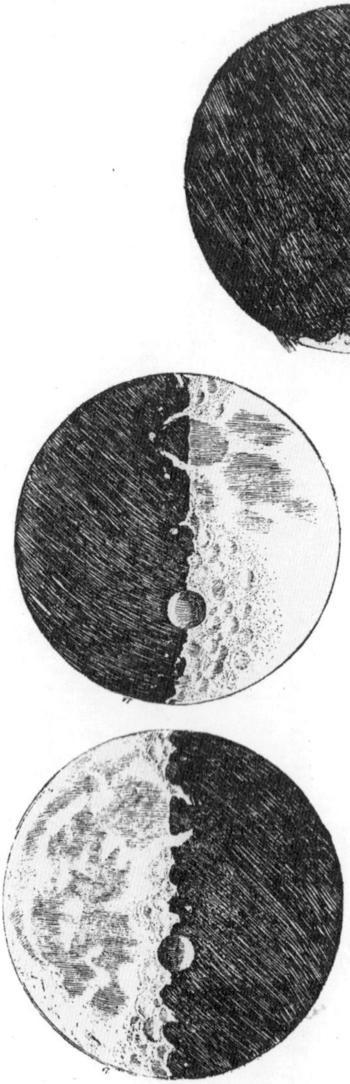

圖十六：伽利略透過自製望遠鏡繪製月球表面之圖，令人印象鮮明。

轉，而克卜勒則發現行星運轉的精確法則。在此我將克卜勒三大定律寫下：

1. 行星的軌道是橢圓形，太陽位於其中一個焦點。
2. 行星與太陽的連線，在相同時間內會掃過相同面積。
3. 周期（即行星「年」長度）的平方，與橢圓長軸的立方成正比。

不論細節，我要點出其中兩項關鍵：首先，這些都不是動力學法則，只是描述各物理量之間的關係，而非變化的規則。其次，這些是行星的運動規律，卻未涉及日常的近距離觀察；這些觀察到的定律是如此遙遠、看似與我們無涉，像是來自於一個不同概念的宇宙，雖然地球本身也是一顆行星！

所以，未完成的巨大任務就是在地球和宇宙之間求取協調。究竟什麼是共通的法則，同時支配這兩個看似相似的天地呢？

牛頓高山

在牛頓的《原理》一書裡有許多幾何圖形和幾個數值表，其中一張圖（圖十七）對我來說，是所有科學文獻中最美麗的一張圖。

光論藝術性，這張圖並不起眼，美在於其蘊藏的思維，請用想像力馳騁。這張圖是個思考實驗，點出物體掉落地面和天體運行不息的道理實屬相通，並導出萬有引力的可能性。

當我們站在山頂，以水平方向（與地球表面平行）丟一塊石頭，若開始的速度很小，石頭只會前進一小段距離，便掉落到地面。若是丟得更用力點，石頭會前進更遠的距離。當然，一般人不可能將石頭用力丟到足以繞地球一圈。不過沒關係，這只是思考實驗，請儘量用想像力取代真實。現在丟得更用力些，用心裡的眼睛來看，畫中石頭的軌跡終點愈來愈接近起點了。

接著，丟得再更用力些，但是必須低頭閃避，否則的話，會被石頭砸到後腦勺呢！小心過

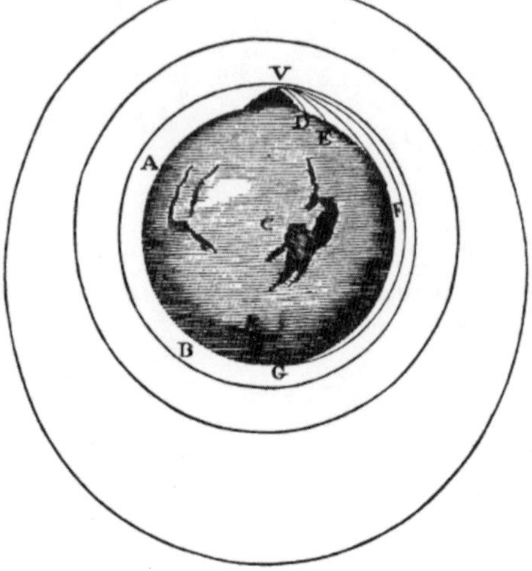

圖十七：牛頓高山，是一項偉大的思考實驗。

後，會發現石頭一直飛下去，因為已經進入圓形軌道了（空氣阻力？拜託，這是思考實驗）！我們可以想像自己在山頭上，運用相同的邏輯，思索在重力的作用下，物體繞轉地球的可能性。

接著，我們再想像有一座超級高的山，有一顆超級大的石頭……；當石頭進入軌道後，稱之為「月球」。

我稱圖中這顆球為地球，畫得很理想化，表面一些模糊特徵，有一座不成比例的高山。重點是這顆球不必是地球，也可以當成太陽進行相同的思考實驗，解釋太陽的引力如何讓行星維持在軌道

上；或是當成木星，解釋木星的引力如何讓伽利略衛星依軌道繞轉。

萬有引力的概念作用在所有物體之間，這場思考實驗讓我們（或牛頓）將日常生活經驗（石頭掉落地面）延伸推廣，開啟我們的想像力之旅。當然，思考實驗無法證明任何事情！但是或許能指點迷津，讓我們投石問路。如果思考實驗想像的結果符合邏輯，那很好；如果很美麗，那更好；如果收穫超出輸入，那再好不過了。而牛頓這座山，則一舉囊括了。

有個著名的傳說：牛頓當年在伍爾索普的家中看到一顆蘋果掉落地上，引發他思考萬有引力的可能性。這顯然是從牛頓晚年口述加油添醋而來，在他寫的手札中並沒有蘋果，只有下面這段話：

> 我開始思索將引力延伸到月球，發現如何計算讓月球體沿地球表面繞轉時所受作用力之大小：從克卜勒行星運轉周期時間的規則，我推算出讓行星在軌道維持運轉的作用力，必定與其繞轉中心的距離平方相關：比較讓月球維持在軌道的必要作用力，與地球表面的引力作用，結果發現答案相當接近。

說不定牛頓真的從蘋果掉落開始思索，然而這個現象本身還是無法為思考提供足夠的材料。我認為應該是接近牛頓那座高山的想法，讓他頓悟萬有引力是極具說服力的答案。

我也覺得有可能是蘋果先開始讓牛頓靈光一閃，後來再用高山思考來做闡述。這個想法很簡單，但非常優美。如果我們認為，地球的影響透過引力「延伸到月球」來解釋月球的軌道，就是假設兩種看起來不同的運動之間具有關連。地球上觀察到的重力（如觀察蘋果），是往地球中心掉落的過程，而月球在地球前面的繞轉運動，看起來完全是另一回事。然而，整個高山思考實驗的重點，就在於顯示繞軌道運轉是不斷掉落的過程，但是朝著（以石頭的觀點）會移動的目標！在圖中可看到，圓形軌道上石頭每點的速度與地球表面都保持平行（即局部「水平」），而軌道的曲率是向表面彎曲。站在山頂上，已經可看出繞轉軌道是一種形式的墜落，讓我們可以將月亮與蘋果相連起來。

時間維度

即使是最好的思考實驗，也無法證明任何事情。一場旅程在我們眼前展開：從牛頓對高山的想像，到他所期待的精確數學理論；這是場透過新維度展開的旅程，即對時間的一種新想像。

在牛頓高山這張圖中，曲線是軌跡，每條軌跡都是許多點的集合，由一個物體（石頭）在連續時間的位置而構成。軌跡當然不是空間中的物體，也不是直覺感官的實體，然而軌跡確實定義了幾何物體，更是認識運動物理學的基礎。要好好領悟體會，先給它們一個家。

軌跡包含物體運動的訊息，但是單憑這條曲線，無法推論不同時間的位置，所以可以在曲線各點加上時間標示，恢復遺失的訊息。但是，若同時要思考幾條軌跡，就會變得很古怪，因為任何特定時間會對應一群點，每個軌跡都有一個點，並且隨著時間改變模樣。比較好的辦法是將時間當成另一個維度，進而產生了「時空」，在這種擴大的概念宇宙中，讓所有軌跡自然有了一個家。

為了讓這思考重組帶出深刻精髓，先讓我們重新回想比牛頓高山更簡單的情況，即芝諾舉出阿基里斯和烏龜之間賽跑的矛盾故事。首先，只考慮空間軌跡只會看見兩條部分重疊的直線，訊息並

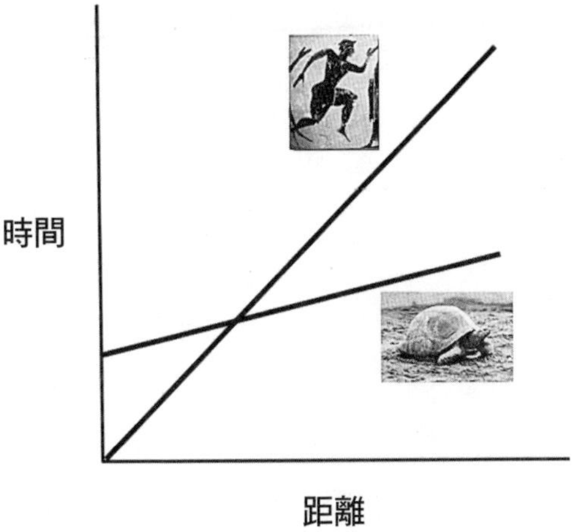

圖十八：隨著時間（朝右邊）增加，阿基里斯和烏龜都在比賽場地前進（縱軸向上）。阿基里斯的軌跡比較陡，因為在給定時間內涵蓋較大的距離。在這裡，時間變成一個完整的維度，與距離（即空間）的地位相當。

不多！當抬高到時空維度的觀點，我們可以重新設想阿基里斯和烏龜之間的比賽，能夠對比賽（並延伸到更廣的運動）做更好的描述。

如果想要同步描述兩個軌跡，將時間引入做為獨立量（即新維度）是有道理的，每次每點都包含兩個位置，即圖十八。

在這張圖中，芝諾的邏輯結構被拆穿，破解了悖論。在時空中，兩個軌跡曲線（有一個比較陡）一定會交錯（一個有趣的練習是追蹤阿基里斯到達烏龜起點的時間、阿基里斯到達烏龜剛離開那點的時間，以及阿基里斯到達烏龜下一點的時間……就能重建並破解芝諾原來的表述了）。

我們若將時空軌跡水平投影到距離軸，就這些軌跡原來的意義來講，就遺失所有時間的訊息。

牛頓高山的軌跡已經畫在二維空間中，所以時空版將變成三維。在三維的時空中，圓形

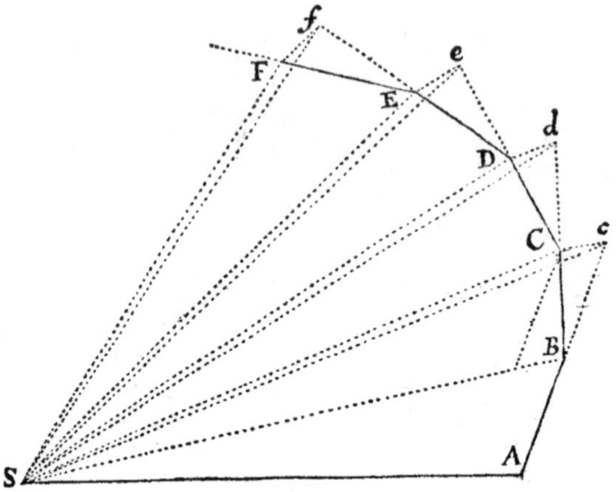

圖十九：牛頓的運動分析，從直線運動偏移是由作用力造成。

的軌道形成螺線。

也可以用數學想像另外來處理：以普通的二維（或三維）空間，假裝那是時空！在這種情況下，一般的幾何曲線可重新詮釋為動力軌跡，或是換一種說法，可想成是一個點在空間中的運動。牛頓深入發展這個基本想法，成為今日所稱「微積分」的概念要素，而當初發明的牛頓，則稱之為「流數法」（fluxions）。根據該方法，曲線（與其他幾何物體）視為未完成的物體，透過無限小的單元細微變化，隨著時間而建立實體。

運動分析

圖十九是《原理》的一張關鍵附圖，描繪如何對「運動」進行分析。克卜勒推導出描述行星運動的數學法則，但是並沒有從更基本的物理原則導出這些法則。在這個圖中，牛頓用自己獨特的分析方法，將東西拆成很小的單位，揭露克卜勒法則的涵義。

這裡的軌道被細分成許多步，每個時間間隔很小。因為不是真的一步，只是數學理想化而已，可以憑需求分成任意小。當時間間隔夠小時，軌道近似一直線段，物體的速度約為恆定。有一則牛頓定律指出，當物體不受力時，會繼續原來的運動狀態，也就是說會在相同方向以相同速度運動。在圖中，可看到一段段軌道的虛線延伸，代表若是作用力突然停止的話，物體將會遵循的路徑。然而，實際的軌道卻異於這些延伸的虛線，正是有作用力的緣故。

仔細以數學檢視問題，可判斷需要哪種作用力才能支持特定的軌道。牛頓將克卜勒發現的規律運用在行星軌道上。經過分析，他推論出作用力是朝向太陽，會隨與太陽距離的平方而減小。

我們禁不住發現，此處分析的核心概念，正是牛頓高山的思考實驗中所涉及的基本概念的數學化描述。

牛頓的字謎

將運動拆解到極小的部分來分析，主張作用力造成所有對「自然」運動（即等速運動）的偏移，這成為牛頓力學的本質。但是，牛頓既不願意分享祕密，又希望確保自己搶頭彩，於是寫成字謎發表：

6a cc d æ 13e ff 7i 3l 9n 4o 4q rr 4s 8t 12u x

其解答*是一句拉丁文：

*牛頓多放一個t，不想太容易被破解。

Data æquatione quotcunque fluentes quantitates involvente, fluxiones invenire; et vice vera.

阿諾（Vladimir Arnold）是二十世紀傑出的數學家，同時也是對牛頓有深入研究的學者，將這段話翻譯如下：

解微分方程是非常有用的。

在此附上更完整的翻譯，總結我們的討論：

運動分析以最小的組成來考量是一件好事，可從軌跡決定作用力，或從作用力決定軌跡。

世界系統

牛頓從克卜勒的行星運動法則推論出萬有引力定律，用來預測廣泛而令人印象深刻的新結果。這是從他的「分析」而來的「綜合」，列舉部分如下：

- 地球上感受到的一般重力性質；從月球的運動決定重力大小；重力如何隨地球上的位置而不同。

- 木星和土星的衛星運動，以及月球的運動。
- 彗星的運動。
- 潮汐的原因（即月球和太陽的引力）及主要特徵。
- 地球的形狀：扁圓形。
- 地球轉軸方向的緩慢擺動，大約每七十二年一度。這種「分點進動」的現象，古希臘天文學家已經觀察到了，但是在牛頓之前沒有人能夠好好解釋。

這些全屬於量化應用，其中幾項可精確驗證，都能用觀察和計算深入進步的觀察計算精益求精，不會動到原則。

牛頓稱《原理》第三冊為〈世界系統〉，提出了綜合之道。這是前所未有的創舉，他面對宇宙的一些大問題，根據數學原理，以前所未聞極其精準的方式，解決了這些問題。

真實與理想同在。

動力學之美

牛頓動力學法則揭示了真實世界的美，卻與畢達哥拉斯和柏拉圖設想的美截然不同。動力學之美不太明顯，需要更多的想像力欣賞體會；這是法則之美，而非物體或感覺。

相較克卜勒模型以柏拉圖方體為基礎的太陽系模型，以及牛頓的世界系統，可看出兩者差異。

在克卜勒的模型中，太陽系本身即是美麗之物，實現了完美的對稱，球體為其要素，以柏拉圖的五個理想方體間隔。在牛頓的系統中，行星實際真正的軌道反映出上帝預設的初始條件，只是隨著時間有些磨耗（下面會深入說明）。或許，除了數學神祕主義，上帝另有考量，所以並未期待真實軌道之美，我們也找不到。我認為其優美處不在於特定的軌道，而是所有可能的軌道與整體根柢的原理通則。這就是牛頓高山之美，在精確闡釋下尤其突顯。

化約不是局限而是擴張

牛頓的分析綜合法也有另一個名字，稱為「化約主義」。我們說複雜的事物被「化約」成為簡單的東西了，是指將較複雜的東西分析成較簡單的部分，其行為由各部分綜合而成，看起來或變得合理。

「化約主義」名聲不佳，不僅是因為「化約主義」的名稱不好聽，表面的意義是運用分析綜合法了解事物時，必須予以簡化，讓豐富複雜的客體變得「不過是」各部分的總和而已。根據這種看法，（正是讓人不舒服的關鍵所在），也許你、我或是親愛的家人，「不過是」各司其職的分子集合，根據數學規則運作而已。

對照牛頓「化約主義派」在科學上大獲成功，浪漫時代的詩人和藝術家們對於「不過是」主義，表達出疑慮不安。真情至性的抒情詩人濟慈寫道：

冰冷哲學輕觸下？
天上曾有一道醜陋的彩虹：
經緯質地畢露；給她
打成俗物，毫無趣味。
哲學剪去天使之翼，
征服所有祕密，點兵點將，
吹散空氣中的魔幻、趕走礦坑裡的小精靈
打散一道彩虹……

威廉・布雷克（William Blake）抗議化約主義的狹隘視野（彩圖11）。在這張描繪牛頓專心研究的畫像中，布雷克展現出他對主角的情感衝突。他筆下的牛頓有著不尋常的專注和意志，更不用說超人般的體魄。另一方面，畫中的牛頓向下看，若有所思，可說是完全沒有注意到背景那片瑰麗詭異。然而，布雷克承認（和濟慈一樣）世界畢竟由數學秩序統治（彩圖12）。在布雷克複雜的神話人物尤里森中，這位父輩人物具有雙重性格，既創造生命又加諸限制。很難不注意到兩張圖具有一定程度的相似，到底牛頓是尤里森的詮釋者或化身呢？

要平復這般情緒反應，一幅好圖勝過華麗詞藻，這裡真的有「一張圖勝過千言萬語」。不過開始欣賞彩圖13這份美麗異常的抽象圖時，請先不要看圖說。

好了，現在看圖說（如果還沒有的話）。知道這圖像可以「化約」成嚴謹的數學，會減損其美麗嗎？對我來說（相信你也是如此），明白簡單的數學可以編寫成這套結構，實際上讓人更覺美麗。當然，圖形看起來還是一樣，但是此刻可用我們心靈的眼睛，從另一個角度看成是概念的體現，是真實又是理想。

相反地，圖像之美提升數學之美。先不要看程式能夠生出什麼，先思索其運算邏輯，只不過是「滿有趣」的而已。然而，一旦看過優美的結果，同樣的過程變成一種追求昇華的精神探索。

真實因其理想而更有力；而理想因其真實而更有力。

就碎形圖形來說，道理更是如此：理解不會因為經驗折損，反倒是增加不同的觀點。在互補的精神下，我們可以一起或依序享受每道選項。

順帶一提，我打賭濟慈並未參透彩虹的科學理論。如果有的話，就會看到他寫詩歌頌科學之美了！濟慈還寫過下面的詩句：

當這代虛擲年華到暮年，
你依然佇留，在別人的驚嘆中
不是我們，是你對一位人類的朋友說：
「美即真，真即美。」
這世上你只明白、也只需明白，這件事。

起點

動力學的世界觀存在另外一面，讓牛頓轉向上帝，也提出尚未解開的挑戰。

動力法則是運動法則，描述世界在某個時間的狀態，與其他時間的狀態之間的關係。如果知道一個時間的狀態，我們可以預測未來或延伸到過去。在牛頓力學中，具體而言就是若知道所有粒子在一個時間的位置、速度和質量，以及施加的作用力，便可以純粹靠計算，推算出其他所有時間粒子的位置和速度（質量則是保持不變）。這些數量確立了世界的狀態，因為在牛頓力學中，它們對物質提供完整的描述。

然而真正進行運算時，會遇到幾項現實的阻礙，研究氣象的學生都清楚，因為粒子多到不可勝數，要得到所有座標及測量速度，可謂天方夜譚。縱使做得到，縱使完全明白作用力法則，需要做的計算是人腦無從想像。最糟糕的是，混沌理論的核心結論是中途一點小錯，包括初始條件、作用力法則或是數字運算，往往隨著時間誤差會愈來愈大，最後一發不可收拾。

暫且不論實質的困難，根本的重點在於：我們需要一個「起點」！動力學方程式並非自給自足，以標準的術語來說，它需要初始條件才有解。為了利用動力學方程式計算整個世界的行為，首先得指定世界在一個時間的狀態，做為輸入值。

（當然，若是對比整個世界還小許多的現象有興趣，又能有效地與其他部分區分開來，那麼只需要知道子系統的狀態即可。為了簡單起見，下面會繼續用「世界」一詞。）

對世界的描述分為兩部分：

- 動力學方程式
- 初始條件

在太陽系中，從所有行星位於相同平面、以相同方向與幾乎呈正圓形繞轉太陽這些規律和秩序來看，牛頓在《原理》最後總結的〈常規訓詁〉裡推測，初始條件是細心安排而成：

優雅至極的太陽、行星和彗星系統，不可能未經聰明萬能的造物主設計控制，而憑空出現。

今日對於太陽系的起源，已有更實際的想法，然而深層的問題依舊存在。雖然牛頓力學在基本理論上已被超越，但是動力學方程式依舊存在，依舊需要初始條件。我們對世界的描述分為兩部分：動力學和初始條件，前者已有極好的理論，而後者只有實際觀測，以及不完整與可能的猜測。如果將時空中的宇宙（展開成為「上帝眼睛裡」的真實觀）視為根本之道，會成為巴門尼德所謂「變而不變」的一種現代形式。二十世紀偉大的數學家與物理學家魏爾（Hermann Weyl），讓我受教良多，他曾經這麼寫道（我認為這是所有文獻中最美麗深奧的一段話）：

客觀世界只是單純「存在」，並不曾「發生」。只在我意識緊盯下，緊握身體的生命線爬梳，這個世界的一部分才動起來，看似空間中飛逝的畫面，隨著時間不停變化。

如果巴門尼德和魏爾是正確的，時空一體是首要的真實，那麼我們應該追求對整體的基本描述。在這種描述中，就不需要初始條件了。（注釋④）

第九章 馬克士威(一)：上帝的美感

馬克士威於一八六四年發表〈電磁場動力理論〉的論文，開啟現代物理學的新頁。在那篇論文中，可以找到歷史上首度出現在核心理論的方程式，而且留存至今。

這些方程式稱為馬克士威方程組，帶動許多改變。

馬克士威方程組將空間從被動受體變成物質介質，有點像是宇宙海洋。空間不再是一片虛空，而是遍布流體，並讓世界運轉。

馬克士威方程組讓我們全新認識「光」是什麼，並預測各式各樣的輻射存在，都是新的「光」。這直接誕生了無線電，並帶動幾項重大科技的發展。

對於回答本書的提問，馬克士威方程組也大有突破，因為它展現世界深刻體現的優美思想。方程組的美來自多方面，包括發現方式、數學形式，與激發思想的力量。

- 工具之美：對於馬克士威，想像力和好玩的心態在數學美感帶領下，成為發現的首要工具，他證明這些工具的確管用！
- 體驗之美：馬克士威方程可用「流動」之詞生動表述，也是一種舞蹈。我經常如此想像，概念舞動通過空間與時間，令人心生愉悅。乍看之下，馬克士威方程組也令人感到平衡美麗，這份印象與傳統藝術作品產生的衝擊一樣，「意會勝於言傳」。矛盾的是，有一種美無法用言語形容，稱為「無法言喻」（ineffable），馬克士威方程組具有無法言喻的美之後，如果它偏偏錯了，是會令人感到失望的。愛因斯坦也曾經說過類似的話，有人問他廣義相對論是否可能被證明是錯誤的，他答道：「那我會為老天爺感到十分遺憾。」

• 對稱之美：在馬克士威方程組誕生過後數十年，愈深入愈能完整體會它的優美。就精確的數學意義而言，這組方程式極具「對稱性」，後面會再討論。馬克士威方程組教我們兩堂課：第一是方程式體現對稱性，第二是大自然喜歡用這樣的方程式。這兩點將我們帶向核心理論，也許還會超越。

讓我們好好體會其中的精神！

原子和虛空？

牛頓物理學假設空間空無一物，但是他對這點不滿意。萬有引力定律主張，兩分隔物體之間的引力會瞬間對它們影響，而沒有時間上的延遲。而作用力大小取決於物體之間的距離，會隨距離平方減少。但是，如果空間中沒有物體，只是「虛空」，那麼作用力如何傳遞呢？如何跳過中間的空隙呢？而為什麼作用力大小又該取決中間有多少「虛空」介入呢？

對於牛頓來說，自己理論中的這些問題亟需回答。但是，他之所以沒有找到答案，並不是沒有努力嘗試，私人筆記中滿滿記載許多頁對引力的想法，卻都還是比不上他原先在一封書信中稱為「荒謬」的法則：

> 物體可以隔著距離，透過毫無介質的真空而作用在另一個物體上，讓行為與作用可以傳遞給另一方，我真的覺得這太荒謬了，我認為具有哲學思辨能力的人不會受騙相信。

雖然心有疑慮，牛頓也禁不住用「虛空」來研究光。他提出光粒子，以直線穿越完全空無一物的空間中，跟古代原子論的精神非常相似。盧克萊修（Lucretius）將這派學說表達得很妙：「按照慣例有甜蜜，按照慣例有苦澀，按照慣例有色彩，真實裡唯有原子和虛空。」

然而，在《原理》最後面，我們竟然發現透露出一種不應該出現在該書的信念與渴望：

> 而現在我們或許會加入某種最微妙的「靈」，處處遍布並隱藏在所有物體中；在這種「靈」的行為作用下，接近的物體粒子會彼此吸引，相連者則會吸附黏著；帶電物體的作用距離更廣，對鄰近的粒子吸引或互斥；光會發射、反射、折射，並且會加熱物體；所有感覺都被激發，動物在意志命令下移動，因「靈」的振動而起，沿著神經傳遞，既能從外在感官到大腦，也可從大腦到肌肉。但是，這些不是三言兩語就能解釋清楚的東西，現在也沒有足夠的實驗來確立這種帶電有彈性的「靈」所依據的運行法則。

往牛頓後數十年裡，以虛無為基礎的物理學持續在科學上獲得大成功。對於月球運轉、潮汐和彗星運轉等觀察更加精確，結果與牛頓定律的精確計算完美吻合。令人驚嘆的是，無論是電力（帶電物體之間）與磁力（磁極之間）所測量的結果，都是與萬有引力遵循相同的模式：在虛無的空間運作，隨距離平方減弱（因此，距離兩倍時，作用力弱四倍；距離三倍時，作用力弱九倍，以此類推）。

追隨者很快放棄牛頓自己的疑慮，變得比牛頓更加「牛頓」了。牛頓本身對虛空的厭惡，被貶低成哲學或底層的神學偏見，尷尬地默默流傳下來。新正統之道力求將所有物理的作用力以及最終的化學，都以牛頓的萬有引力來描述，即大小視距離遠近而定的超距作用力。數學物理學家精心打造數學工具，從定律推導出種種結論。只要再加上一些作用力法則，故事應該就圓滿完整了。

避開虛空

法拉第出生於英國一個貧困非正統基督宗教信仰的家庭，父親是鐵匠，他是第三個小孩。法拉第受到的正規教育極少，年少時被送到倫敦當裝訂書學徒，他對經手的一些書籍著迷不已，尤其是勵志和科學書籍。他旁聽當時化學大師戴維（Humphry Davy）的公開講座，筆記巨細靡遺，吸引戴維的注意，將他聘為助理。不久後，法拉第就擁有自己的發現，其餘就是歷史了。

法拉第的數學不是很好，他會一些代數和三角函數，但僅只於此。他受的訓練不足讓他搞懂既有的（牛頓）電場與磁場數學理論，於是發展出自己的概念和圖像。馬克士威這樣描述法拉第：

> 法拉第用他的想像，在數學家看到隔空作用的引力中心之處，看到無所不在的力線；法拉第看到介質，他們卻只看到距離；法拉第試圖把現象解釋為介質中的真實作用，數學家卻自滿於超距作用力。

這裡的關鍵概念是力線（lines of force），看圖說話會更勝於文字說明，參見圖二十。在一張薄紙上隨意灑上鐵屑，底下放一條磁鐵，結果出現一個明顯的圖案。鐵屑在磁鐵的影響下形成遍布空間的曲線系統，這些是法拉第的（磁）力線。

超距作用力理論以「虛無」為基礎，不難解釋這種現象：每粒鐵屑都受到磁鐵兩端穿過空間施加的作用力，並整齊排列。力線只是一種偶然產生的副產品，僅在於展露出更深沉簡單的基本原理。

但是，法拉第提出不同的解釋，更加有血有肉。根據法拉第，鐵屑只是展現空間遍布的介質狀態，不管有無鐵屑或是有無磁鐵，該介質都存在。磁鐵刺激了介質（或是法拉第和馬克士威說的「流體」），而鐵屑在推拉的壓力下，感受到流體的激發狀態。

我們可用「大氣」這種更熟悉的流體來比喻。大氣包圍遍布地表，若大氣運動，我們說有風。風本身是看不見的，但是作用在有形的物體就可看出，如風向標、飛鳥和雲朵等。如果想像用風扇擾動空氣，並利用一系列的風向標追蹤模式，眾多風向標排列出來的圖案，就可界定成是大氣的「力線」，作用跟法拉第的鐵屑神似。當然，風向標的排列方向，是與局部對流的方向或風向一致的。

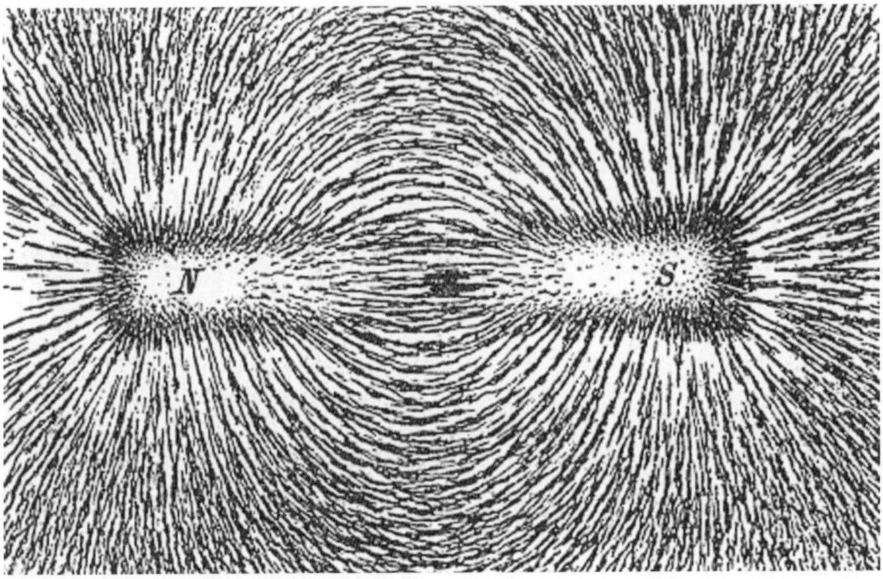

圖二十：鐵屑讓法拉第力線現形。

進一步比喻，可以在風向標裝上速度感應器（風速計），同時測試風向和風速。可以在空間任何地點進行，也可以在不同時間進行。在這種方式下，我們定義速度的「場」，而場遍布了空間和時間。

風速的場記錄流體（即空氣）的激發狀態。

法拉第建議將相似的邏輯運用在磁和電上。根據法拉第，帶電測試體可充當風向標和風速計的組合，取樣電的流體狀態。測試體因為電流體（「電風」）的激發狀態，在特定地點和時間感受到作用力。把所受的作用力除帶電量，得到的數值與使用哪種測試體無關，這個比率稱為電場值。

為了避免後面產生混淆，現在必須簡短來釐清一個會造成混淆的用語。這可說是物理學家自作自受，也讓學生們和大眾困擾數十年之久，那就是一般使用的「電場」

（electric field）一詞，其實有兩個不同的涵義。其中一種指「電荷除以作用力」所得的場值，剛才說過類似於風速。遺憾的是，一般做法是同樣使用「電場」來指相對於激發狀態下的根本介質（即電流體本身）。這就好比說，有人使用同一詞語來指風和空氣。在這本書中，如果有區分必要時，我會視情況以「電流體」、「磁流體」（以及後來的「膠子流體」）等詞語取代。這個決定會讓我使用一些不太常見的用語，如「量子流體理論」，雖然平常看到的是「量子場論」。我認為這樣會比較清楚，雖然看起來有點古怪，但是這代價很值得（題外話到此）。

法拉第的做法促成幾項重大發現，後面馬上就會談到其中最重要的發現。不過，一開始絕大多數的人不認為他的「理論」思想有何了不起，不但不是革命甚至像是走倒退路。在牛頓的天體力學之前，最具影響力是笛卡耳的系統，他提出行星的運動是由空間中遍布的漩渦帶動造成。牛頓將這些較模糊的概念，轉換成更簡單、數學上更精確的運動和重力法則，結果成功極了；超距作用和與距離平方成反比等基本概念，也能對電力和磁力提出良好的解釋。現在，難道我們要聽從一名自學的傢伙天馬行空的幻想，而把嚴謹計算和測量結果所支持的理論體系換掉？這聽起來，完全不是科學正道啊！

但是，馬克士威對法拉第的猜想有不同的觀點。在下一章節最後，會談到馬克士威其人其事（在此告白：他是我最喜歡的物理學家），現在我只想說，他以赤子之心面對了科學問題和人生。我想，他把法拉第提出的新流體當成很棒的玩具，樂於耐心把玩呢！

馬克士威方程組之路

馬克士威第一篇重要的電磁學論文寫於一八五六年，比〈動力學理論〉早十年，論文題目是「論法拉第的力線」。他提到：

> 我的設計嚴謹運用法拉第的想法和方法，將他發現不同秩序的現象關連，以數學思考清楚呈現。

在七十五頁洋洋灑灑的研究中，馬克士威進一步發展法拉第充滿想像力的見解，化為精確的幾何概念與數學方程式。

他的第二篇重要論文發表於一八六一年，題目是「論物理的力線」，將先前自己與法拉第對電磁現象觀察的研究，全部化為嶄新形式。這些成為法則，支配一種空間遍布的介質所產生的擾動，此介質即為電磁流體（自然由電流體和磁流體構成）。現在，馬克士威準備打造這些流體本身的力學模型了，構想如上圖（圖二十一）。

馬克士威的模型包括磁渦流原子（六邊形），由導電球潤滑。磁場描述磁渦流旋轉的速度和方向，電場描述導電球流動產生的速度場或「風」。雖然這些完全是想像虛構的，但是該模型忠實描述已知的電力與磁力法則，並且指出新法則。

馬克士威的模型或許是很有趣的頭腦體操，但是這個嗜好太難，恐怕不符每個人的品味，所以我在這裡就不加詳述。不管如何，模型的優點僅在於其聰明巧妙，而非在於它真實可信，馬克士威

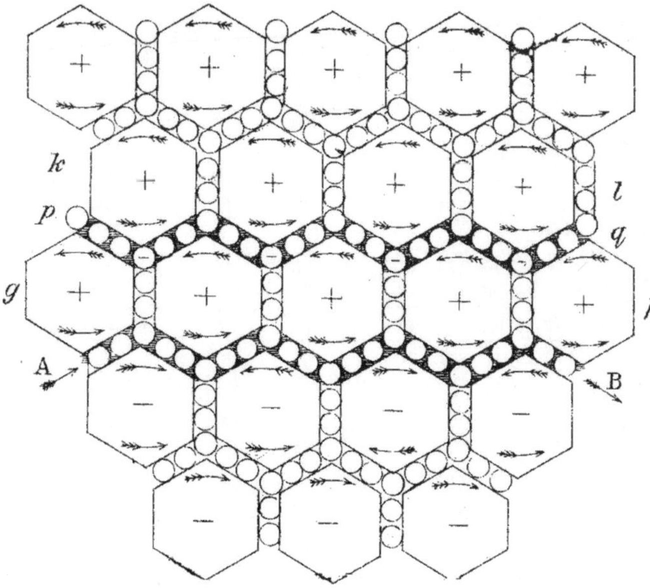

圖二十一：馬克士威的力學模型，空間中遍布一種物質介質，其運動會造成電磁場和作用力。

也大方承認這一點。

不過，完整的模型或設計有一大好處，就是迫使我們具體並一致。寫方程式或電腦程式，都牽涉到同樣的原則，必須使企圖心與精準度達成平衡。

在馬克士威的模型中，當磁渦流原子旋轉時，會變成扁圓形（兩端扁平，赤道變胖，就像牛頓的旋轉地球！），並推動周圍的導電球。反過來，導電球的流動會對渦流原子施力，帶動它們旋轉，任一流體的激發會導致其他流體的激發。因此，該模型預測，磁場會以特定方式引發電場，反之亦然。

除了已知的電磁學現象，在這種方式下，馬克士威模型也做出新的預測。

法拉第以實驗發現，磁場隨時間改變會產生電場，其電磁感應法則成為電動機和發電機的設計基礎，更大幅促進科技發展。而「場」本身是物理真實的獨立元素，這一點也讓法拉第的直覺成真；若是沒有提到「場」，這道法則根本說不成！馬克士威的模型為納入法拉第法則中，將電場和磁場的角色倒轉過來，造就雙重效果；馬克士威法則即是指電場隨時間變化，會產生磁場。

如馬克士威所見，這兩種效應的結合導致嶄新的可能性。法拉第從隨時間變化的磁場，帶來也會隨時間變化的電場；馬克士威從隨時間變化的電場，帶來也會隨時間變化的磁場。這種過程循環不息：

……↓法拉第↓馬克士威↓法拉第↓馬克士威↓……

因此，電場和磁場的激發會衍生自己的生命，兩者有如舞伴，彼此牽動。利用模型，馬克士威可計算出這類激發在空間移動有多快。他發現，這個速度與所測得的光速相當。於是他用斜體字強調：

> 橫向波在假設介質中前進的速度……與光速恰恰吻合……我們幾乎無法避免這樣推論：光是某介質中的橫向擾動，同樣的介質造成電與磁現象。

馬克士威在此用了這輩子用的最多的斜體字。對他來說，速度吻合很明顯不是巧合：電磁擾動全都是光，而光在本質上只是電場與磁場中的一種擾動而已。

此刻，我想像馬克士威的感受，回想自己學術研究生涯中幾個茅塞頓開、醍醐灌頂的情景，再回想濟慈的幾行詩：

於是，我彷彿仰望天際，
一顆新星滑落眼底；
又如勇士科爾特斯，以鷹隼之眼
睥睨太平洋——而所有人
面面相覷，瘋狂猜想——
無聲，佇立達利安山頭。

這詩句總是讓我回味再三！

如果對的話，馬克士威的推論代表電磁學和光學的統一，如詩如夢。最重要的是，他的想法為「光」本身注入嶄新面貌，令人心頭一震。他將光化約為電磁學，這是擴張的化約，可謂前所未有！

但是馬克士威的瘋狂猜想，若未能冶煉提金去蕪存菁，就好比骯髒熔爐裡一小抹燦爛的流金，許諾的美麗難以實現。這份瘋狂猜想，下一步便是去除糟粕。

蜘蛛人

在進入正題談馬克士威方程組之前，我想要和大家分享準備本章時腦海浮現的幻想。

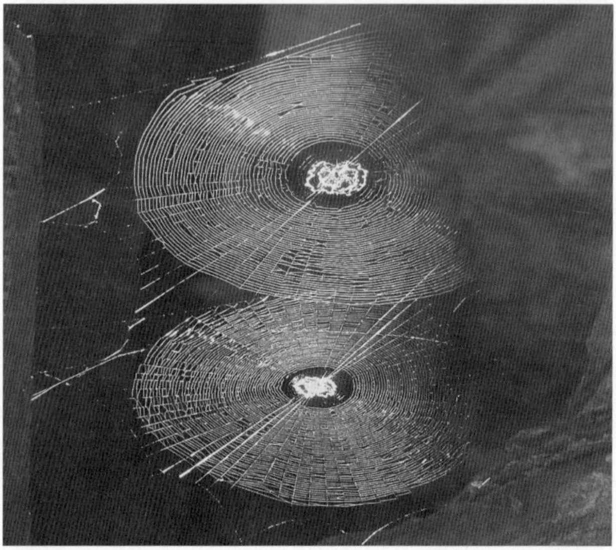

圖二十二：變聰明的蜘蛛對場論入門應該會得心應手，可與圖二十與圖二十一做比較。

想像有一族蜘蛛崛起了，聰明到開始建構蜘蛛物理學，那是什麼光景呢？

蜘蛛的視力很差，所以和人類視覺造就的起點會不同：這個世界物體獨立未相連，可自由在空間自由移動。相反地，蜘蛛的感官世界是以觸覺為基礎，更具體說，蜘蛛感覺蛛網振動，因而推斷有物體觸發振動（尤其是獵物上門時）。蜘蛛變聰明之後，不需要想像力大幅躍進才能想像力線的存在，因為傳遞作用力且遍布空間的蜘蛛網本來就是吃飯傢伙，世界是相連且振動的世界。

可以這麼說，這些蜘蛛骨子裡知道，作用力是透過遍布空間的介質來傳遞，以有限的速度穿越前進。聰明的蜘蛛本能會避開真空，個個都是法拉第，而且很快就會想到「網際網路」（World Wide Web）（圖二十二）。

馬克士威方程組（注釋⑤）

在「電磁場動力學理論」中，馬克士威重新開始。在「物理力線」中，已經很像浩瀚的追尋，編織出猜測假說的種種結果，在大自然中尋找跡象。「動力學理論」則轉而追隨《原理》的風格，從事實觀察的認知，推理出基本方程式系統。

牛頓倚賴的是克卜勒的行星運動定律，而馬克士威則將幾位前人發現的四道定律組合起來，兩道是高斯定律，一道是安培定律和法拉第電磁感應定律（下面和《物理小辭典》中都會談到）。他用法拉第電流體和磁流體的語言來表達這些法則，早期研究已有精確的數學描述。

馬克士威還加入自己的法則，與法拉第法則相對應。新加入的法則並非根據實驗證據而來，前面談過，馬克士威原本是先研究龐雜的實驗結果，然後再歸納新法則。在新的方法中，他指出為了讓舊有的法則連貫一致，新法則確實有必要。

彩圖14描繪了馬克士威方程組。方程式可用圖畫表現，是它很優美的重要原因！這套系統有四個方程式，由四個已知的定律加上一道新定律，現在普遍稱為「馬克士威方程組」（四個方程式包含五道定律，因為其中一個方程式涵蓋兩種物理效應）。直到今天，這些還是對電、磁和光最好的基本描述。

在這裡，我忍不住要寫出馬克士威方程組的實際內容。在搞懸疑這麼久後，讀者可能會好奇，我這麼大驚小怪的，究竟是怎麼回事！

我會儘量寫得簡短、精確並淺顯易懂，不過這些目標很難同時達成，最後讀者可能會覺得以下這一大段不好懂。我建議大家像初接觸不熟悉的藝術作品一樣，當成機會而非負擔。可以先稍微瀏覽一遍與思考圖片，獲得初步印象之後，再決定是否要深入細究。當然，我希望讀者能細心體會，因為馬克士威方程式畢竟真的是藝術傑作。讀者可以放輕鬆，因為後面不會涉及太深的細節，也可以參閱書末的《物理小辭典》，用稍微不同的觀點來探索相同的領域。注解部分也指出一些很棒的免費網站，能夠任意探索。

對於馬克士威方程組的每一道定律，我會先提出一個大略的版本，再用文字圖片提出較精確的版本。請參考彩圖14，因為會以它為基礎逐行說明。

首先讓我解釋一下圖中的標示：$\vec{E}$代表電場，$\vec{B}$代表磁場，$\dot{\vec{E}}$和$\dot{\vec{B}}$代表電場和磁場隨時間的變化率，Q代表電荷，$\vec{I}$代表電流（小箭頭提醒大家這些量有方向及大小）。

現在逐條來看彩圖14的定律：

• 電場高斯定律指出，離開某個空間區域的電場通量，等於區域內的總電荷。換句話說，電荷是電力線的來源或消失處，也就是電力線的開始或結束。

通量的定義是最容易以液體流動來理解。前面說過，一個點的電場有大小和方向，流體的速度場具有相同的特質。現在給定一個區域和速度場，可以計算流體多快離開該區域，定義上就是離開該區域的流體通量。如果將計算速度場的相同數學運算，用來計算電場的通量，（根據定義）就會得到電場通量。

• 磁場高斯定律指出，離開任何區域的磁場通量為零。當然，磁場高斯定律與電場高斯定律非常相像，不過它再進一步簡化為沒有磁荷的特殊情況！該定律指出，磁場沒有種子，磁力線永不消失，一定要繼續下去，或形成迴圈。

•法拉第電磁感應定律特別有趣，因為將時間帶進來。該定律建立電場和磁場變化率的關係，指出當磁場隨時間改變時，會造成周圍的環繞電場。

要精確表述法拉第定律，須考慮形成曲面邊界的曲線。法拉第定律指出，環繞曲線的電場環繞量，等於磁通量流經表面的（負）變化率。環繞量像通量一樣，最容易以流體速度場來理解。我們想像將曲線擴大成細管，計算每單位時間有多少流體流經細管，這就是流體的環繞量。如果將計算速度場的相同數學運算運用在電場上，（根據定義）會得到電場環繞量。

最後，要完全精準的話，必須解決方向模糊的地方：在定義環繞量時，是走哪個方向繞曲線？在定義通量時，是走哪個方向通過表面？為了得到明確的關係，需要讓這些選擇有相關性。標準方式即「右手定則」：若通過曲線時，是以右手手指表示方向，則拇指方向代表通量。

•安培定律建立磁場和電流之間的關係，指出電流會造成周圍的環繞磁場。

要精確表述安培定律，須考慮形成表面邊界的曲線。安培定律指出，磁場在曲線的環繞量，等於電流在表面的通量。

值得注意的是，相同的環繞量和通量概念多次出現在這些定律中。環繞量和通量是非常基本的概念，可幫助掌握「場」的概念，各自包含力線的開始與迴路；這些對物理定律具重要意義，是從物質到心智的一項禮物。

現在，當馬克士威將四道定律組合在一起時，他發現一個矛盾（最後由馬克士威的第五道定律修復了問題）！要談這項矛盾，可思考彩圖15。

問題是發生在試圖將安培定律運用在電流中斷的情況。在彩圖15中，可看到電流流進一對導電板而又流出，中間有空隙（專家會認出這是電容器）。根據安培定律，在線圈周圍的磁場，相等於任何流經表面的電流通量。但是在這裡，會根據選擇哪個表面，得到通量不同的答案！如果是空隙內（藍色）的圓形，通量會是「零」；若是截到電流黃色半球面，會得到全部的電流。

糟糕！

要解決這個矛盾，需要一些新的東西。由於先前的模型研究，馬克士威已有所準備：

- 馬克士威定律，與法拉第定律倒過來，將電場和磁場的角色交換。該定律指，當電場隨時間改變時，會造成周遭環繞磁場。

在空隙內的圓並未攔截到任何電流通量，但是確實處於變化的電場中。根據安培定律，預測黃色部分會造成磁場流動，根據馬克士威定律，預測藍色部分會造成磁場流動，兩者都預測相同的結果，所以矛盾解除了。在加上馬克士威定律之後，馬克士威方程組的整套系統變得完整一致了。

經過處理後，也就是在《電磁場動力學理論》的整頓版中，馬克士威定理到達全新地位，擺脫掉力學模型、渦流原子與潤滑球等牽扯。理論完全出自邏輯必然，才能與實驗得到的法則達到一致。

馬克士威的救贖

馬克士威是虔誠認真的基督徒。回顧所建立的電磁世界流體，他感到欣慰無比：

> 以往人們曾經認為，造物主並沒利用流形秩序的符號來填滿所有空間。現在我們發現浩瀚銀河星際間不再是宇宙荒漠，空間早已充滿美好的介質：它如此豐盈完滿，沒有人力能移除一絲半縷，或是從那片無垠挑出半點瑕疵。

「比我們還聰明」

馬克士威於一八七九年去世，得年四十八歲。那時候，雖然人們認為他的電磁場理論很有趣，但不是很有說服力。敵對的超距作用理論仍然炙手可熱，而馬克士威理論最戲劇化的預測，即電場和磁場會有生命並產生新波傳遞，尚未獲得證實。

一八八六年，赫茲首度設計實驗，並測試馬克士威的想法。回顧歷史，可以說赫茲發明了第一代無線發射器和接收器。

無線電能夠跨越遙遠的距離，穿過空無一物的空間來進行通信。這顯然神奇無比的能力，產生「空」間並非「虛空」的想法，而是充滿了流體，孕育無窮的可能性。

赫茲於一八九四年去世，才三十六歲。但是在去世前，他對馬克士威方程組寫下美麗的致敬詞，正中本書問題的核心：

> 我們不得不這麼覺得，這些數學公式獨立存在，並具有自己的智慧，比我們還聰明，甚至比發明者還聰明；人們得到的總是多過原先放進去的。

我們關注並推崇馬克士威方程組本身的智慧。赫茲在這裡所說的方程組，就是俗話說的「偉大藝術作品」，其意義遠遠超出創作者本意。

赫茲指「多」出來的是什麼呢？

至少包括三件事情：

- 力量
- 生生不息的美
- 創新概念：方程組對稱

力量

馬克士威從方程組推測，光是一種電磁波。但是，可見光只是「冰山一角」，有更多電磁波我們看不見，在馬克士威的時代也幾乎完全未知。基本上，可以有任何特定波長的電磁波*，而牛頓的可見光譜不過是連續光譜中的一小段，如彩圖16。馬克士威方程組解的描述遠遠超過可見光，電場和磁場不同距離（波長）的振盪都有解；而在無限連續的純電磁波中，可見光譜只對應範圍狹窄的波段。

前面提過，赫茲的開創性研究帶來無線電波，並成為蓬勃發展的無線電技術。無線電波是「光」，比可見光的波長更長，且頻率更低。換句話說，無線電波在電場和磁場之間振盪時，空間和時間上都更為緩慢。從無線電波到較短的波長，會遇到微波、紅外線、可見光、紫外線、X射線和伽瑪射線。這些各色各樣的「光」，從純粹理論建構的一個夢開始，演變成現代科技的泉源，這一切都在馬克士威方程組裡，這就是力量！

生生不息的美

當馬克士威方程組解出後，經常會揭露美麗驚人的結構。例如，彩圖17是在純色光照射下，鋒利筆直的物品邊緣（如刮鬍刀片）產生的陰影。以純化光放大陰影，可發現豐富美麗的圖案。

光必以直線前進的原始幾何認知，預期陰影明暗分明。但是，計算電場和磁場的波擾動之後，會發現更多結構存在。光會穿透黑暗（即幾何陰影區域），而黑暗會侵入光照區。利用馬克士威方程組可精確計算出圖案，而以單色雷射強光照射，可以直接比較預測與現實。看這張圖，不得不說：真是漂亮，不是嗎？

＊下一章會討論。

方程組之對稱

研究馬克士威方程組帶來本質全新的觀念，以前未曾在科學擔綱要角，即方程式如同物體一樣也具有對稱性，而大自然基本法則中喜歡用的方程式，具有大量的對稱性。馬克士威本身並沒有意識到這點，所以這絕對是「輸出大於輸入」的例子了！

所謂方程式具有對稱性，是什麼意思呢？平日說的「對稱」，往往有許多模稜兩可的意思，然而數學和物理學上，「對稱」已經具有精確意義。在物理上，對稱意味「變而不變」。這則定義聽起來很玄，甚至自相矛盾，但其實卻具體而清楚。

首先，來思索「對稱」的奇怪定義，該如何適用在物體上。若是讓物體進行轉換，物體卻沒有因此發生改變，則我們說該物體具有對稱。例如，圓形就十分對稱，因為以圓心轉動一圈，雖然每點都移動了，但是整體上還是相同的圓。若是轉動其他多邊形，多少總是會造成一些不同，例如普通的正六邊形對稱較少，因為必須轉六十度（六分之一圈），才能回到相同的形狀；一個正三角形的對稱更少，因為要轉一百二十度（三分之一圈）。而一般的多邊形，是完全不會有對稱的。

也可以反過來從對稱開始，然後求得物體。例如，可找繞著某點旋轉都保持不變的曲線，發現圓形是該對稱的獨特展現。

這個道理也可以應用於方程式。這裡有一個簡單的公式：

$$X = Y$$

……可以看到X和Y之間是相等的，會忍不住說這是對稱的。根據數學定義，確實是這樣，因為如果將X變成Y，Y變成X，會得到一個不同的公式，即

Y = X

雖然這道新方程式形式不同，但是與之前的式子內容完全相同。因此，得到「變而不變」，即對稱。

另一方面，當我們把方程式 X = Y + 2 的X和Y交換，它就變成 Y = X + 2，這就完全不同了，所以這道方程式並不對稱。

對稱是一種特性，某些方程式或方程組有對稱性，有些則沒有。

完成後的馬克士威方程組包含大量的對稱。在馬克士威方程組上，可以做許多轉換改變形式，但是不會改變整體內容。馬克士威方程組有趣的對稱，比剛剛的簡單例子更加複雜，但原理是一樣的。

物體如此，方程式亦然，可以倒過來處理。從方程式找對稱：

方程式⇒對稱性

然而，我們也可以從對稱開始，找出允許這些對稱的方程式：

對稱性⇒方程式

令人注目的是，這樣會回到了馬克士威方程組！換句話說，馬克士威方程組本質上是唯一具有這些對稱性質的方程式系統；它像是圓，係由自身的高度對稱性所定義。如此之下，馬克士威方程組體現了一個完美的對應關係：

方程組⇕對稱性

這個例子，讓我們想像真正期待的關係，即

真實⇕理想

似乎也不遠了。現代物理學家已經將這堂課牢記心中，學會從對稱朝向真理。我們不是用實驗推導方程式，再驚喜交加發現方程組有許多對稱性；而是假設有大量對稱的方程式，再檢驗大自然是否加以使用，這項策略一直獲得驚人成功！

這章談到連結性、對稱性和光等主題，在曼陀羅藝術中集大成。曼陀羅是宇宙象徵，是冥想神遊的工具，在複雜相連的各部分呈現出大量對稱，經常可見繽紛色彩。我認為，彩圖18正是本章非常適當的結論。

第十章　馬克士威（二）：認知大門

當人類的感知大門打開之後，萬事萬物將展露無邊無限的本質。
因為人將自己關閉，以至於凡事都只能透過洞穴裡的狹縫窺視。

——布雷克《天堂與地獄的婚姻》

在這章中，將會專注於本書提問的一個特別面向：了解並拓展感官經驗，實現優美的想法。

在布雷克夢境般的複合媒材書籍《天堂與地獄的婚姻》中，如他自己說道，渴望「宗教所謂善與惡」能夠結合（見彩圖19）。根據布雷克：「善是被動服從理智，惡是主動的能量噴發。善是天堂，惡是地獄。」調和理想與真實並窺透全貌，這也是本書冥思渴求嚮往的目標。

布雷克提到的洞穴，讓人回想起柏拉圖的洞穴。在柏拉圖的洞穴囚犯經歷的是黑白世界，完全錯過了色彩之美。雖然人生在世情況沒那麼極端，但是我們也只能體驗到一小部分的光而已。

這章會比較「光」這種視覺要角的真實全貌，以及人類視覺捕捉到的真實投影。這個課題深受馬克士威喜愛，提出淋漓盡致的闡釋。

在這個脈絡下，我們會落實布雷克的直覺想像，回答上圖提出來的兩個問題：

- 是否有隔絕人類知覺之外而不可見的「無窮」存在？是的。物理色彩的世界是加倍無窮維度的空間，我們感覺認知到的只是三維投影。
- 這些無窮可以完全揭露嗎？當然。真正的問題不在於是否可能，而是實際上該如何做到。

對色彩認知的探索，對於了解大自然深層設計極有幫助，後面將會看到。

兩種黃色

黃色是彩虹的顏色之一，也出現在陽光穿透稜鏡產生的光譜中。光譜黃是牛頓的純色之一，光譜紅、綠和藍也是如此。

但是也有另外一種完全不同形式的光是黃色，那就是將光譜紅色與光譜綠色混合，成為一種非光譜、但感覺上完全相同的黃色（見彩圖20）。這種方式產生的黃色，與光譜黃色是極為不同的物理實體，雖然感覺認知上是相同的。

同樣地，也不用將陽光中所有光譜色按照相同比例混合起來，才能得到像陽光的白色。如彩圖20中可看到，只要將三種光譜色（這裡用紅綠藍三色），便可得到幾可亂真的白光。不過，若是讓這道「白」光通過稜鏡，將不會出現一道彩虹，而只是三條線。這道光束與太陽光是相當不同的物理實體，但是人類視覺認知看起來卻是相同的。

請注意，如彩圖20混合幾道顏色的光束所得到的結果，與混合相同色彩的顏料或蠟筆塗抹所得到的結果並不相同。當混合彩色光束時，只是將包含的光加起來而已，但是顏料就完全不同了。通常看到的顏料，例如畫中出現的顏色，是陽光（或燈光）反射的結果。在反射光線中看到的顏色，取決於顏料從反射中取出或吸收什麼光譜色，看到的顏色就是代表沒有被吸收的光混合而成，繪畫時混合兩種顏料，等於是將吸收力相加。增加光束的顏色或是增加顏料的吸收能力，是兩項大不相同的過程。例如，加入很多不同的顏料，很容易變成黑色（全部吸收），但是不同顏色的光束加起來永遠不會這樣。因此，一般而言混合彩色光束的規則與混合彩色顏料的規則非常不同，這點應該不會令人感到驚訝。可以說，混合光束比混合顏料在概念上更簡單，在物理學上也更為基本，接下來要討論這部分。

色盤和彩箱

不同光譜色混合，可自然混合出相同的結果，這項基本觀察結果引出一個更廣泛的問題：到底哪些混合物會看起來一樣？什麼樣的空間是色彩感覺的空間？

在以劃時代的理論研究確定光的電磁性質時，馬克士威前前後後進行大量實驗鑽研這些問題。雖然這個領域的範圍較為狹窄，但是其成果同樣至關重要，促成重大的技術革新與發展，下面會討論到。

圖二十三中可看到年輕馬克士威，他手中拿著一個特別設計過的圓盤。我們看到的是一個轉盤，用來幫助說明色彩知覺。也可以注意到這張是黑白照片，當時彩色攝影還沒有被發明，後來馬克士威成功做到了！

圖二十三：馬克士威手中拿著一個早期的色盤。

色盤看起來好像是玩具，確實沒錯，不過不僅如此。只要運用簡單卻深刻的概念，可讓色盤變成極好用的工具，來說明色彩知覺。

雖然大家普遍認為視覺會即時展現世界的狀態，無接縫、瞬時播放發生中的事件，然而現實並非如此。視覺其實是一系列的快照，每次曝光時間約二十五分之一秒，大腦會將間隙填滿，給予「連續」的錯覺，電影和電視都是利用這點：若是影像更新的速度夠快，我們不會感覺到是一連串的靜照，或是像素快速更新，色盤也是運用相同的視覺暫留效應。

馬克士威在色盤上，放置兩個彩色環帶，如彩圖21。當兩個色環繞中心快速旋轉時，因為視覺暫留的效應，每個色環上色帶產生的色彩混合，看起來會像是光束產生的色彩，這正是馬克士威色盤的天才之處：看上去，眼睛會將反射的光束加起來；利用馬克士威設計的色盤，讓我們可用全面量化的方式，指出哪種色彩組合看起來相同。

當然，我們也應該確認不同的人報告相同的結果。這基本上是對的，雖然常人之間稍有差異。另外，也應該排除幾種色盲與少數人擁有絕佳辨色力的例外情況，後面會討論這些差異。不過，對於大部分的顏色，大部分的人都能同意，雖然不同人是否擁有相同的主觀色彩感知，是晦澀的哲學思辨中永不枯竭的話題。可以確定的是，我眼中光影投射的感知色彩，與你感知色彩應當是極為接近的，我們都將許多光譜色的混合看成黃色，或是將許多混合看成紅色，最重要的是我們同意哪些混合成哪種顏色。若非這樣，人類對色彩的描述恐將天下大亂！

這些研究中出現的重要結果是，在內圈中只要使用三種顏色，將可匹配外圈任何顏色。因此，例如運用光譜紅色、綠色和藍色，以適當的比例可得到橙色、紫紅色、黃綠色、深褐色、天藍色與豔紅色，或者任何想要的顏色。三種原色不必是紅、綠、藍（ＲＧＢ）三原色，幾乎任何三種都可以，包括混合色也可以，只要獨立即可（若原色中有一種可由其他兩種混合而成，將無法產生新的可能性）。另一方面，我們確實需要三種原色，若只限於兩種原色，不管是哪兩個，都無法混合出大多數的顏色。

換一種方式，可以指出任何感官認知的顏色，該混合多少紅、綠、藍色，才能得到相同的顏色。這跟指定空間中的一個位置，說該點離東西、南北、與垂直方向有多遠而定，是完全類似的道理。一般空間是三維連續體，感官認知顏色的空間也是如此。

回到彩圖20，可以看到重點在於藉由調整不同光束的相對強度，可以製造出任何感官認知的顏色，不只是出現在中間由三道光束重疊造成的白色。

後來進行研究時，馬克士威運用一種「色箱」裝置，直接將光束結合。思考策略很簡單：從稜鏡彩虹色提取顏色，控制位置和比例，然後利用反射鏡和透鏡重新組合。因為當時科技有限，所以實際執行並不容易，例如唯一可用的光源是日光，可用的偵測器是肉眼。馬克士威的色箱足足超過六英尺長，裡面放置鏡子、稜鏡和透鏡。雖然很笨重，但是還是比色盤精確多了。

馬克士威藉由分離、操作和重組等手法來處理顏色，這種想法是超越時代的。現代科技讓我們對於操作色彩處理更加得心應手，請見下面討論。

充分運用

混合三種原色得到所有感知色彩的道理，大量運用在現代彩色攝影、電視和電腦圖形上。例如，彩色攝影使用到三種感光劑，電腦顯示器有三種顏色光源。當看到「數百萬種色彩」的選項時，意思是可用數百萬種不同的方式，來調整這些光源的相對強度。換句話說，我們在數百萬不同的點中挑選，但是全都在三維空間內。

對於藝術家來說，可以許多不同的方式來獲得相同的感知顏色，打開創作的無窮可能性。例如，可加強局部的質地變化，同時保持總體（平均）顏色不變。這基本上是另一種色盤，利用空間上而非時間上的視覺暫留效應。空間平均比較微妙，所以可供更豐富的色彩變化。印象派畫家特別就此可能性大加發揮。

印象派畫家在畫布不同（但極為接近）處另外畫上不同的顏料，而不在同處塗抹的，這運用了類似馬克士威色盤的方法，從時間換到空間應用。在這情況下，不同處的光會根據光束合併的規則成色，並非顏料混合時的反射光混合。

失落的無窮

馬克士威帶來全新的概念：光是什麼，以及人類對光的感覺認知。這兩件事大不相同！如布雷克所料，兩者無窮地不同。

比較世間所有總和與人類能捕捉到的訊息，得以明確表述出我們到底失落了什麼。然後，用心思考該怎麼找回一些。

素材：電磁波

前面提過，馬克士威方程組預測光的存在。在此要深入探討，讓我們充分掌握失去的「無窮」。

馬克士威這麼描述光的基本性質：

> 根據電磁理論，光又是什麼呢？光是交替、相反、快速重複的橫向磁擾動，並伴隨著電位移；電位移與磁擾動呈直角，兩者又與光線行進方向呈直角。

彩圖22解釋這項描述。

任何一點的電場和磁場皆具有特定強度和方向，因此可以用從這個點出發的彩色箭頭來表示。如果空間中每一點都畫上箭頭，將會一團混亂，所以在圖中只沿著一條直線，顯示電場與磁場的箭頭。

現在，想像整張圖往黑色箭頭方向移動，每一點的電場（紅色）和磁場（藍色）都會因此產生變化。前面章節討論過，電場變化會產生磁場，磁場變化會產生電場。可以理解，如果安排恰到好處，前進的擾動可以源源不絕，亦即電場變化產生磁場，磁場變化又造成電場，而電場變化又再度造成磁場，如此生生不息。這聽起來像是孟喬森男爵（Baron von Munchausen）號稱能用鞋帶把自己拉起來之類的把戲，但是在電磁學中卻不是吹牛，而是真正能發生的魔術。

在空間中的任何一個點，電場隨著時間上下振盪，就像水面的波浪。這些生生不息、行進的電磁擾動，一般稱為電磁波。

彩圖22描述一種特別簡單的電磁波，電場和磁場擾動在一定距離之後會重複模式（這個模式稱為正弦函數）。我將這種波稱為純正弦波，原因將在下文解釋。而重複圖案的間距稱為波長，該模式也在特定時間內重複，發生率稱為波的頻率。

電磁波有一個非常重要的特性，就是可以疊加或加乘。換句話說，若是有一個馬克士威方程的電磁波解，將電場和磁場乘以共同因子，結果仍是馬克士威方程的解。若將解的場都放大兩倍，所得的場仍然是方程式的解。放大兩倍等於是把同一個解疊加兩次，而且兩個方程式的不同解在相加之後仍然是解。這些數學性質對應到物理，就是說我們可以自由將光束增強或減弱，或是將兩道光束相加。

從經驗來看，調高亮度和疊加光束的確可以辦得到，否則的話，就很難說光是一種電磁波了。幸好，光的確具備這種性質。

最後，讓我們把馬克士威的文字描述，與這張圖來仔細比對。在圖中，電場和磁場的確是互相垂直（呈直角），而運動的方向也和電磁場皆垂直，正如馬克士威所述。而他所提到的快速交替（上下）振盪，正是電磁波前進時，在任何固定點所見到的現象。

再談純化光

馬克士威方程組存在任何波長，以及往任何方向行進的純電磁波解。波長在三百七十至七百四十奈米之間，這段範圍狹窄特定的純電磁波是人類視覺的原始材料，對應於牛頓稜鏡光譜的純光。用音樂術語來說，人類視覺範圍跨越一個八度（波長加倍），每個光譜色對應於特定波長，如彩圖16所示。

絕大部分的電磁頻譜完全在人類的視覺之外。例如，肉眼看不見無線電波，如果沒有無線電接收器，我們根本不知道無線電波的存在。不過，太陽穿透地球大氣層的電磁輻射，幾乎集中在可見光譜段，這個波段對於地表生物最為有用，可以說只在這些頻道才有節目。

下文將集中討論可見光譜的部分，在這個波段太陽提供了充足的資源。至於，人類視覺有沒有充分利用這項資源呢？差得可遠了。

若將進入眼睛的信號做全面分析，會包括哪些項目？這個問題的答案包含兩個截然不同的面向。其一是空間方面，信號包含光線來自不同物體方向上的信息，我們可利用該信息形成影像。另一個面向是色彩，捕獲到一種截然不同的信息，讓我們可以有黑、白和各種彩色圖案，甚至在極端情況下，雖然均勻布滿眼裡的色彩未具任何圖案，也可帶有訊息。

色彩、時間和隱藏的維度

討論電磁波與光譜色之後，讓我們對色彩本質奠下深刻美麗的了解。影像指出空間中發生的事情，色彩則提供時間方面的信息。具體來說，色彩帶來電磁場進入眼睛時快速變化率的信息。

為了避免混淆，要先強調色彩所攜帶的時間信息和用來給事件排序的時間，在形式上有很大的差異。大致上，眼睛提供的是每秒二十五次的快照，大腦把這些快照詮釋為流暢不斷的電影，這就是人們所感覺的時間流動性。在每張快照收集光的時間中（即攝影師所謂的「曝光時間」），光量是簡單相加或累積起來，這段時間內到達的光都混在一起，因此每張快照中光線確實到達的時間會流失。

在信號平均化處理的情況下，人類感覺到的色彩仍然提供時間微結構上非常有用的信息。顏色讓我們知道電磁場極短間隔內發生的變化，範圍在10^{-14}到10^{-15}秒之間，是幾千兆分之一秒！因為日常事物不會在這麼短的時間移動或發生任何值得一提的變化，每張快照之間的變化與顏色編碼等兩種時間信息，往往相互獨立而不相干。

舉例來說，感知純黃色光時，眼睛告訴我們這電磁波是每秒重複 520,000,000,000,000 次的波動，而純紅的感知則代表每秒重複 450,000,000,000,000 次的波動。

然而實際狀況卻更加複雜，因為有各式各樣的光線組合，人類眼睛看起來也是純黃色，然後有許多光線組合看起來是純紅色。也就是說，眼睛傳遞模稜兩可的信息，因為許多不同的輸入會得到相同的輸出！

若將輸入訊號進行完整的色彩分析，必須與牛頓稜鏡分析得到相同訊息才對。換句話說，真正的色彩分析必須將輸入訊號分解為純粹光譜成分，並指出各個成分的強度，所以，輸出應該是連續無限多的數字組合，每一個數字代表某純色光譜強度。可能色彩的空間不只是「無限大」，甚至具有無限個數學維度。不過馬克士威卻發現，人類眼睛所傳達的色彩只用三個數字代表。

總之：真實的色彩信息空間是無限維，但是人類眼睛只能感知無限維空間投影到三維表面的結果。

要完整交代故事，還要提到另一種電磁信息，也是進入眼睛卻完全被忽視。參照彩圖22，可注意到電場（紅色）在垂直方向振盪，磁場（藍色）在水平方向振盪。將整張圖旋轉九十度，讓電場在水平方向，磁場在垂直方向，並以原來的頻率振盪，這也是一個方程式解，代表相同的顏色，但是物理上卻是不同的波，新屬性稱為波的偏極（polarization）。因此，每點像素進入我們眼睛的電磁信息是無限維的兩倍，因為每個光譜顏色都帶有兩種可能的偏極，各有獨立的強度。人類的視覺無法區分光的偏極，因此完全忽略了維度方面的加乘效應。

色彩受器

馬克士威配色實驗的關鍵結果，在於混合三原色可以產生任何色彩的感知，揭示了人類視覺是「什麼」的深刻事實，但也引出眼睛「如何」運作的新問題。這個「如何」問題，一直到二十世紀中葉分子生物學家開始研究色彩受器，才得到美麗的答案（有趣的是，物理學家發現了生物學原理，而生物學家卻搞懂了背後的物理學）。

生物學家發現，視覺是由三種不同類型的蛋白質分子（視紫質）來提供色彩信息。當光照射到這些分子時，會有一定的機率吸收光子，並改變形狀。形狀變化會釋放微小的電脈衝，成為大腦構建視覺的數據。

然而，特定光子被吸收的機率取決於光的顏色，以及受器分子的性質。第一種受器最可能吸收光譜中的紅色部分，第二種受器對綠色反應達到高峰，第三種受器則偏向藍色，不過之間具有模糊地帶（見彩圖24）。一般照明程度有許多光子進入眼中，觸動很多光子吸收事件，不同的機率分布精確將入射光轉換為三個不同的強度量測，在三個不同的光譜範圍進行平均。

這樣，我們不僅對於總光量敏感，而且還能知道入射光組成。紅色光特別會激發對紅色敏感的受器，藍色光則特別激發對藍色敏感的受器，因此這兩種光會導致完全不同的信號組合。

另一方面，即使是不同的入射光組合，只要激發三種受器的能力皆相同，都會被這些受器「看成」同樣顏色的光，產生完全相同的視覺感知，所以說只要三個數字相同，就是同樣顏色了。在這方面，受器分子和彩色轉盤的道理一樣。

各式各樣的彩色視覺

現在知道視覺是什麼，以及光線提供何種輸入信號，可以進一步探查生物世界，計算受器分子並測量吸收性能，獲得對色覺的全新體認。

一般來說，哺乳動物的辨色能力普遍不佳。鬥牛士揮擺紅色斗篷，是給觀眾看而不是給牛看，因為牛只看得到灰階。狗稍微好一點，看到的顏色是由二維空間組成。如彩圖23所示，只用兩種色彩受器，便可以重建小狗眼中的世界。

色盲的人也只能感知二維的色彩。他們或缺少一種受體蛋白，或該受體蛋白質已突變而難以辨色。女性很少發生色盲，但在男性中卻很常見，約有十二分之一的北歐男性為色盲。在先前的色盤實驗中（彩圖21），色盲的人可以把外圈的任何顏色，看做是內圈兩種顏色（如紅、綠）的組合。有些女性具有四維辨色能力，稱為「四色視覺者」（tetrachromats）（注釋⑥）。她們擁有額外的受體蛋白，是一般人受體蛋白的突變種，可以區分大多數人不能區別的兩種不同混合光。這種能力十分罕見，相關研究仍然付諸闕如。

光線微弱時，人人都成了色盲。太陽升起，我們的世界變彩色，太陽西下，色彩也就淡去。當然，這是很平常的觀察，我們天天來一回。但是，我發現在夏天漫長的黃昏中特別容易注意，令人十分印象深刻。

另一方面，許多種昆蟲和鳥類具有四種或甚至五種色彩受器，包括紫外線受器，也對光偏極敏感。許多花朵在紫外線下色彩鮮豔且圖案鮮明，吸引傳粉者青睞。在色彩的視覺感官宇宙中，這些生物探索的維度超越人類局限。

蝦蛄是另外一個有趣的例子。所謂「蝦蛄」不是單一的物種，而是包含數百物種，享有共同特徵與類似的生活方式。蝦蛄在許多方面都是很有趣的生物，可以成長至一英尺長，是海中孤獨的掠食者。可分為長矛族和巨鎚族兩大類，都能以驚人的速度和力量攻擊獵物，所以難以養在水族箱中，因為牠們往往會打碎玻璃。

但是，蝦蛄最驚人的特點在於視覺系統。不同的品種的蝦蛄可以擁有十二到十六個視覺維度，靈敏度的範圍延伸到紅外線和紫外線（見彩圖24），且能辨識光偏振。

為什麼蝦蛄會變成色彩天才，這是一個有趣的問題。一個合理的答案是，蝦蛄藉此傳遞祕密信息給同伴，我倒認為有可能是將身體當做彩色顯示器，向交配對象推銷自己，雖然人類絕大部分都看不到這些廣告！這就像孔雀尾巴的瘋狂加強版。我們注意到，某些品種的蝦蛄色彩的確豐富美麗，連人類的視覺都看得出來，如彩圖25。而且，具有最先進彩色視覺的品種，其身體的色彩也愈加豐富。

小小的甲殼動物，大腦是如何處理湧入的龐大視覺訊號呢？這個問題是當前研究的課題。我認為有可能使用到資訊工程師所謂「向量量化」的技巧，讓我解釋如下。人類的視覺以非常高的解析度填滿三維彩色空間，相近的點能被區分看成不同的顏色，從而體驗到數百萬種不同的色彩。蝦蛄的方法可能較粗糙，讓許多十六維空間相近的輸入，全變成相同的輸出。換句話說，人類視覺把相對小的空間內精細分割，而蝦蛄則是一大塊一大塊處理。我們只得到無限維電磁輸入的微小（三維）投影，但準確測量該投影，至於蝦蛄雖然得到較可靠的投影，但只是粗略調查而已。

空間感和時間感

在討論了色覺的「什麼」和「如何」之後，我們已經準備好應對「為何」的問題。兩個「為何」的問題自然產生：

為何人類和許許多多的其他生物，會在乎電磁場高速振盪？

如果換個方式問：「為何人類和許多其他生物，會在乎顏色？」許多答案都會立即湧至腦海，讓原來問題顯得可笑，連問都不用問了。

但是，如果以第一種形式來問，雖然等於是同一件事，卻能觸及一個深刻的議題。高速電磁振盪對生物來說很重要，因為不同的電磁頻率會對物質中的電子產生極為不同的影響，因此，來自太陽的光線在與物質交互作用之後，電子會在光線中烙印上關於介質的資訊。

簡單來說，物體的顏色可透露出物質的組成，我們都有這樣的經驗，但現在你也知道了，所謂的經驗現象其本質為何！

為何視覺和聽覺如此不同？畢竟，兩種感官都涉及振盪以波動形式所傳達的信息，視覺涉及電磁場的振動，而聽覺則是空氣的振動。但是，我們對於光的混合和聲音和弦的感知，卻天差地遠，具有本質上的不同。

說得更清楚一些，當耳朵接收到幾個純音的混合時，聽到的和弦還是保有個別的純音成分。例如，C大調和弦還是可以聽到C、E和G個別的純音，若是拿走或明顯加強其中一個純音，肯定可以聽出質上的差別。更複雜的和弦，可以有更多不同的音調，幾乎沒有數量上的限制，但還是聽得出不同（音愈來愈多的話，最後聽起來會混成一團，但還是聽得出個別組成）。

另一方面，前文談到人眼接收純色光混合時，個別的成分將被淹沒，讓我們感受到單一的新色彩。例如，將綠色和紅色混在一起，會看到黃色，和看到純光譜黃的感知沒有差別。在音樂上，這等於是同時彈奏C和E，結果卻聽到D音一樣！

顯然，聽覺在處理時間資訊上比視覺靈光。

聽力的物理學是共振的物理學，如前面討論。至於光為何必須以不同的方式處理，在物理上具有很好的理由，因為可見光的電磁振盪太過快速了，讓任何機械系統來不及反應。因此，聽覺上讓空氣振動進入大腦建立共振的策略，在視覺上是不管用的。要偵測到光的振動，需要用更小與更靈活的反應因子。

可見光的有效受體是個別的電子。但電子的次原子世界是由量子力學統御，完全改變了遊戲規則。從光轉移到電子的訊息，只有讓電子吸收光子能量才能達成。然而根據量子規則，光子的吸收只能以離散、「全有或全無」的方式，而且在不可預測的時間發生。這些效應使信息傳送忠實度下降，而且更難控制。

以上討論，可以用更嚴謹的方式來量化，並解釋為什麼視覺的時間結構（隱藏在彩色當中），比聽覺的時間結構（音樂的和弦）更粗略。這都是量子力學的錯！我們眼睛中幾種不同類型的受器具有不同的吸收性質，因此挽救了一些光的時間信息。但是，相較於內耳振動膜像鋼琴鍵盤一樣，將所有共振元素清楚列出，在視覺方面並沒有對應的結構。

另一方面就空間結構的信息，光具有絕對優勢。聲波做為空間信息的載體，最大問題在於波長太大了，其波長與吉他、鋼琴、教堂管風琴等樂器的大小相當，當然不是巧合，所以聲波的空間解析度不可能比這些東西小太多。另一方面，可見光沒有這樣的問題，因為波長小於百萬分之一公尺。

視力主要是空間感，而聽力主要是時間感，可以說都具有物理上的原因。

敞開大門

現在來做想像的飛躍，從踏實的「什麼」、「如何」、「為何」等問題，進入比較夢幻的「倘若」、「何以」和「何不」。

眼睛是美妙的感官，但卻忽略了大量的訊息。根據入射光的基本空間信息（入射光的方向），視覺呈現外部世界的空間影像，然而傳入的時間信息只有小部分被轉譯，視覺也完全忽視兩個偏極。視野中每個像素提供的是雙重無限大的和弦，但我們看到的只是簡單三維投影的色彩。

人類心智是最終的感官，透過理性思維，我們發現光線中隱藏眼睛看不到的無窮。眼睛的顏色感知將實物顏色的雙重無限維空間，投射到內心的三維牆壁上，我們彷彿困在洞穴裡。我們能逃脫洞穴，感受到額外維度嗎？

我認為這是辦得到的，以下將簡要說明。（我的哲學是：如果蝦蛄辦得到，人類也能做到！）

時間和色盲

首先，考慮簡化這個問題，先來看看「色盲」這個實際上很重要的問題。色盲的人究竟遺失什麼訊息，我們清楚知道是傳譯光譜強度的特定受器。如何將這些信息放回去呢？

要做到這一點，必須把視覺圖像中的顏色信息放在所屬之處。因此，必須以現有的受器合成新的顏色，然後把訊號送到正確的地方，例如若遺失的受器原本提供「綠色」的訊號，則人工替代訊號稱為「**綠色**」。接著，要確保圖像中含有大量綠色的部分，按比例由「**綠色**」取代。

要利用現有受器增加局部信息，需要在訊號中放入現有受器可以辨識的新結構。若能操控訊號的時變率，便能漂亮辦到。例如，可以把「**綠色**」轉譯為顏色的閃爍、脈動或其他時間調變模式（temporal modulation），讓局部強度和原始圖像中的綠色成正比。

來整理一下。原本缺少的綠色信息，是光隨時間變化的電磁訊號。我們製造的「**綠色**」，同樣也是時間信號，但速度減緩許多，以符合人類信息處理的步伐。所以，我們利用時間和大腦，打開人類感知的大門。

為一般人設計，圖像通常是以三原色編碼，再以三色投影機顯示。不論是電腦顯示器（包括安裝在眼鏡或護目鏡中的微型顯示器）、智慧手機或數位投影儀，原則上都可以利用軟體，在輸入輸出端都加上輔助色盲的人工色彩，如上文所述。

硬體方面也可以考慮加上這種功能。例如，有種材料具有電致變色（electrochromics）的性質，吸收光線的頻譜範圍可以施加電壓來調整。如果把一般眼鏡鍍上電致變色膜，再附上隨時間變化的電壓，可望開啟新的色彩頻道。

方法途徑

同樣的方法將使一般人得以開拓色覺的全新維度，如彩圖26所示。當然，在能夠運用新的信息前，必須先收集信息。現有的數位攝影和電腦螢幕顯示都是基於三原色，並不是因為什麼特別的物理限制。先前已經討論過，色彩具有雙重的無限大，等著我們來感受體會。現有技術停留在三原色的原因在於：

1. 正如馬克士威所發現，三原色讓我們組成任何感知顏色。
2. 二原色沒有辦法做到這一點。
3. 運用最少原色來達到組合色彩的目的，是最簡單便宜的方式。

但是，若我們決定拓展色彩空間的額外維度，其實並沒有技術上的限制（已經有些實驗進行這方面的嘗試）。彩圖27是一個簡單的四維色彩設計，可用於數位傳輸接收。

在接受端，可將四（或五）種不同的色彩受器排成緊密陣列。在輸出端，可以讓三色像素額外加上閃爍調變，或如彩圖27所示，另設一組像素當新頻道。無論哪種方式，人工調變這個新頻道，既可被傳輸也可被吸收。

我認為，以這種方式來體驗新的顏色，將是很有趣的經驗。

物體背後的「動力」

對我來說，透過文字及友人描述來與馬克士威神交，是一件很愉悅的事，他已成為我最喜歡的物理學家。在這裡，來一小幅素描剪影，根據馬克士威的朋友和傳記作者坎貝爾（Lewis Campbell）所說：

> 童年的馬克士威不斷問道：「這個東西背後的動力（go）是什麼？是幹什麼的？」模糊的答案不會讓他滿足，而是會追根究柢：「但、但是，到底它特別的動力是什麼呢？」

馬克士威與家人朋友的書信往返，總是讓人想起莫札特，信裡充滿雙關語、趣味圖畫和濃濃的人情味。下面一段取自他給小表弟查爾斯·凱（Charles Cay）的一封信，前一行他談到那驚世突破「動力學理論」，緊接著就無厘頭談到新養的小狗：

> 我最近出了一篇論文，是光的電磁動力學理論，我深信應該會打遍天下無敵手。
>
> 小香愈來愈厲害了！她是個模範病人，我用檢眼鏡看她，她會乖乖聽令轉動眼睛，露出絨氈層或視神經等任何我想要看的地方。

馬克士威一生愛好吟詩作對。一首「剛體」之歌的佳作，他用吉他自彈自唱。在每節中，馬克士威抱怨計算剛體運動太困難，剛體本身的應和基本上就是「我只管自己的事兒」，搭配的旋律是羅伯特．彭斯（Robert Burns）的〈走過麥田而來〉，夾雜許多蘇格蘭語。

當一個體碰上另一個體
翻飛在空中
當一個體撞上另一個體
會飛嗎？往哪裡？
衝擊有大小
那又怎麼底？
小伙子對著我量東量西
或，至少他們有嘗試
當一個體碰上另一個體
兩個自由自在
接下來怎麼運動
我們不會知道
每個問題有方法
你儘管分析去
我什麼都不知
也什麼都不管

馬克士威的死與生

一八七七年，馬克士威還不到四十六歲，開始感到消化不良、疼痛和疲勞等症狀。接下來幾個月裡病情惡化，他很快明白自己腹部罹癌。在馬克士威九歲時，同樣的疾病奪走四十多歲的母親，所以他自知來日無多。坎貝爾描述道：

過去幾星期來，他忍受莫大的痛苦，卻極少提及……，內心十分平靜。唯一讓他掛心和不時提起的，只有太太未來的幸福與生活。

馬克士威於一八七九年去世，享年四十八歲。二十三歲時，年輕的他在私人手記中有感而發，似乎也為日後一生寫下注腳：

平日工作與「永恆」有關的人，最是快樂。其信心屹立不搖，因為他已經成為無限的一部分。他整日勤奮工作，因為當下讓他珍惜把握。

因此，我們應該師法自然神聖的過程，彰顯無限與有限的連結，莫輕忽人生在世有限的時間，因為個人才會有作為，目光應放大到永恆：要知道時間是一道謎，唯有在永恆的真理開導之下，方能得解告慰。

第十一章　對稱前奏曲

不管對稱性的定義寬或窄，千百年來都引導人類不斷追尋了解，創造了秩序、美麗與完美。

——赫曼·魏爾

對稱法則具有簡單數學表述的特性，顯然大自然善加利用。凝神思考其中數學推理的典雅完美，再與複雜深遠的物理現象做比較，對於對稱法則蘊藏深厚的力量，讓人無法停止深深的敬意。

——楊振寧

儘管對稱性隱藏起來看不見，但是可以感覺潛伏在自然中，統御我們所有的一切。我覺得最令人興奮的是：自然比看起來簡單得多了。

——史蒂芬·溫伯格

從二十世紀持續至今，當我們愈能掌握理解大自然的基本法則，愈能見到對稱性主導的身影，大師們如此說道。本書冥思最後會到達今日科技的最前端並超越，在那裡慶祝對稱性的偉大勝利，為我們帶來更多的預言。

變而不變。對於創世主，這是多麼奇怪、沒人味的咒語啊！然而，超然代表機會：我們可以取其智慧，擴大想像力的視野。

本書提問督促我們在物理世界的根源發現美麗。要回應這項挑戰，我們在兩方面都要積極，既要更了解真實世界，也應提升與擴大美感。因為我們會發現，大自然深層設計美得十分奇特，而奇特也造就自然深層之美。

因此，本書後半對物理世界進行深根挖掘時，將不時進行對稱「休息」（破缺），藉由簡短說明主題所牽涉的對稱性，揭露大自然獨到之美，其威力無遠弗屆。

與伽利略同行

首先，讓我們加入伽利略的想像之旅。

在一艘大船上，把自己和一位朋友關在甲板下的主艙中，還有一些蒼蠅、蝴蝶和其他會飛的小動物。裝一大碗水，裡面放條魚；倒掛一支瓶子，讓裡面一滴一滴流到下面的瓶子。當船靜止不動時，仔細觀察小動物如何等速在船艙裡飛來飛去，魚兒如何靜靜游來游去，以及水滴如何掉落底下的瓶子裡。同時，向朋友丟一項東西，每個方向的力道一樣，距離也會相等。再來，用雙腳併攏跳，每個方向的距離都一樣。全部仔細觀察過後（雖然船靜止不動時，這一切都是理所當然的事情），讓船依喜歡的速度前進，只要是等速運動

> 且不會左右偏移。你將發現一切作用都不會有絲毫的改變，甚至也無法區分船到底是在前進或停止不動……，造成後面所有效應的原因，在於船隻運動對裡面所有一切的東西（包括空氣）都是共通的，這就是為何要待在甲板下，因為若是在上面，外頭的空氣無法跟隨船隻行進，多少就能看見這些作用的差異性。

伽利略在這裡要迎戰的，就是一般人對哥白尼天文學最大的心理障礙。哥白尼假設地球（以及上面所有東西）進行快速運動：每日繞軸自轉，以及每年繞日公轉，涉及的速度就日常生活標準來看令人咋舌，自轉速度每小時一千六百公里，公轉速度每小時十萬零八千公里。但是，我們感覺不到自己在動，更不用說是這樣的高速運動了！

伽利略的答案是，我們偵測不到恆定運動（即等速直線運動），因為物理行為未見任何改變。而在一個封閉的系統內（如伽利略的船艙或地球這艘宇宙飛船裡）進行等速運動，不管速度有多快，在裡面感覺好像完全沒動一樣（地球的自轉和公轉是圓形而非直線，但是這圓形太大了，某段看起來就像直線般）。

伽利略的觀察很容易稱為「對稱」：改變世界或是其中一部分（如一艘大船的內部），讓每件東西都以相同的速度運動，並不會改變事物運行的方式。

為了紀念伽利略，這種轉換稱為「伽利略轉換」（Galilean transformation）。至於，他所提出的對稱性假設，則稱為「伽利略對稱」（Galilean symmetry）或「伽利略不變性」（Galilean invariance）。

根據伽利略對稱，可以改變宇宙的運動狀態，加上一個恆定的總速度（稱為推進），卻不會改變遵守的物理法則。伽利略轉換讓物理世界以恆定速度運動，而伽利略對稱指出，在這種轉換下物理法則的內容將會保持不變。

第十二章　量子美(一)：天籟之音

牛頓和馬克士威的古典科學為本書冥思帶入新主題，似乎與一開始介紹先前畢達哥拉斯和柏拉圖的見解和直覺發生衝突。但是在原子的量子世界裡（我們的世界正是這種奇怪的世界），奇蹟發生了。舊觀念起死回生，穿上華麗簇新的外衣。在重生的形式中，這些想法在精確性、真實性和（令人意外的）音樂性上，都到達了全新的水準。

這裡是「新瓶裝舊酒」：

- 從物質核心而來的音樂：想不到為樂理發展出來的數學竟然能與原子物理有關係。然而，這兩個領域都由相同的概念和方程式支配；原子有如樂器，發出的光線可看出其音調。
- 從優美的法則而來的優美物體：基本法則並未一開始就假設原子的存在。原子衍生自法則，成為優美的物體（見彩圖28）。以數學描述的物理原子是三維物體，藝術家盡情揮灑的想像下，形成異常美麗的圖像。
- 從動力學而來的恆久：基本法則是描述事物如何隨時間變化的方程式，但是這些方程式有些重要的解，不會隨時間改變。單單這些解，就能描述組成日常世界和我們人體的原子如何運作。
- 從連續性而來的離散性：描述原子內部電子的波函數，是布滿空間的機率場（機率分布），

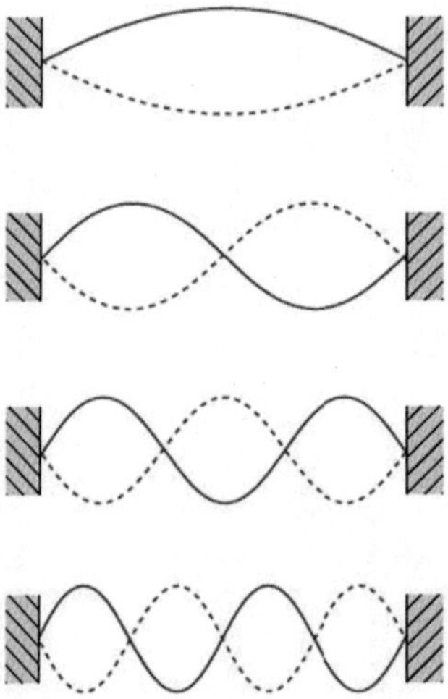

模式	波長	頻率
第一	$2L$	$\frac{V}{2L}$
第二	L	$\frac{V}{L}$
第三	$\frac{2L}{3}$	$\frac{3V}{2L}$
第四	$\frac{L}{2}$	$\frac{2V}{L}$

圖二十四：以簡單的一維線段圖形，可清楚研究自然駐波的各種模式。首先，波形當然必須能裝進弦裡，而這項簡單的幾何要求，為連續體的行為描述帶進整數和離散性。

連續如雲。但是穩定雲的模式各個不同，更是烙著數值的印記。

回到畢達哥拉斯

在現代量子理論初登場之際，當然還沒有教科書。渴望使用新原子理論的實踐家，將目光轉向另一份不同主題的教科書，即雷利爵士（Lord Rayleigh）的「聲學理論」，因為那裡有描述原子運作原理所需要的數學。這套理論以前就開發過，用來描述樂器的運作原理。雖然符號代表不同物理量，但基本上都是相同的方程式，也可用相同的技巧來解題，畢達哥拉斯肯定會很高興。

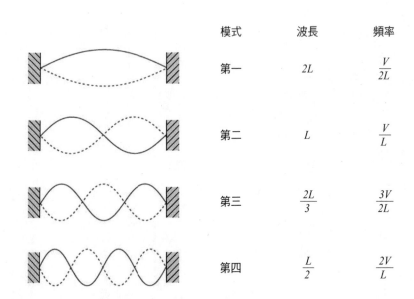

樂器的瑜伽

樂器物理學是駐波（standing waves）物理學。駐波是有限物體或密閉空間的波，因此樂器琴弦或是共鳴箱的振動都是駐波。駐波應與「行波」（traveling waves）做比較，例如講到聲波時，通常指的是從一個波源擴張或傳遞的行波，而平台鋼琴共鳴板的振動則是駐波，會來回推動附近的空氣，再對鄰近的空氣施力，如此延續下去，造成一種擾動，發展出自己的生命。

駐波是在浴缸激起水面波動，或是敲銅鑼、音叉產生的振動。在這些情況下，包括水波、銅鑼或音叉，一開始吵雜的波動穩定下來後，會在空間中變得有規律，在時間上變得有周期。這就是音叉的特點：「想要」以一個特定的頻率振動，才能產生一個可靠的純音。至於一般的銅鑼，會產生更複雜有趣的聲音模式，後面馬上會再討論。

想要看透樂器的瑜伽術，應當思考最簡單的樂器，事實上就是畢達哥拉斯使用的樂器：一條兩端固定的琴弦（圖二十四）。在簡單的一維線段圖形上，可清楚研究自然駐波的模式。

在圖中，實線和虛線表示琴弦在不同時間的形狀，描繪了四種自然駐波模式（為了清楚起見，振幅高低誇大呈現）。期間，琴弦上的點會上上下下，實線模式連續地變成虛線，而虛線又再變成實線，形成一周期。

由於駐波必須裝進琴弦，這項簡單的幾何要求，將整數和離散性帶進這些連續體模式的描述中。從上圖到下圖的模式，可看到琴弦從左往右時，變化率是兩倍、三倍與四倍。

自然振動可以容納三個、兩個、四個或任何整數周期，但是介於中間就不行。因此，樂器的自然頻率為「離散」或稱「量子化」（quantized）。

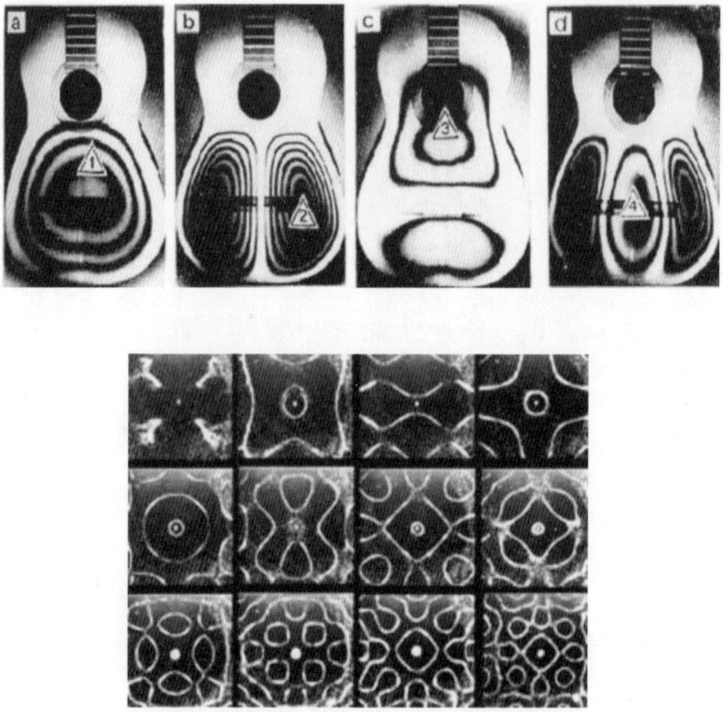

圖二十五：吉他共鳴板的振動模式或駐波會形成幾何圖案，反映出木板形狀塑造與琴弦振動頻率之間的關係。

不像大家聽過的「球狀乳牛」笑話*，畢達哥拉斯的樂器和現實十分接近。更重要的是，從簡單樂器中學會的道理，即有限物體的幾何限制導致其自然振動具離散性（量子化），使得自然頻率亦具有離散性，這是完全相通的。在量子力學中，這個道理成為原子物理學的關鍵，下面很快會討論到。

自然振動與共振頻率

撥動吉他琴弦時，共鳴板也會出現駐波，而敲打平板邊緣也會，模式清楚可見（圖二十五），基本的概念和上面琴弦的討論一樣。駐波呈上下運動，會有高低起落（專門術語指振幅），有些曲線上振動強度為零，代表沿著線的點完全沒有運動，這些點稱為「節點」，曲線稱為節點曲線。若是在板子上灑些沙子，會沿著節點曲線累積，成為圖中看到的樣子。

這些二維振動體的幾何形狀比琴弦更複雜。基於這點，其自然振動的模式也就更加複雜。在這些例子中，要得到單純的振動模式，而不是同時出現幾種不同的振動模式，必須要隨著時間規律（或周期）重複施力，例如吉他就是撥動琴弦，也正是琴弦的功用！看讓琴弦振動的速度有多快（即頻率），就會出現不同的主模式。

每個自然振動模式會周而復始。琴弦、木材或金屬每次振動都會對周邊施力，不同模式會有不同作用，變化速度也各有不同。在空間變化迅速的模式容易產生更大的作用力，也因此產生更快更高頻的運動，每個自然振動模式都以對應的自然頻率發生。

自然頻率也稱為共振頻率，理由如下。如果施力頻率接近於某種模式的自然頻率，該模式會增強、突顯。因為在這種狀況下，也唯有在這種狀況下，內外驅力互相應和，一波接一波，運動力道不斷增加。任何人要是曾蹬腿抽直身體，想要讓鞦韆愈盪愈高，或是曾推過孩子盪鞦韆的人，便會知道這是多麼的重要。

敲擊音叉或銅鑼時，振動從衝擊點散發，然後從邊緣反彈回來，像是振動的迴音室。複雜的運

＊球狀乳牛的笑話：酪農場產奶量很低，於是農民寫信給當地大學求助。在一名理論物理學家帶頭下，一群教授齊商對策。不久之後，物理學家回到農場，告訴農夫說：「我有一個解決辦法，但只適用於真空中的球形乳牛上。」

動迅速將能量散發成傳遞的聲波與熱，留下一種（音叉）或數種（銅鑼）較持久的模式，以各自的共振頻率振動。在一開始的雜音退去後，我們聽到的是穩定的音調或是綿延的和弦。鑼的和弦會不斷發展，慢慢去除雜音，直到變成單一音調，因為幾個較久的模式會以不同的速度消去。

吉他共鳴板的振動模式或駐波會形成幾何圖案，反映出木板形狀塑造與琴弦振動頻率之間的關係，如圖二十五所示。在底部的振動方塊圖中，相似的駐波圖形更對稱，這些圖形與電子雲的圖形具有驚人相似（圖二十六）。兩者之間主導的方程式，其相似之處更為深奧，也更加驚人。

錯失機會

令人很遺憾的是，畢達哥拉斯學派未能將琴弦振動的道理進一步發揚光大，考慮更複雜的「樂器」，像二維方塊圖。幾何、運動和音樂之間譜出動人美麗的樂曲，遠遠超越簡單的琴弦規則，留待心靈與感官探索享用，畢達哥拉斯學派本來致勝機先的。

另外，他們應該也能發現更平坦的道路，能通向力學的基本法則，而不是漫漫世紀過後終於艱難迂迴地透過天文學才發現。甚至，我們等一下會看到，也許他們早已鋪好通往量子理論的一條坦途。

天籟之音：這次是真的

亞瑟・克拉克（Arthur C. Clark）關於預測的第三定律如下：

> 任何足夠先進的技術都與魔法無異。

我想補充一點觀察，我們的冥想充分證明：

> 大自然用來建構真實世界的科技無比先進。

幸運的是，大自然讓我們研究她的技巧；細心體會，我們也會變成魔術師。

膽大的荒唐假設

在原子和光的量子世界裡，自然招待我們的是詭異、似乎不可能的成就。其中兩項發現，看起來簡直不可能！

〔量子理論早期歷史非常複雜。在引導開創者思考時，有幾項比較不明顯的悖論也扮演重要角色，人們更是追進許多死胡同。在這裡，我要講一個比較簡單易懂的故事，其實是極端美化真正的歷史。與自然的深層結構不同，歷史上的真實與理想迥然不同，睿智的人生導師吉姆·馬利神父（Jim Malley）曾贈予我這句金玉良言：「請求寬恕比請求准許更有福。」〕

其中一項與光有關，另一項涉及到原子。

- 光以光包形式存在：這出現在光電效應上，一開始對物理學家產生重大衝擊。馬克士威的電磁理論在赫茲等後來許多人的實驗中證實後，物理學家認為已明白光就是電磁波，而電磁波應該是連續的！

• 原子有組成部分，但它結構卻完全是剛性的。一八九七年湯姆生（J. J. Thomson）首次確認電子存在，接下來十五年原子大抵的基本概念都已明朗，尤其是：原子由原子核組成，幾乎包含原子所有質量與全部的正電荷，周圍由夠多帶負電荷的電子圍繞，使整個原子成為電中性。原子有不同的大小，視化學元素而定，大概是10^{-8}公分（此單位長度稱為埃），而原子核卻小了十萬倍。矛盾的是：這樣的結構如何保持穩定呢？為什麼電子不乾脆被原子核吸進去而消失呢？

這些矛盾的事實導致愛因斯坦和波耳分別提出大膽、各對一半的假設，成為推升現代量子理論突飛猛進的立足點。

光電效應是指當將光線（紫外線更好）照射在適當的材質上，會發射出電子。太陽能板可將陽光變成電力，即是利用光電效應。

光可以使電子加速，增加電子的能量，也許偶爾能將電子打出原子。這種想法，本身不足為奇。光的電場本來就「應該」會造成這種效應，令人震驚在於它發生的方式。我們可能以為能量需要一段時間才能蓄積，所以將光源減弱時，剛開始應該不會釋出電子才對；不過，觀察到的卻是光電效應不論光的強弱一直存在。還有，我們可能以為光的頻率（即光譜色）應該不似光的亮度或強度來得重要；不過，實驗發現紅端的光譜顏色效應很低，而若是光線太紅了，不管照射物質的光線有多明亮，幾乎不會釋放電子。

愛因斯坦利用光子假說，解釋這些（和其他）效應。根據光子假說，光以「光子」（photon）為單位，無法再行分割。光的量子（最小能量單位），與光的頻率成正比。因此，光譜藍端的光子所攜帶的能量約是紅端光子的兩倍，紫外線的光子攜帶更多能量。

光子假說對於光電效應的矛盾本質，給予簡單與定性的解釋。因為每個光子傳送所有能量或是零，所以不用逐漸累積，也沒有起動時間。由於紅色的光子傳送較少能量，所以效率低，若是沒有足夠的能量解放電子，就不會有電子釋出。

愛因斯坦的光子假設不像馬克士威方程組或牛頓的天體力學，並未組成一個偉大的系統。而且，它與馬克士威方程組產生根本的矛盾；雖然光子假設提出一些解釋，代價卻是破壞可以解釋許多事情、已取得巨大成就的既有理論體系。這太膽大妄為了！一九一三年普朗克提名愛因斯坦進入普魯士科學院時，如此護衛他：

> 他有時可能會猜錯，例如光量子假說，但其實不能太過苛責。因為縱使在講求精確的科學中，有時候要引進真正的新想法，不得不冒險。

愛因斯坦在一九〇五年提出「光量子」（現稱光子），是在這段話的八年前！再經過八年之後，一九二一年愛因斯坦獲得諾貝爾獎，其中特別表揚光量子的研究，那時候價值終於獲得了肯定。

為了解決第二難題，也就是為何原子穩定具剛性，波耳提出原子只能存在穩定態的想法。在古典力學中，可能軌道的範圍具連續性，如牛頓高山的例子。波耳假設，在原子中電子受電力束縛圍繞原子核運轉，但是只有一組具離散性的軌道才穩定。對於最簡單的氫原子，他提出了一個簡單明確的規則，來挑選可能的軌道（致專家：要求的是占據軌道的動量積分，經長度加權，稱為作用量積分，應是一個整數乘以普朗克常數）。當電子繞轉一個「允許」的軌道時，我們說原子處於穩定狀態。除非受太大外力，電子會停留在該特定軌道，因為其他可能的軌道差異很大，小小擾動一下不足以變換軌道！結果是原子不會崩塌，因為所有允許的軌道皆讓電子安全遠離原子核。

波耳的穩定態假說本身也不是偉大的系統。事實上，這也和成功的牛頓力學理論產生了矛盾。波耳是誰，可以規定電子能不能待哪裡，或是能不能具有何種速度？這太膽大妄為了，雖然解釋了一些事情，代價卻是破壞可以解釋許多事情、已取得巨大成的既有體系。

波耳提出的氫原子規則可用實驗測試，當然也進行了測試，結果成功讓他的狂妄假設成真了。

愛因斯坦和波耳提出大膽的假設時，都非常清楚自己在做什麼，以及其局限。他們提出的不是貫通一致的「萬物理論」，甚至是能和牛頓天體力學和馬克士威電磁學比美之理論體系大成。相反地，遵循畢達哥拉斯的探索精神，或是牛頓的光學研究與馬克士威的知覺研究，愛因斯坦和波耳只是找出事實中令人矚目的模式，或許最終能盼得更深入的解釋。

科學策略有一個重要的地方，要能看出哪些問題領域或許適合集大成，而哪些問題領域更適合冒險進取。一項成功的「某物理論」，可能比企圖心很強的「萬物理論」更有價值。

「最上乘的音樂」

有些種類的原子吸收光譜色的能力更強，例如氫原子（一般而言，吸收某些電磁波頻率的能力更強）。這些原子加熱時，大部分發射的輻射也是相同的光譜顏色。不同種類的原子特有的顏色模式各不相同，形成一種可以辨識的指紋，稱為「光譜」。

在波耳提出來的原子模型中，原子中的電子只能以離散的穩定狀態存在。因此，電子可能的能量值也會形成一組離散數值。這裡要講的是波耳如何透過另一個狂妄的假設，讓想法與現實對應連結。他猜測，電子除了穩定狀態所「允許」的規律運動之外，偶爾會在兩個穩態之間進行量子躍遷。為什麼呢？如何辦到？先別問。但是，量子躍遷的過程會伴隨光子的發射或吸收，量子躍遷造成了原子光譜。

在不按牌理出牌的模式中，波耳守住一個神聖的原則：能量守恆。他堅持，縱使在量子躍遷過程中，能量也會維持恆定。

根據愛因斯坦，光子的能量與頻率成正比，而頻率與顏色相關。所以，波耳的想法衍生一串預測：原子的光譜顏色反映出穩態之間轉換的可能性，而顏色顯示穩態能量之間的差異。波耳模型靠著預測能量而預測氫的光譜顏色，而且真的對了！

愛因斯坦回顧了波耳的研究，寫道：

> 這種矛盾不安的基礎，卻能夠讓聰敏過人的波耳，發現頻譜線和原子電子殼層的重大法則……，在我看來是一項奇蹟，至今對我仍然是一項奇蹟，這是思考境界上最上乘的音樂。

不過，愛因斯坦不知道的是，最棒的音樂才剛要登場呢！

新量子理論：將原子當樂器

波耳的成功留給理論家一項逆工程學的問題。其模型對原子提出「黑盒子」的描述，只是說明「什麼」，卻沒有解釋「如何」。在這種「不知問題、已知答案」的情況下，波耳啟動一場「危險邊緣」（Jeopardy）的偉大遊戲：波耳模型成為解答，物理學家必須找出方程式。

在經過十多年的努力和爭辯，史詩般的奮戰後答案終於浮現，根基之深似乎屹立不搖，直至今日。

什麼是量子理論？

結果，要在原子和次原子尺度來描述物質的行為，不僅需要知道更多東西，還要建構一個徹底不同的架構，揚棄許多曾被認為固若金湯的概念。這個新架構稱為量子理論或量子力學，主體於一九三〇年代末期完成。此後，對於處理量子理論帶來的數學難題，我們的技巧已經有長足進步，對於自然作用力的了解也更深入透徹，後面章節會介紹。但是，這一切的發展都是在量子理論的架構「內部」進行。

許多物理理論可以描述成是對物理世界的合理特定陳述。例如，狹義相對論基本上是伽利略對稱加光速不變的雙重論述。

然而按照目前的理解，量子理論並非如此。量子理論並非一個特定的假設，而是一些概念緊密交織成的一張網。這不是說量子理論模糊不清，事實並非如此。除了罕見（且常常是暫時）的例外之外，在面對具體的物理問題時，所有量子力學的專家都能同意用量子理論來解決問題的意義是什麼。但是，縱使有的話，也是極少人能夠精確說出到底依據何種假設走到這步。使用量子理論是一個過程，在過程中會教導我們如何進行。

讓我們開始吧！波函數、機率雲和互補性

在量子理論描述的世界裡，最根本的物體不是占據空間位置的粒子，也不是法拉第和馬克士威的流體，而是波函數（wave function）。所有關於物理系統的物理問題，都可以從波函數得到回答。但是，問題和答案之間的關係並非直截了當，無論是波函數回答問題的方式，或是給出的答

案，都帶有意想不到（有人認為古怪）的特徵。

在這裡，我只專注於描述氫原子與音樂所需用到的特殊波函數（請參考《物理小辭典》，特別是量子理論和波函數的條目）。

我們感興趣的波函數，是用來描述被小而重的質子的電力所束縛的單個電子。

在討論電子的波函數之前，讓我們好好談談其機率雲。機率雲與波函數緊密相關，然而機率雲比波函數更容易理解，物理意義比較明顯，但比較不基本（聽起來高深莫測，但我馬上會進一步解釋）。

在古典力學中，任何時候粒子都會位於空間中明確的位置。在量子力學中，粒子位置的描述則完全不同，粒子每次不會在特定的位置，而是以機率雲分布、延伸所有空間。機率雲的形狀可以隨時間改變，然而在一些非常重要的情況下，機率雲維持穩定狀態，後面馬上就會看到。

機率雲正如其名，可想成是延展的物體，每點具有不是負（正或零）的密度。機率雲在一點的密度，代表在該點發現粒子的相對可能性，因此粒子比較容易在機率雲密度高的地方發現，比較不容易在機率雲密度低的地方發現。

量子力學並沒有簡單的機率雲方程式，而是要從波函數計算機率雲。

單個粒子的波函數，像機率雲一樣，對於粒子所有可能的位置都有對應的振幅。換句話說，對空間中每一點分派一個數字。波函數的振幅是複數，所以波函數是對空間中每一點分配一個複數（若是對這個領域不熟，請查詢《物理小辭典》或以詩來解讀；複數雖美，我們不需在此細究）。

要提出問題，我們必須進行特別的實驗，以不同的方式來探測波函數。例如，我們可以進行實驗測量粒子的位置，或是進行實驗測量粒子的動量。這些實驗對應的問題為：粒子在哪裡？移動的速度有多快？

波函數如何回答這些問題呢？首先，要進行一些處理，然後給出機率。對於位置的問題，過程可說相當簡單。取波函數的值或振幅（即複數）進行平方，讓每個可能的位置得到一個正數或零，這個數字就是在該位置上找到粒子的機率。

動量的問題處理起來更加複雜，這裡不講細節。想找出觀察到某個動量的可能性，必須先進行波函數加權平均（加權的確切方式視對何種動量有興趣而定），然後將該平均平方。

要回答這些問題，需要以不同的方式處理波函數，這些處理彼此並不相容。換句話說，根據量子理論，無法同時回答這兩個問題，縱使每個問題都是合宜合理，又有完善的答案，就是無法同時回答。若是有人想要設計實驗做到這一點，等於是不認同量子理論，因為量子理論說這是做不到的。愛因斯坦不斷想要設計這類實驗，但是從未成功過，最後只好承認失敗。

三大重點在此：

- 得到的是機率，而非明確的答案。
- 無法直接測量到波函數本身，只能截取部分的訊息。
- 要回答不同的問題，需要以不同方式處理波函數。

結果，每個都引起很大的問題。

第一個引起決定論（determinism）的問題。計算機率，真的就是完整描述嗎？

第二個引起多重世界的問題。我們沒有窺視時，完整波函數描述了什麼？是現實的巨大擴張，或只是一種思考的工具，和夢一樣與真實無關？

第三個引起互補性的問題。要回答不同的問題，必須以不同的方式處理訊息。在重要的例子中，這些處理方式彼此互不相容。因此，縱使再聰明，都無法一舉對所有可能的問題提出答案。要據實呈現真實，必須從不同角度進行，這就是互補性的哲學原則；這堂課教我們要謙卑，量子理論迫使我們正視面對。例如，海森堡測不準原理指出，無法同時測量粒子的位置與動量，理論上可以根據波函數的數學導出這點，實驗上是因為測量要與被測量的物體發生積極涉入，才造成這項問題，因為探索即互動，而互動潛在會造成干擾。

這裡每個問題都很有趣，前面兩個問題備受關注。不過，對我來說，第三個問題似乎特別有意義與啟發。互補性既是物理真實的要素，也是人生智慧的一堂課，後面會再回來探討。

穩態是自然振動

描述電子的波函數如何隨時間變化的方程式，稱為薛丁格方程式。在數學上，薛丁格方程式與描述樂器的方程式關係密切。

把氫原子當樂器看，很像是銅鑼，外面（遠離質子）很硬，靠近中間的部分比較容易振動。這意味著樂器的「振動」（波函數振幅代表其強度），很容易向中間集中，因此波函數也容易向中間集中，當然相關的機率雲也是如此，這就是質子吸引電子這個現象的嚴謹量子力學過程！

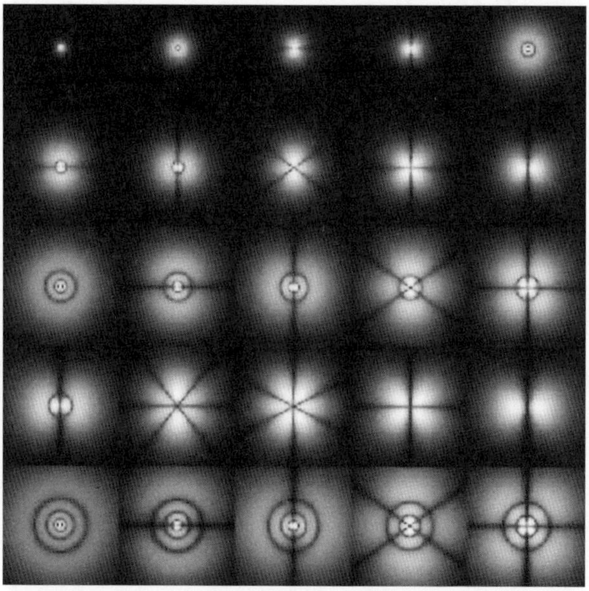

圖二十六：這裡拍攝氫原子或其他原子的穩定態，每張圖是一個電子的機率雲快照，亮處比較容易找到電子，而每個機率雲的中心就是一個質子（相同的軌道形狀也適用於碳等其他原子的電子）。

現在，我們已經準備好來了解，以波函數和薛丁格方程式為基礎的現代量子力學，如何捕捉並超越波耳「最上乘的音樂」了。

要從物理角度來了解任何樂器的原理，最重要的一步是了解其自然振動。自然振動會形成「音符」，即樂器持久的振動模式，同時也比較容易激發（即演奏）。

本著這項精神，因為針對原子中電子的薛丁格方程式，與樂器振動的方程式極為相像，我們應該思考看起來像自然振動的解答。結果，波函數的自然振動對應的機率雲極為簡單又優美，那就是它不隨時間改變！

（以複數細究：談到振動的琴弦如圖二十四，所謂「振動」指琴弦隨時間變動的位置。對於一個波函數，變化的是空間各點對應複數的波動，在自然振動中，變化很簡單：複數振幅保持固定，但是相位會改變，所有量均相同。因此其振幅平方，即機率雲的值完全不隨時間改變。）

波函數的自然振動，對應於不變的機率雲，具有波耳預期「穩態」所具備的特性。電子會在這些模式中無限持久，其他模式都不具備這項特性。此外，可以計算這些自然振動附帶的能量，結果與波耳「允許軌道」的能量吻合。

現在，來看看一些穩態分布的長相。圖二十六顯示出機率雲，圖中質子位於中心，我們看到的是三維機率雲的二維輪廓，亮度代表數學函數值，所以在亮一點的地方比較容易找到電子；而密度愈高的雲，對應能量較低的穩定態。

相較於波函數推導出來的機率雲，要好好了解波函數本身需要花更多心力，但回報將更加豐富。彩圖28只看到一種穩定態，曲面是波函數振幅為常數的曲面，圖中顯示曲面的截面，更容易看出裡面的構造。顏色是波函數的相位，用來表述複數。我們必須將這張圖想像是一張快照，隨著時間顏色會有周期變化。原子真的令人心幻神迷！

儘管現代量子理論複雜無比，但是比起波耳草創的模型，具有一些壓倒性的優點：

- 在現代量子理論，穩定態之間發生轉換是合乎方程式運算的結果。物理上，轉換是由於電子和電磁流體之間的交互作用而產生，因為相較於束縛電子的吸引力，這種互動相當微弱，通常仍然以穩定態做為計算的出發點，只要加上修正量即可。在這種處置下，可發現轉換並非是真的不連續，只是發生的很快而已。

- 波耳理論在只有一個電子時，可以清楚設下哪些軌道是「被允許」的規則。在量子有獎徵答（宛如益智節目）「危險邊緣」的年代（約為一九一三年到一九二五年），很多人猜測在更複雜的情況規則將如何改變。但是，當薛丁格（以及更早的海森堡）提出方程式時，明顯更勝一籌，甚至很明顯的是「對」的，所以沒多久就形成共識，迅速演變成現代量子理論。從乘勝追擊又連番大勝看來，大自然似乎也對量子理論情有獨鍾。
- 量子力學更具音樂性！

取代量子躍遷的過程特別有趣，電子以光子的形式產生最初不存在的電磁能。這發生於電子遇上在電磁流體的自發激發，將自身一些能量分出，共襄盛舉強化該活動。就這樣，電子轉換到較低的能量態，虛光子變成實光子，產生了光。

冷淡肅穆與華麗

在進一步討論之前，我想先停一下，與年少時的英雄人物羅素（Bertrand Russell）簡短交鋒，他曾寫道：

> 正確看待，數學不僅擁有真理，更擁有至高無上之美。一種莊嚴肅穆的美，猶如雕塑那般，未涉人性軟弱的部分，也無繪畫音樂那些華麗妝點，只是純粹超然完美無瑕，唯有

老實說，我並非不同意這種說法，只是我認為這種清教徒式的論調不甚妥當（而且出自羅素之口，感覺非常奇怪）。我認為，冷靜肅穆可以美妙無比，華麗妝點也可以美妙無比，兩者是相輔相成的。薛丁格方程式的確冷淡肅穆，但同時也是彩圖28靈感的泉源呢！

造物者的原子

近年來，原子物理學的前端研究已經從觀察換到控制與創造了。「造物者」的學生已經畢業，成為自立門戶的造物者了。

有一學門的原子工程師已經找到捕捉孤立原子的方法，能夠將基本的量子過程看得更清楚。例如，我們可以監測原子發射或吸收光子時狀態的突然變化，或者即時觀看波耳的「量子躍遷」。原子工程師們還可以操縱這類原子，暴露在電場、磁場或光線下，進行精密控制。單原子是很棒的工程材料，因為基本上毫無摩擦力，除了可以調整性質（利用場），而且信賴可期（利用理論）。例如，原子可做世界上最好的時鐘，目前最好的原子鐘精確到每十億年僅產生約一秒鐘的誤差。

另一項前端科技是製造各式各樣的新原子。量子點（quantum dots）是人造結構，與天然的原子基於相同的原理，但是可以按照需求打造。實際上，量子點是新型的樂器，設計來研究光而非聲音。基本上，量子點是由受限狹小空間內的少數電子組成，用巧妙設計的電場困住。量子點為發光器和偵測器的設計，創造極大的靈活性，對於前面提到的擴大色彩感知等應用，可能非常有用。

原子物理學的前輩們從未夢想過可單獨操縱原子，更不用說製造原子；甚至在早期研究中，可以找到否認量子工程可能性的論調。尤其是波耳，他強調在完全可以處理的「古典世界」，以及那獨特僅能以有限方法觀察、但無法以工程操縱的「量子世界」之間，存在一條分界。但是，最初這些人的研究受追求美和單純的好奇心驅使，最後卻催生了前景無限的奇妙新技術！

從這裡我們學到一個啟示。

對於人們提供有形的服務，有各式各樣的獎勵存在，不管是薪水、利潤或社會地位等等形式。然而，為基礎科學和藝術累積資產的努力和用心，其終極價值往往無法立即顯現。縱使有些突破明顯很重要，然而可能要等數年後才有經濟效益。也可能純粹只產生文化效益，永遠不具一般認可的經濟價值。為增加這項特殊財富而努力的人們，為改善全人類的生活，將自己的一生奉獻在這項長期投資上，講求現實的商人或顧客怎麼會埋單？不過，歷史告訴我們，這樣長期對公共利益的犧牲奉獻，終將得到豐碩的回報。睿智的社會應當珍惜機會，鼓勵提倡這種奉獻。

回到柏拉圖

柏拉圖的理論以柏拉圖多面體原子為基礎，在細節上完全是錯誤的。然而，以柏拉圖的原子來比喻真實的原子，真是優美又恰當，因為捕捉住關鍵真理。

物質的確是由種類不多的原子組成，原子的確存在大量完美的複製，物質的特性的確是由組成原子的特性來決定。此外，對於柏拉圖最重要的是：原子實現了理想。

在柏拉圖原來的理論中，原子實現幾何對稱之美。在現代理論中，原子是優美方程式的解（再下一層會再回到對稱上）。若是有一台超強的計算機，給予正確的方程式，只要是能夠測量的原子，計算機便能預測任何的特性，其他都不需要！準確說，原子實現了方程式。

限制之美

今日物理學的基本法則是動力學法則，換句話說，是支配事物如何隨時間變化的法則。這些法則將輸入（某個時間的初始條件）變成輸出（另個時間的物體狀況），但是樂於以任何輸入運作，所以並沒有要求特定結構。

基於這一點，我們很難想像穩定、處處皆是的原子是由動力學方程式製造出來的產物。任何一種特定的原子（例如氫原子），都具有大量完美複本，不會演化改變，也不會隨時間改變特質。由於光的速度有限，讓我們可以看到宇宙的過去。從星系光譜看出，很久很久以前與很遠很遠地方的原子，與今日地球上看到的原子表現得都一樣；也可以極精準地比較鄰近實驗室之間得到的光譜，或是同一實驗室兩星期後所獲得的資料。

對於人類的製造業來說，發明替代性零件可謂革命性創舉，也是經過許多努力才得以實現。然而，大自然是如何辦到呢？如果這是精心調整的結果，那怎麼能禁得起時間摧殘，還能如出一轍？若是本質超級穩定且不會改變，那麼它一開使又是如何出現呢？

馬克士威對這個問題懷疑又好奇，看做是造物主慈悲的證明。他這麼說道：

我們知道，運作中的自然律若最終沒有破壞，還是會傾向於修正地球和整個太陽系的所有尺度。不過，縱使漫長的歲月裡發生浩劫（或許也會發生在天上），縱使古老的系統潰散，新的系統從廢墟演變而生，這些系統賴以建立的分子，即物質宇宙的基石，卻依然完好如初。

從創造至今，這些基石在數量、度量和重量上依舊完美無缺，從它們絲毫無損的特性中，以及在我們精確度量、陳述真理與正確處置後，我們明白這也是我們為人最高尚的渴望，因為這些是神的形象中最關鍵的組成，祂不但在一開始創造天與地，同時也創造出組成天與地的材料。

牛頓對太陽系的穩定性感到很好奇（並認為偶爾需要造物主進行維修）。基於類似但更強烈的理由，馬克士威對物質結構能保持穩定感到無比神奇，因為精準的相似性以及精準化學的可能性，在在證明這點。

原子與恆星系統

若不是有上帝安排，在現代化學中可精準複製又具穩定特質的原子，如何從本質為變的方程式中出現呢？

要體認這個問題的力道，先來比較另一個看似相同，但答案卻不同的問題。這道問題啟發了克卜勒：究竟什麼決定太陽系的大小形狀呢？

針對克卜勒的問題，現代的答案基本上是：「純屬意外！並沒有根本的原則。來決定太陽系的大小形狀。」物質凝聚成行星和衛星環繞的恆星有許多可能的方式，就像撲克牌有眾多招數可出一樣，得到什麼全憑運氣。的確，現在天文學家正在研究其他恆星的行星系統，發現有眾多不同的組合，所有系統都根據物理法則演變，但是這些法則都是動態的，並沒有固定的起點。牛頓的動力學世界觀，勝過了克卜勒對於理想幾何的心願。

這是否意味著，任何事情都可能發生？實際不然。我們可以對太陽系大小形狀的諸多特徵做基本解釋，有的起源可追溯到巨大的星塵和氣體雲因重力崩塌而起（在銀河系其他地方也可發現這種過程，如獵戶座星雲），巨大的質量形成一個中心的恆星（如太陽），是自然的結果。因為萬有引力會造成物質凝聚，而大量物質凝聚會在核心產生足夠的壓力，引發核燃燒而生成恆星。這些事情讓牛頓印象深刻，行星大致沿相同平面（黃道）並往同一方向運轉，扮演角動量儲蓄庫的角色，原來的氣體雲凝聚旋轉的角動量就在此。其他特徵反映出漫長的歷史，可以說是磨稜去角。月球總是同一面向著地球，正是一項特徵：月球旋轉引起強大的潮汐起落，這造成摩擦力。可以推測，在遙遠的過去月球會相對地球自轉，但是經長期摩擦已經耗盡（出於同樣的原因，地球一日長度正不斷增加中。根據地質紀錄，從潮汐沉積的每日波動顯示出，六億五千萬年前寒武紀時期一日長約為二十一小時）。

我們也可以從完全不同的考量，大致「預測」地球繞日軌道的大小形狀。那就是：如果軌道的大小形狀極為不同的話，將不會有智慧生命來觀察！在這些情況下，任何接近已知的生命形態都不可能（或至少極為困難）。最重要的效應是，如果軌道太小了，地表的水會被太陽蒸發殆盡；如果軌道太大了，地表的水會結凍；如果軌道不是接近圓形，溫度劇烈變化太折騰了。

有人將適合人類生存的條件拉高成為一項原理，稱為「人擇論點」。從最廣義的形式看來，人擇論點引來更多問題。首先，「人類生存」中的「人類」，究竟指誰呢？譬如，若是嚴格要求對我——法蘭克．維爾澤克——或讀者你的存在必要的每件東西，都得存在才行，等於是依特例創造原理，而這些原理根本不是宇宙、太陽系或甚至地球的基本特徵。一個比較合理的做法是讓人擇「預測」的前提放寬，只求某種能夠觀察與預測的智慧生命出現即可。不過，縱使在這類前提假設下，也會在生物學與哲學的灰色地帶出現難題，例如生物學可能的問題是「什麼條件下允許智慧生命的出現？」，而哲學可能的問題是「什麼是智力？什麼是觀察？什麼是預測？」等。

就認識人擇原理來說，地球軌道具有所見的大小形狀等限制，即是簡單明瞭的好例子。後面，會遇到更多不尋常和有爭議的例子。

馬克士威明白，如果原子和分子運作的原理與太陽系相同，世界將會大不相同，每個原子會與其他原子不同，而每個原子也會隨時間改變。這樣的世界就不會有已知的化學反應，由一定的物質和規則構成。

究竟是什麼原因讓原子系統表現大為不同，並不明顯。不管是太陽系統或原子系統，兩者都具有質量巨大的中心，吸引幾個較小的物體。交互作用力不管是重力或電力大致都相似，都會隨著距離平方減少。但是有三點因素讓物理結果截然不同，出現千篇一律的原子，但是千變萬化的行星系統：

1. 相較於所有行星（恆星）彼此不同，所有電子都具有完全相同的屬性（任一給定元素的所有原子核，或更精確地說任一給定的同位素也是如此）。
2. 原子遵守量子力學的規則。
3. 原子處於低能量狀態。

第一項說明當然會招致質疑，本來是想解釋為何原子都相同，卻一開始就號稱所有電子都相同！後面會再細究。

然而，不能擔保所有成分相同，就一定會有相同的結果。縱使所有的行星都相同，所有的恆星都相同，行星系統還是可能出現各式各樣的設計，而且容易隨時間變化。

前面看到量子力學如何用離散和固定模式，來描述遵守動力學方程式的連續體。記得，這就是圖二十四、圖二十六和彩圖28訴說的故事。

最後要串連起來，必須明白原子中的電子為何常常只落在無限多狀態中的一種，這也是第三點理由登場之處。能量的最低狀態稱「基態」，是一般發現的狀態，那是因為原子能量一向不足的緣故。

為什麼原子處於低能態呢？追根究柢，是因為宇宙廣大、寒冷、又不停擴張。發出光失去能量，以及吸收光獲得能量，可以讓原子轉換狀態，若發射和吸收平衡，會轉換許多狀態，這是發生在熱而封閉的系統中，某刻發出的光後來會被吸收，達成均衡的狀態。但是在廣大寒冷的擴張宇宙中，發射的光會沒入廣漠無垠的空間，帶走能量永不復返。

在這種方式下，我們發現本身無法組成結構的動力學方程式，透過「柔術」（軟性技巧）注入其他原則的力量來達成這點，讓量子力學和宇宙學具有解釋與預測的能力：宇宙學解釋為何欠缺能量，而量子力學解釋為何缺乏能量會建立結構。

圖像啟示

我認為彩圖28是了不起的藝術傑作。這張圖使用一些高明的陰影和透視技巧，讓其實是二維的圖看起來像是三維的圖。另外，還巧妙選擇展露的截面（即等機率面），顯示出複雜的結構。

氫原子只有一個電子，而氦原子複雜度高一階，具有兩個電子。有兩個電子的量子原子，複雜程度更加難以想像，我不知道是不是有人成功用圖像描繪。所面臨的挑戰是，對於一個電子每個可能的位置，另一個電子的波函數是不同的三維物體。所以兩個電子的系統，總波函數住在3＋3＝6個維度的空間。要如何呈現這樣的物體，才能讓人類大腦覺得有意義，真是一項挑戰。我提到擴大色彩感知空間的相關概念，或許在這裡有所幫助。

抱持布魯內列斯基和達文西的精神，求真求美的科學家會將這項挑戰看做是創造的機會。他們將會揭露真實深沉的內在，那裡美到令人目不暇給。我希望，彩圖28是未來的象徵。

在規律與變化交錯中，珍貴的原子圖將有曼陀羅的特質，讓人凜然一悟：一切奧妙神祕的核心，靠你體會！也只有你能體會。

第十三章　對稱(一)：愛因斯坦的兩大步

愛因斯坦（一八七九－一九五五）用他的廣義相對論和狹義相對論，為思考大自然基本法則注入新風格。對於愛因斯坦來說，美以對稱的具體形式演化出生命，成為創作原則。

訴求上天

在談到科學研究的態度時，愛因斯坦曾經使用一些明顯的前科學語言，讓人回想起他所敬佩的古希臘人：

> 讓我真正感興趣的是，上帝在創造世界時是否有任何選擇。

愛因斯坦懷疑上帝（或創造世界的造物者）可能沒有選擇，這可能讓牛頓和馬克士威很難堪；然而，卻與畢達哥拉斯對宇宙和諧的追尋，以及和柏拉圖對永恆理想的概念等十分契合。

如果造物者別無選擇：為什麼沒有呢？究竟，是什麼對創造世界的造物者產生限制呢？

有一個可能是造物者本質上就是藝術家，限制是祂本身對美的渴望與嚮往。我一廂情願認為，愛因斯坦是順著本書問題來思考：這個世界是否體現優美的想法呢？而且，他相信答案「是」！

美是一個模糊的概念，但是像「作用力」和「能量」等概念一開始也是如此。通過與自然對話，科學家學會強化充實「作用力」和「能量」的意義，讓使用上更能貼近真實的重要面向。同理，透過研究造物者的手藝，讓我們對「對稱」與最終「美」等概念不斷演進提升，這些概念不僅反映真實的重要面向，並且忠於日常語言使用的精神。

狹義相對論：伽利略和馬克士威

如果愛因斯坦是畢達哥拉斯再世，這期間他已學到許多東西（感謝多次輪迴）。愛因斯坦當然沒有放棄牛頓、馬克士威和科學革命中其他英雄的發現，也沒有放棄對觀察到的真實與具體事實的尊重，費曼就稱愛因斯坦是「一位巨人：腳踏實地，但頭已在雲端」。

在狹義相對論中，愛因斯坦將前人兩種看似矛盾的想法調和貫通。

- 伽利略的觀察：整體等速運動讓自然法則保持不變。這個想法是哥白尼天文學的根本，並深植於牛頓力學中。
- 馬克士威方程組的意義：指光速是自然基本法則的直接結果，且無法改變。這是馬克士威光電動理論的明確結果，該理論受到赫茲和許多人的實驗研究所證實。

這兩種觀念之間很緊張。經驗指出，假若我們本身在運動的話，任何物體的外觀速度將會改變。所以，阿基里斯會趕上烏龜，並超過牠。為什麼光束會不同呢？

愛因斯坦解決這個衝突。他嚴謹分析不同地點的同步時鐘運轉，以及同步過程如何受到整體等速運動的改變。愛因斯坦很快明白，運動的觀察者分配給一個事件的「時間」，與固定的觀察者分配的「時間」並不相同，視事件的位置而定。談到共同觀察的事件時，一方觀察者的時間混合了他方觀察者的空間和時間，反之亦然。這種時間和空間的「相對性」，在愛因斯坦的狹義相對論中是新的東西。其實，該理論的兩種假設在愛因斯坦研究前早已存在並廣被接受，但是沒有人足夠重視，強行令兩者調和。

由於馬克士威方程組包含光速，狹義相對論指光速在伽利略轉換下保持不變的第二個假設，是從愛因斯坦同時保留馬克士威方程組和伽利略對稱這種突破性的概念而來，但是個較弱的假設。

事實上，愛因斯坦更是反過來，證明若要求伽利略不變，馬克士威方程組的其中一道方程式就能推導出另外四個方程式的完整體系（電荷運動得到電流；電場改變得到磁場，於是支配靜電荷產生電場的法則，在經過伽利略轉換後得到完整電磁作用）。「對稱」非但是從給定的法則推演而出，本身變成首要原則，而有了自己的生命。我們可以要求必須要有對稱性，來限制法則。

兩首「光」的詩

重新編織彩虹

我覺得狹義相對論有一項物理結果美極了，匯集許多最深奧的課題，但卻直接呼應於感官經驗。前面章節談到光線和色彩的物理史，現在讓我們一同欣賞。

首先，讓我們想像站在等速運動的平台上觀察，一道純色光束將會如何變化，也就是進行伽利略轉換。當然，還是可以看到光束，而且會以先前的速度在空間前進，因為光速不會改變。若一開始就是純色光束，我們看是會看到純色光束，但是……

這是一個不同的顏色！若我們與光束移動的方向相同（也就是遠離光源），或是其光源往後退，其顏色會朝光譜紅端變動（或者，如果開始是紅色，將會變換成紅外線）。若我們往相反方向移動，顏色就會朝光譜藍端偏移（或變成紫外線）；我們移動得愈快，效果愈顯著。

第一種效果常在天文學中提及，因為遠方的星系正遠離我們，或者說宇宙正在擴張中。這種情況稱為「紅移」，正是科學家觀測到光譜線會發生紅移，才發現了宇宙的擴張。

我們得到的重大結論是：所有的顏色都可以由任何一種顏色移動得到，或者說是透過伽利略轉換獲得。由於伽利略轉換是自然法則的對稱，任何顏色完全相等於其他任何顏色，是相同東西用不同方式看到的結果而已：觀察者雖有不同，但看到的是同一個東西。

這裡，看圖最清楚。在彩圖29中，看到的是一道純色光束從光源射出，以十分之七的光速往右邊移動所產生的波形。若站在右邊，光束會接近，感覺到顏色是藍色；若站在左邊，光束會後退，看起來變成紅色。這張照片中，光源靠近中心。

牛頓以為每種光譜色的本質都不相同，沒有煉金術可以轉換。他並以實驗證明，每種光譜色的光都會保持相同的顏色，不管是歷經反射、折射或者各種轉換。

但是，牛頓搞錯了！要是他用每秒數萬公尺的速度，從稜鏡前面跑過去，就會知道自己多愚蠢。當然，我只是在開玩笑，但這種口氣卻很常見。我覺得當推廣科學的人士或觀察家高高在上說三道四時，實在令人感到可怕，彷彿除了最新的萬物理論以外，其他東西都是垃圾；我覺得這種思維，和褊狹獨裁等意識形態如出一轍。我真正想要強調的重點恰恰相反：牛頓是如何幾近正確，至今又如何讓我們受用！

不過，這個故事還有美麗的另一章，外表雖千變萬化，內在實則為一：所有顏色都相同，只是從不同的運動狀態看而已。這就是當濟慈抱怨科學「打散彩虹」時，科學投以極具詩意的回答。

解放色彩

顏色的物理本質，就像音調的物理本質，是隨時間變化的訊號。光的時間變化對凡人來說快到根本追不上，頻率也太高了。在這種困難的狀況下，感官處理訊息最多也只編碼感知顏色的一小部分。

然而，這項編碼和來源之間已脫節太多！感知色彩時，看到的是只是變化徵象，而不再是變化的本質。

但是，我們可以將時間變化恢復，重新調整搭配人類的能力，具體帶回更多背後的訊息。經由這種轉換回復的動作，進而打開感官知覺的大門。

廣義相對論：局部性、變形、流體化

前面討論過，愛因斯坦在狹義相對論中，將伽利略對稱或不變性提高為首要原則，這項要求所有物理法則都必須遵守。馬克士威方程組不需修改就完全滿足該要求，牛頓的運動定律則不然，不過愛因斯坦修正力學定律，就可以滿足要求。而且對於比光速移動慢許多的物體，愛因斯坦版的答案會趨近牛頓的答案。

不過，牛頓的重力理論比較難調整。牛頓將理論建立在質量概念上，但是在狹義相對論，質量失去了一席之地，尤其是質量變得不守恆了（如果對這些概念不熟悉，請查閱《物理小辭典》中的「質量」和「能量」等條目）。

所以，若是如牛頓理論一般，要求重力由質量而生，就會出現模稜兩可的問題，因此重力的相對理論需要新的基礎。

最後，愛因斯坦解決了這個問題，在廣義相對論中強化了對稱的概念，將對稱提高變成局部的伽利略對稱。

要了解（廣義相對論的）局部對稱，最好是與（狹義相對論）剛性對稱做比對。

根據剛性伽利略對稱或不變性，若要改變宇宙的運動狀態卻不改變物理法則，可以加上一個恆定的整體速度。另一方面，若是加上一個會隨時間或空間改變的速度，以改變宇宙不同部分之間的相對運動，就得預期物理法則發生變化，例如在羅盤旁邊揮動一塊磁鐵，結果指針會轉動一樣。

局部伽利略對稱或不變性，假設更廣的轉換可讓法則保持不變。精確地說，該假設可以讓加上的速度在不同的時間和地點，而有所不同。這聽起來很扯，因為我們剛剛才說不行哪！

但是，如果推廣理論，這是行得通的。過去數年來在不同場合的多方嘗試後，我很高興找到一個方法，能夠讓大家輕易明白這個重要的概念。很巧，這正是建立在先前的討論上，從藝術而來的概念。

我們一直從藝術角度來看對稱原型，可以藉著從不同地方來看同一個場景，而得到不同的觀點。不同觀點所看到的影像會不同，但是都傳達同一場景。改變角度而不改變場景，就是閃亮的對稱範例。

以類似的方式，可以從一個不同的「角度」來看世界，給世界一個恆定的速度，或是從運動的平台上觀察靜止世界。此時許多事情看起來會不同，但是根據狹義相對論，仍然適用相同的物理法則，因此還是同樣世界（的圖像）。

除了改變觀點之外，現在思考用更一般的方式來觀看場景，運用變體畫，可以得到如彩圖30般漂亮的圖案。變體畫利用透鏡或曲面鏡等裝置，重新排列出有趣的圖案，同一個場景可以變化萬千，包括扭曲的圖像。

我們可以用更「物理」的方式思考，透過半透明、會折射光線的物質來觀看世界，比如說水，甚至可以想像水在某些地方的密度更高，使得折射量有所變化（真正的水很難做到這點，但是在此想像即可）。在這種情況下，可以看到不同的地方發生圖像扭曲，確實看起來很不同，或許很難猜出什麼。

假若不知道水會造成這種效應，或許會誤以為這些圖像代表不同場景。但如果知道水確實會造成扭曲效應，便可以將形形色色的圖案，都解釋成是同一場景等效的再現。我們可以讓水做不同的分布，做出遊樂園哈哈鏡的效果，甚至可以讓水流動，讓圖案也隨時間變化。總之，想像一個布滿空間的流體，並允許各種效應，如此一來各式各樣的變化圖案，都可以想成代表了相同的場景，只是從不同的流體態觀看而已。

愛因斯坦做法類似，他引進正確的素材進入時空，經過調節變化後，讓時間和空間變動的伽利略轉換，也能允許物理法則的扭曲。此物稱為度規場（metric field），我比較喜歡說度規流體（metric fluid）。原來的世界加上假設的新素材，整個系統擴大了，雖然度規流體的狀態發生改變，但是仍然會遵循相同的法則（縱使速度有所變化）。換句話說，擴大系統的方程式可以支持巨大，甚至「離譜」的局部對稱。

支持這種龐大對稱的方程式必定很特別稀有，新素材必須擁有恰到好處的特性。這種巨大對稱的方程式，稱得上是方程式中的柏拉圖正多面體，或在對稱性上更勝一籌的球體！

愛因斯坦研究這些方程式，引進一種新素材讓世界更豐富，也發現自已找到夢寐以求的重力理論。從方程式可看到，他為局部伽利略對稱引進的度規流體，會因為物質而產生彎曲，又反過來影響物質運動。所以，根本上度規流體之於重力的角色，相同於馬克士威的電磁流體之於電磁力的角色，其最小激發態（量子）稱為重力子（graviton），類似於電磁力的光子。

在這種建構下，對稱性成為支配世界的原則，於是其地位提升到新的層次。「對稱」已經具有創造性，局部對稱的假設決定了細部結構，造就豐富而複雜的重力理論，能夠成功描述自然。為了讓局部對稱成立，必須引進度規流體，與隨之而來的重力子。

我要補充，將局部對稱性做為廣義相對論的前提，其實並不是正統做法。一般物理學家通常是用其他概念，以其他方式引進度規流體。但是，要建構其他作用力的理論時，局部對稱性是根本與簡單的方式，非常適合本書的觀點。

愛因斯坦在談到自己的理論時，使用不同的術語，其中包含他在「暗中摸索」時期的殘留物，有點模稜兩可或令人困惑，至少對我來說是如此。但是，基本上其廣義協變原理相當於局部伽利略對稱。總結這裡的討論，有一句話似乎很適合用來對他的選擇致敬：

重力子是廣義協變的化身。

第十四章 量子美（二）：豐盈富足

物質分析最後簡化到電子和原子核（最終，會更進一步到電子、夸克和膠子）。將光子加到組成成分之列也是合理的，因為這是電磁流體的材料。從這幾份材料，根據幾個奇怪但是結構十分嚴謹的規則，生物、化學和日常生活千變萬化的物質世界，也就出現了。

我們可以學馬克士威問：這背後的動力是什麼呢？

這一章很短，但是對於本書問題向前邁進非常重要，因為在這裡要確立量子理論的奇怪樂理和真實物質世界之間的連結：

理想→真實

在後面的章節，要以下列方式，促進對「理想」基礎的認識：

……理想→理想→理想→真實

這一連串中的最後一個環節，已經穩固，基本上不會再改變了。

化學的世界寬廣精采。但是，我們的目標不是要寫一本百科全書。我的目標是運用化學來打造最後一個環節，並解決本書提問。為了兼顧任務與有趣，我決定將重點放在範圍小到不可思議的化學一小角上，只用碳這個單一元素來說明。讀者可以看到，光是一個元素的小角落，已經是奇妙世界了。

電子想要什麼？

電子想要什麼？

這個問題有道理，因為一種米養百樣人，然而每個電子卻具有相同的特性。而其「欲望」很容易一一數來，基本上有三個，前面已經提過兩個。

- 電子受電力作用，受吸引靠近帶正電的原子核，但是彼此互相排斥。
- 電子由充滿空間的場（其波函數）來描述，而場傾向於和緩變化。電子進入特定的駐波模式，即「軌域」，找到原子核吸引力和自己不愛被綁住之間的最佳平衡。我喜歡想像電子自己這樣詮釋與原子核之間的關係：

  「我覺得你很有魅力，但是我需要自己的空間。」

- 電子的第三個重要特性在於彼此之間的關係，討論氫原子時不會碰到這麻煩，因為氫原子只有一個電子。第三個特性比其他兩個稍微複雜，涉及所謂的包利不相容原理，由奧地利物理學家包利在一九二五年首度提出。包利不相容原理是純粹的量子力學效應，只有以波函數為基礎，對物理真實進行量子描述，包利不相容原理才能被理解。

當包利提出不相容原理時，其理論依據還付諸闕如，因此只能說是靈感甚或猜測。有如波耳對穩定態和量子跳躍的看法，或是畢達哥拉斯的諧音規則，包利的不相容原理是聆聽音樂（對波耳和包利來說，是原子光譜的音樂），在模式中找出支配法則。今日，我們能確認包利不相容原理是相等粒子的量子理論，深植於相對論和量子流體理論中，但最早的版本只是一個聰明的猜測。

若想了解電子如何從簡單的規則，生出豐富自發的活動，包利的原創表述正是關鍵。第三條規則根本如下：兩個以上的電子，無法處於相等的靜止物理態。

（為什麼不能超過兩個？這似乎很奇怪！這是電子天生自旋的結果，唯有當兩個電子往相反方向旋轉時，才能同時處於靜止物理態。更完整的包利原理表述，指一個以上的電子不能處於相同的靜止態，而自旋包含於描述物理態的一部分。）

碳！

這三條規則創造出材料科學、化學和生物物理學等等世界，主導遺傳和代謝。這裡的豐富精采令人目不暇給，為了便於掌握，我決定專攻一小角：純碳的物質世界。大家可看到，即使這一小角也是五花八門、琳琅滿目，成為重大科研前線。

以碳為基礎的化學通常稱為有機化學，因為碳是所有蛋白質、脂肪和糖的主要成分，與核酸一起成為生物學的主要卡司。不過，生物分子還包含碳之外的元素，這些元素對運作至為重要，而純碳化合物在自然生物學上並無作用。所以，在這裡看到的是有機化學巨著中的特別篇，專門講非有機體的有機化學。

一個碳原子

碳化合物是由碳原子結合而成，所以先來討論碳原子。碳核包含六個質子，所以有六個正電荷，吸引六個電子後變成電中性。當電子欲將能量減至最低時，前面提的三條規則會發揮作用。電子希望有靜止狀態的波函數，或是化學家說的「軌域」，擁有最低的能量，就像圖二十六左上角圓圓小小的軌域。但是，根據包利先生的原則，這種方式只能容納兩個電子。

其他四個電子必須利用其他的空間軌域。往右邊跨一步，可發現另一個圓形軌域，範圍沒那麼小，所以受到原子核的吸力較小，這種軌域的電子比起兩個「內部」的電子，受原子核拘束比較小，對於接下來發生的事情正是關鍵。這第二個圓形軌域可再容納兩個電子，所以現在2＋2＝4，六個電子中有四個找到家了。為了容納另外兩個電子，需要再向外發展。

再往右一步，有另外一種軌域形狀比較像啞鈴，而不是圓形。這個啞鈴可以朝任何方向，所以實際上具有三個獨立的軌域。一旦將這些軌域加進來，就有許多空間容納兩個多出來的電子。

結果，第二和第三個新軌域的能量幾乎相同，所以電子不需要花太多的能量就能自由混合。重要的差別在於，兩個內部的電子緊緊受到原子核拘束，外面四個電子比較寬鬆，當附近有其他原子

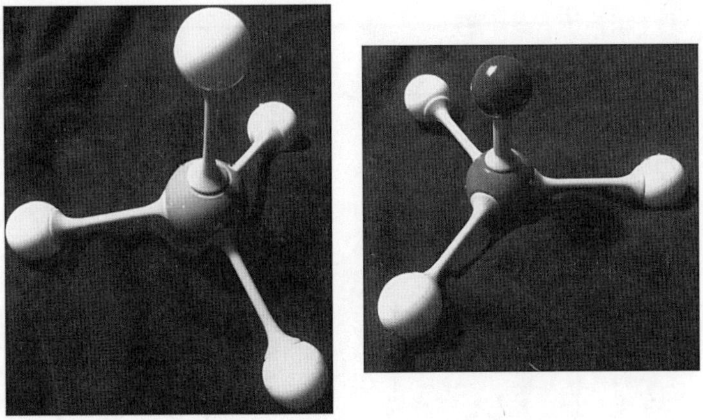

圖二十七：純碳有兩種鍵結模式，都是最佳對稱。

時，這四個電子成為共享的目標。只要稍微調整軌域，這四個電子也可以受到其他原子核的吸引了。

一群碳原子

若有一群碳原子，有兩種特別好的對稱方法來分享電子，如圖二十七。

左邊是鑽石結構，展現出完美的三維對稱，四個軌域延伸到正四面體的頂點，這是最簡單的柏拉圖正多面體。

右邊是石墨結構，展現出完美的二維對稱，三面軌域延伸到等邊三角形的頂點，這是最簡單的多邊形。左右兩邊的白球會被擁有其他相同鍵結模式的碳原子取代，而黑球則貢獻一層準自由的電子（嚴格來說，電子層一半分布在碳平面的上方，一半在下面）。注意到，如果每個軌域都由各原子的一個電子來占據，即可滿足包利先生的不相容原理，每個碳核一起分享四個電子。在本章其他圖片中，可看出這些基本的元素如何結合起來，打造出形形色色的純碳材料。

無獨有偶，這兩種特別對稱的鍵結模式，結果是造成有利（低）能量的方式，形成無數穩定的方法來結合碳原子，讓我們接下來探索。

鑽石（3-D）

在原子層次上，鑽石的結構既對稱又和諧（圖二十八）。每個碳核是四個電子軌域的中心，軌域擴及到四個相鄰的碳核，所在的位置構成一個正四面體的頂點。這樣的安排非常有效，因為當電子造訪兩個不同的碳核時，可彼此避開。因為電子樂於這種安排，抗拒其他方式，所以很難打破，這就是為何鑽石難以毀損了。完美的鑽石是透明的，基本也是基於相同的原因：因為可見光的光子無法帶來足夠的能量，讓電子改變狀態（除了碳元素之外，一些其他元素摻入造成的雜質，或是晶體結構瑕疵造成的缺陷，都會為鑽石帶來顏色。寶石分色系統很精細，有些摻有雜質者更是上等，甚至勝於完美的鑽石本身）。

石墨烯（2-D）和石墨（2＋1）

在正常室溫和壓力下，碳元素最穩定的形式不是鑽石，而是石墨。不同於廣告宣傳，鑽石並非恆久長遠，只要時間夠久，鑽石就會變成石墨（不過這要等很久，請別屏息以待）。石墨是黑色，可製成「鉛」筆，也廣泛用做工業潤滑劑。在原子層次，石墨是一種很強韌的層狀材料，由許多層石墨烯構成（圖二十九），之間由微弱的作用力結合。層狀結構的弱點在於容易脫落滑動，解釋了石墨為何具有極佳的潤滑和塗抹功用。石墨為2＋1維，因為二維的石墨烯層可無限堆疊之故。

石墨烯可說是單層的石墨，是其中一種最簡單有趣的材料。

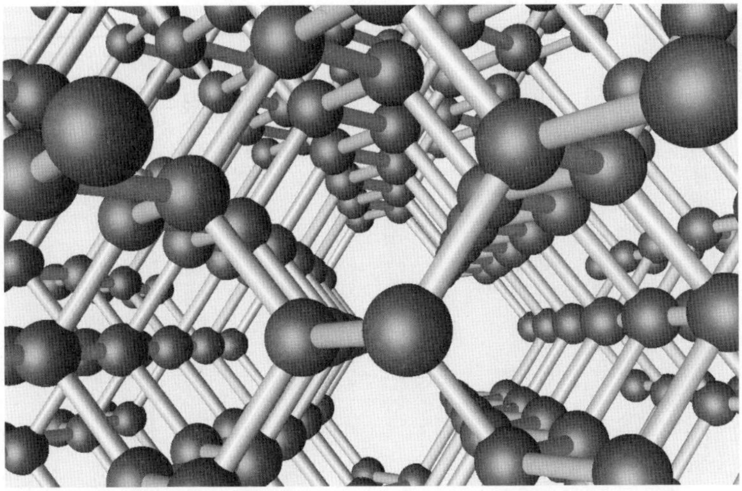

圖二十八：鑽石的結構。每個碳核在一個正四面體的頂點，與其他四個碳核共享電子，形成填滿空間的三維結構。

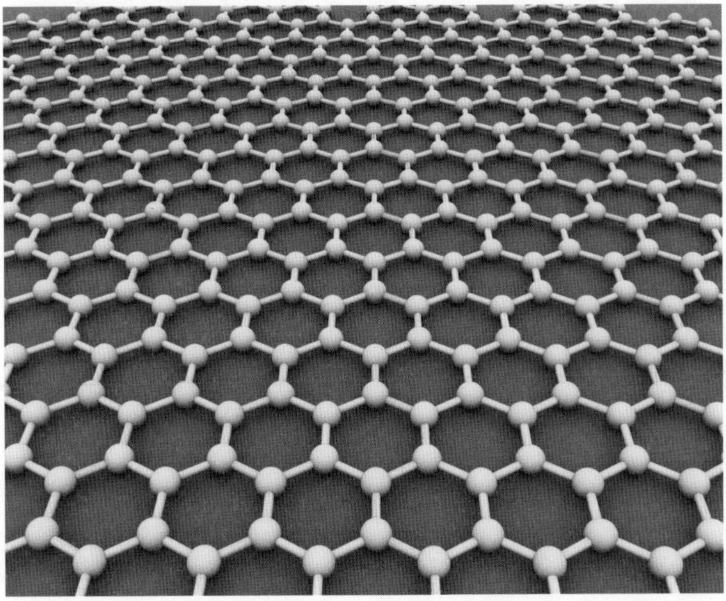

圖二十九：石墨烯的結構。每個碳核在一個等邊三角形的頂點，與其他三個碳核共享電子。在這個蜂巢結構中，可以無限期擴張，成為三個無限柏拉圖表面之一。

在實驗室造出之前，石墨烯已經有數十年的理論研究。因為石墨烯是如此簡單和普通，量子理論可以明確預測其屬性，而且相當詳細。若是能製造出來的話，石墨烯一定很好用。但是，能夠製造出來嗎？

石墨烯最早是由蓋姆（Andre Geim）和諾佛謝洛夫（Konstantin Novoselov）於二〇〇四年分離出來。發現的方法有點像十九世紀的科學，不知如何時空轉移到二十一世紀。他們從鉛筆畫痕開始，這通常含有幾層構成石墨的碳層。接著，用膠帶黏走一些碳層，將墨粉痕移到顯微鏡載玻片。墨粉痕高低不平，有些地方完全沒有碳，有些地方有兩層，有些地方則只剩下一層，那就是石墨烯了！在偏振光照射下，不同的碳層稍有不同的顏色，讓兩位科學家可以詳細研究最薄碳膜的特性，終於證實這就是石墨烯，並於二〇一〇年共享諾貝爾物理獎。

石墨烯具有獨特的機械和電子特性，可望帶來許多應用。受此鼓舞，已經有人提出一些很有效率的製造方法。一項或許不算瘋狂的研究樂觀預測，未來幾年可望開發出一千億美元的石墨烯市場。

在這裡，我要提到一個重點，很容易理解，並且相當適合這場美麗的探索之旅。正如同鑽石晶體中的電子，在石墨烯平面上電子正常、有效的排列方式幾乎無懈可擊，所以難以打破。因此，石墨烯可做為強固堅韌的材料，同時因為它只有一層原子厚，一片石墨烯輕巧有彈性。二〇一〇年在解釋得獎理由時，諾貝爾委員會提到一平方公尺的石墨烯吊床可以支撐一隻貓，重量卻差不多只是貓咪的一根鬍鬚而已。不過據我所知，這樣的實驗還沒有人試過。

奈米管（1-D）

若將二維的石墨烯捲起來，可變成一維的碳奈米管。方法有許多種，可產生口徑不同大小的奈米管（見彩圖31）。奈米管形狀略有差異，特性可相差十萬八千里。而這些微妙的特性能夠用數學計算，並毫髮無差地正確預測實驗測量結果，這可說是量子理論的重大勝利。

巴克球（0-D）

最後，想像將一片石墨烯完全包起來，形成有限的表面。方法有許多種，事實上無法只用六邊形，讓每個頂角與三邊會合形成一個簡單的封閉表面，因為根本就沒有這種柏拉圖正多面體。由五邊形構成的正十二面體是最接近的，而且重點是正十二面體的每個頂點都恰好與另外三個連結，所以可利用圖二十七的基本結構單位。三個軌域需要從理想的平面排列彎曲而形成，雖然十二面體的分子C_{20}（由二十個碳原子製成）確實存在，但是包含更多六邊形而組成更大的碳分子需要更小的彎曲，所以更容易形成。圖三十美麗的C_{60}分子「足球」分子，是特別穩定與普遍。

當碳進行電弧放電時，會形成純碳的球狀分子，以C_{60}最為常見，但絕非占多數；它們也有少量出現在蠟燭灰燼裡。

圖三十為C_{60}的分子結構圖，稱為巴克明斯特富勒烯（buckminsterfullerene）或稱為巴克球（buckyball）的分子。這裡的石墨烯捲起兩個維度形成一個零維度的物體（不再有無限延伸的方向）。和石墨烯和奈米管一樣，基本的單位是一個碳原子連接三個鄰居。巴克球包含隱藏的十二面體：十二個五邊形與二十個六邊形規律穿插，若是將六邊形縮小到一點，會得到一個十二面體。巴

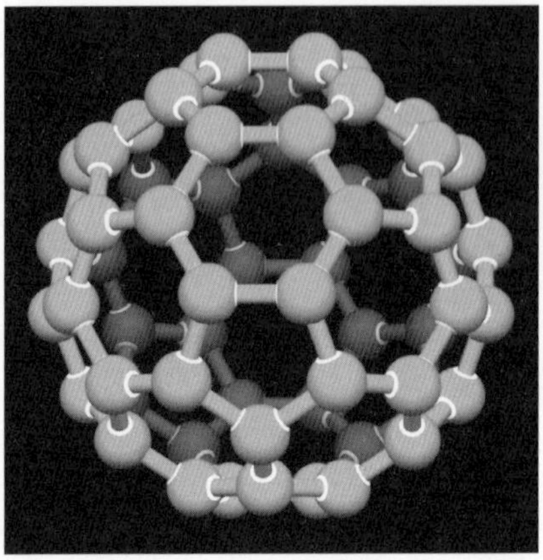

圖三十：巴克球的結構。這裡的碳原子完全封閉，形成一個有限的物體。從遠處看像是一個點，維度限縮到零。

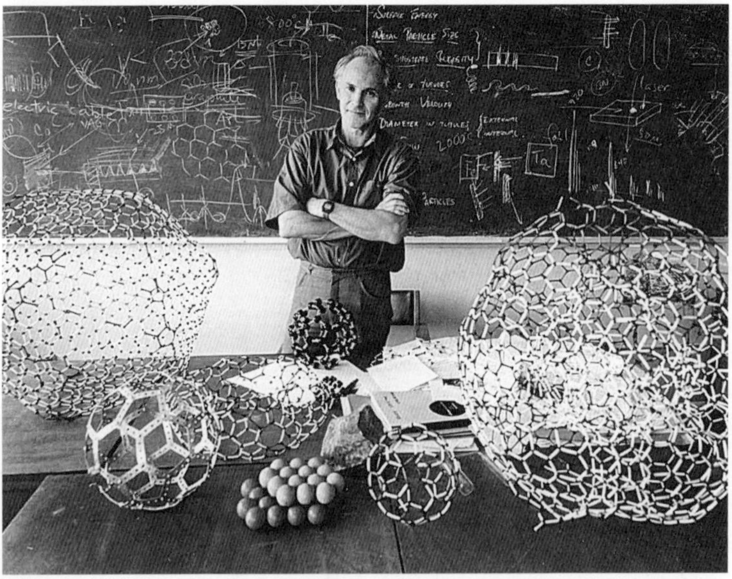

圖三十一：克羅托與巴克球模型合影。

克球可以用不同數量的六邊形來做變化，但是一定會有十二個五邊形，這是基於拓撲的原因。這個名字是紀念富勒（Buckminster Fuller，一八九五－一九八三）這位發明家和建築師，他設計的「拱形圓頂」隱約像C_{60}的連結架構。

圖三十一很適合為我們簡短暢遊多姿多彩的純碳世界做個結尾，這張照片是克羅托（一九三九－二〇一六）與親手製作的模型合照，他因為巴克球的研究，在一九九六年共享諾貝爾化學獎。

喜愛動動腦的人，不僅愛戀美麗耀眼的鑽石，也會在幾抹鉛筆痕、殘燭餘燼與拉起貓咪的細網中，因隱藏的內在美而喜悅。

第十五章 對稱（二）：局部色彩

現在許多冥想已經接軌，讓我們更接近本書問題的答案。

在第一回對稱插話中，我們看到愛因斯坦如何讓伽利略對稱局部化，因而發現重力理論：廣義相對論。

在接下來一章中，我們將談到如何藉由局部對稱，導出自然三大作用力電磁力、強作用力和弱作用力等成功理論。新對稱涉及在粒子特性（具體指「色荷」）之間的轉換。在對稱的局部形式中，允許這些轉換在不同時間地點可以有所不同。

先讓我們想像「終點」，為這趟旅程加油打氣吧。

變色

變體畫扭曲圖像的空間結構，這對於廣義相對論認可為對稱的各種時空轉換，變體畫是絕佳的表現。

其他作用力認可的各種轉換，以另一種形式的變化來表現最好，這種形式據我所知還沒用在藝術方面。相較於變體畫讓圖像的色彩結構保存不變，變色藝術（anachromic art）則恰好相反，可調整圖像的色彩結構，同時使空間結構保持不變。

在這一點上，幾張圖片更勝千言萬語。

彩圖32是變色藝術的原創作品，可以看到有四個版本的巴塞隆納街頭糖果店照片。左上角是幾乎沒處理的原版照片；右上角可看到顏色進行剛性轉換，每個像素都以相同的方式轉換（給追根究柢者：以標準的紅綠藍RGB三原色進行轉換，G↓R，B↓G，R↓B）。下面兩張圖，都是在各處進行更複雜的、因位置而異的局部顏色轉換，左下角為中等變化，而右下角帶有更大量的變動。

本書問題的一個答案

宗教崇拜會所體現建築師與背後代表社群對「理想之美」的渴慕嚮往。他們選擇表現的手法，突顯幾何色彩與對稱性，彩圖33即是令人嘆為觀止的例子。在圖中，四處呈現出局部幾何圖案與色彩的模式，隨著目光梭巡而千變萬化，充分體現變形變色的藝術，這正是在我們揭露大自然深層的設計時核心所體現的主題。

世界是否體現了美麗的想法呢？我們眼前正是答案：是的！

色彩、幾何、對稱、變色、變形等本身做為目的，只能呈現部分藝術之美。伊斯蘭教反對寫實藝術，再加上有實際結構穩定的限制（需要樑柱支撐天花板，以及栱廊圓頂來分擔張力），都促成這些技巧的登峰造極。在其他文化因無此禁忌，因此描繪人像、人體、風景和歷史場景等，是更為常見的主題，而比較不會專注於這種抽象莊嚴之美。

在這個世界的深層設計裡，並未體現「所有」形式的美，而未受專業訓練或非天賦異稟之人，也難以找到那些最令人震懾的形式。然而，在這個世界的深層設計裡，已體現「某些」形式的美，向來都受到人們高度喜愛與重視，而且一向都把它歸功於造物主。

第十六章　量子美㈢：自然核心之美

對於量子真實冥想至此，我們已知道日常生活的世界若經適當了解，可以蘊含極致的優美。確實，普通物質是由原子組成，以準確而生動的語言來說，原子就是小小的樂器。原子與光交織互動，譜奏出數學的天籟之音，超越畢達哥拉斯、柏拉圖和克卜勒的識見。小小的原子樂器在分子與物質晶格一同演出，譜成美妙和諧的交響樂團。

發現這種認識大自然的寶石，激勵我們愈挖愈深，相信尚未窮盡礦藏。所獲得的新見解，對本書問題提供的答案雖令人欣喜，然而卻仍然不完整。而答案接連引發的一串新問題，誘使人進一步思考以下問題：

- 什麼是原子核？
- 為什麼有電子？
- 為什麼有光子？

在最後兩章，會處理這些相關的問題，這探索將我們帶向現今研究的前緣，並往前跨越幾大步。以前面探討的主題為基礎，發現新概念和真實並予以超越。當愈來愈接近物質的中心，將可發現美麗新天地，幫助我們融會貫通並萃取新觀點。讀者將發現，真實的物理世界之美，真的是超乎想像的！

這一章要專門介紹描述自然界四種基本作用力的概念。其中，本書已經充分討論過重力和電磁力，另外兩種所謂的強作用力和弱作用力，到了二十世紀初期剖析原子核時才發現。

原子核何其微小，並不好懂。認識原子是漫長艱鉅的任務，占二十世紀基礎物理學研究的核心地位，並且持續至今。所幸在一段混沌複雜的時間後，物理學家終於打通任督二脈。如今，強、弱作用力理論已屹立不搖，足與牛頓（和愛因斯坦）的重力理論，以及馬克士威的電磁理論相提並論。

本章可看到，描述強弱作用力的概念與方程式，正是將重力和電磁力的概念與方程式，自然而然地美化加強而成。反過來，了解強弱作用力後，也為舊理論注入新觀點，點出兩者共享本質，更暗示兩者根本之統一。在下一章中，將可看到交互作用的統一可望成熟結果。

探索核心理論

強、弱、電磁和重力的主要理論，常常統稱為「標準模型」。我在前言說過，這個名號過於平凡謙虛。一方面，「標準模型」聽起來像是俗世智慧，強烈暗示著思想狹隘和欠缺想像。另一個原因是「標準模型」聽起來就像「經驗法則」，暗示不明所以隨意套用。我要強調的是，該模型是人類思考奮戰中輝煌偉大的成就，不該沾染任何庸俗影射，因此我寧願稱為「核心理論」。

核心理論運用牛頓的分析綜合法，我們表述基本法則，精確指出少數幾個磚石的特性與相互作用，再從這些基礎推導出組合物的行為。也就是說，從少數幾個能精確完整描述的成分，便能建構出豐富多樣的物質。

核心理論提供穩固的基礎，讓物理法則得以應用在化學、生物學、材料科學、一般工程學、天文物理學以及宇宙學主要面向上。其基本原則已經過精確驗證，超過了應用所需，經歷嚴苛極端的測試。

我們將看到，核心理論體現美麗的概念。但是，這些概念令人陌生且深藏不露，需要充足的想像力與耐心付出，才能掌握其中的美麗。

要能確實了解，而非只做表面工夫或心存僥倖，這道課題將是永遠的挑戰。歐幾里德少數流傳的一個故事（多半是穿鑿附會），是據說當資助研究的國王托勒密一世問道，有沒有比《原本》一書更容易就能了解幾何學的方法，他這樣答覆：

> 陛下，幾何學沒有王門捷徑可走。

然而，我還是希望本書前半讓你相信通過圖像和直覺，一般人也可窺見幾何學裡的美麗，無需漫漫研究。

同樣地，在這裡我將用圖片和說明，讓大家一睹核心理論中的優美一面。而最優美的部分，也恰是理論最核心的要點！

在過去，建立核心理論概念的各種實驗，是靠著高能粒子加速器實驗中找到各式各樣撲朔迷離的不穩定粒子，再從龐雜的行為拼湊線索而成。核心理論傳統論述問題叢生，因為表面上是由「基本粒子」建構的世界，其實壓根不基本，複雜多變下讓根本概念顯得朦朧不清。幸運的是，核心理論的中心思想比依據而建的現象學更為簡單。當然，有證據存在很重要，但是我們的思考主要著重在概念，而非針對證明。

大原則談過之後，進入本章正題。為了易於消化，總共分成四部分。

在第一部分，將會用圖像和譬喻來探索核心理論的靈魂，性質空間和局部對稱等核心概念在此非常適合，都是很優美的概念。

如此，就柏拉圖「理想」的層次上，我們大致達成了。其餘部分是為本書探尋的連結做支持，即

理想↕真實

在第二部分，將進一步討論強作用力。第三部分則選擇以弱作用力為主，而弱作用力整個故事中包含許多問題，我們將會稍微觸及（坦白說，就目前的了解來看，理論並不太優美）！在第四部分，會簡單介紹所有成員，並做個總結。到時候，將可清楚看到核心理論的美麗與缺憾，為最後一章的冒險暖身準備。

第一部分：核心理論的靈魂

性質空間

前面提過，人類主要是視覺的動物，大腦中有很大一部分專門進行視覺處理，我們也特別在行。人類是天生的幾何學家，擅長以物體在空間的移動來建構視覺認知。

所以，儘管討論粒子和作用力特性時，只要用純粹的數字和代數就可搞定，不需要動用到幾何概念與術語，但是將空間圖像與幾何帶進來，對於人類也很有利。因為，這樣可讓大腦動用最強大的模組，更容易掌握相關概念，換句話說更能引出這些概念隱藏的美。

核心理論的核心方程式，以及下一章所討論的推廣，都是很好的空間圖像。不過，我們必須靈活應變，並對平日的空間概念做些調整，其中關鍵的新概念是「性質空間」。

莫里哀筆下的茹爾丹先生很高興從哲學老師口中，得知自己出口而成章：

> 茹爾丹：所以當我說「妮可，取拖鞋和睡帽來」的時候，也算是在作文章嗎？
>
> 哲學大師：一點沒錯。
>
> 茹爾丹：噢，這四十年來，我一直出口成章，自己還不知道！

同樣地，許多年來我們皆在感受額外的維度、力場與性質空間*，卻很有可能不自知。看彩

*這三個概念緊密相關，基本上可以互換使用，詳細請參閱《物理小辭典》的「維度、力場與性質空間」。

圖三十二：以抽象畫出額外維度的概念。在普通空間的每一點上，多出一個具有「額外維度」的空間，這裡的額外維度是小球面。

色照片時，大腦處理的除了普通空間之外，還有個三維（彩色）的性質空間疊在上面。在看彩色電影或電視節目，或操作電腦螢幕時，處理的是定義為時空之上的三維性質空間（property space）。

這道聲明看似冒進，實則有效成立，讓我說明如下。

具體以電腦螢幕為例，該如何再現上面的訊息呢？或者，如果寫電腦程式，該如何告訴電腦得做什麼，讓看到的螢幕具有生命？

我們可以用水平和垂直的位置，來表示不同的像素，這需要x與y兩個數字。若每一個像素代表一個顏色，我們必須指定三種色源的強度，這是馬克士威所發現。這些色源通常是選定為紅色、綠色和藍色等形式，強度記為R、G、B。所以，要精確告訴電腦在給定的時間t，在螢幕的每個位置需要輸出什麼，我們必須指定t、x、y、R、G、B六個數字。其中的兩個數字（x，y）給予空間的位置，t、x、y三個數字則給出時空的位置，剩下的三個數字描述顏色，簡單看成數字，這與前面三個看起來非常相像！因此，聲稱它們定義新空間中的位置，即時空之上的性質空間，是很合邏輯的事，結果也證明很實用。

這裡有兩張各為抽象和具體的圖，可說明性質空間的概念（圖三十二、彩圖34與35）。第一張圖以幾何畫出一個簡單的性質空間，抽象的額外空間為球面。上述色彩性質空間，最自然的是以三維立方體來表示，因為強度範圍大小為零到一，如彩圖34與35上方。下面代表看電腦螢幕時的取樣空間，正是圖三十二清楚的彩色翻版。

分配給予像素的顏色，是用三維RGB性質空間內的位置來描述。在彩圖36中，我們操控色彩的色彩空間，並展現其中一些彈性和孕育力。底部是正常相片，我們可運用性質空間的低維度次空間投影，變化出不同的照片。左上方是單獨綠色（G）投影，將色彩性質空間減少到一維度；右上方是綠色和紅色投影，省略掉藍色，將色彩性質空間減少成二維度。

這些不同維度的性質空間與核心理論的基礎架構中，具有令人拍案稱奇的相似之處，就是接下來要說明，彩圖中「電磁力」、「強作用力」與「弱作用力」等標示的涵義。

以量子理論來說，電動力學描述光子對於電荷在時空分布的回應，也就是說光子對帶電粒子位置與速度的感應。所以，光子在時空的每一點「看到」一個數字，顯示該點電荷量，也就是說光子看到一維性質空間。

強作用力是一種超級電動力學，下面很快會討論細節。強作用力的理論稱為量子色動力學（QCD），其方程式類似於馬克士威的電動力學方程組，但是以三維強性質空間為基礎。在

QCD中，不只有一個光子，而是有八個像光子的粒子，稱為膠子（gluon），對於強性質空間中發生的事情，會以各種方式回應。在詭異的巧合下，膠子回應的特性也是以「色」來命名，雖然與平常所說的顏色，並沒有直接的關係，強色其實比較類似於電荷，且待下回分解了。（注釋⑦）

陰與陽，乘以四

約翰．惠勒（John Wheeler）非常善於發明鏗鏘有力的詞語來形容物理概念。「黑洞」便是值得紀念的惠勒語，之後會登場的「沒有質量的質量」也是如此。惠勒曾以作詩的方式描繪愛因斯坦重力理論（即廣義相對論）的精髓，讓我們可以在上面作文章：

物質告訴時空如何彎曲

時空告訴物質如何移動

由於後面會用到，我想先解釋「時空告訴物質如何移動」的想法，然後再予以更正！我們首先闡明何謂「告訴」，然後再對「物質」與「時空」加以修正。

到底時空如何指示物質如何移動呢？根據廣義相對論，其指示相當簡單：盡可能走直線！

在彎曲的表面，最直的路徑稱「測地線」（geodesic）。測地線就像是普通歐幾里德幾何裡的直線，是連接兩點之間最短的路徑。相同的數學概念（曲率和測地線）不僅適用於表面（畢竟它們本身是二維空間），也可以適用於整體空間，甚至是時空。而愛因斯坦的天才，就是在廣義相對論中，將重力化為惠勒的詩句：重力的「墜落」或「繞轉」，不過是物質在彎曲空間中盡最大努力走直線（即沿測地線前進行駛）而已。

惠勒的詩句具有美妙的想像空間，但是太過簡化了。畢竟，重力不是當家的唯一作用力！詩句要淋漓盡致又正確周全，得帶入一些修正。

幾何之經文

在惠勒的詩句中，「物質」是有點太詩意了。物質可能具有幾種特性（如電荷），但是時空曲率只與能量和動量的總密度有關。所以，應該這麼說：

> 能、動量告訴時空如何彎曲。

另外，除了重力，也有其他作用力影響物質如何運動。這些作用力會造成偏移直線（測地線），因此我們應該這麼說：

> 時空告訴能、動量（在時空中）什麼是直線。

因此，綜合起來：

能、動量告訴時空如何彎曲。

時空如何告訴能、動量（在時空中）什麼是直線。

現在來看核心理論的電磁力：

電荷告訴電磁性質空間如何彎曲。

電磁性質空間告訴電荷（在電磁性質空間中）什麼是直線。

至於弱作用力：

弱荷告訴弱性質空間如何彎曲。

弱性質空間告訴弱荷（在弱性質空間中）什麼是直線。

而強作用：

強荷告訴強性質空間如何曲線。

強性質空間告訴強荷（在強性質空間中）什麼是直線。

在完整包括所有四種作用力的核心理論中，物質有四種特性：能量－動量、電荷、弱荷與強荷。物質粒子在比惠勒允許更複雜的空間傳播，除了普通的時空之外，還包括電磁、弱、強性質空間。但是，根據核心理論，物質遵循相同的陰原則，適應了這更複雜的環境：

盡可能走直線！

陰陽

核心理論的美妙，在於所有四個作用力聽起來像是同一主題的變奏曲。我覺得這代表優美的二元性

物質║時空

……這是中國陰陽互補的一個實例

陰║陽

這個譬喻並不算是扯得太遠。陰代表「靜」，與土和水（物質）有關，講究「順其自然」（奧克拉荷馬！）或「順從原力」（星際大戰），遵循阻力最小的測地線路徑。陽為「動」，與天（時空）、光（電磁流體），或者其他動力相關。

從這個角度看，核心理論的靈魂是陰陽再乘上四倍。

本書開卷彩圖首頁收有中國傳統書畫大師何水法特別繪製的太極陰陽圖。太極有幾種英文翻譯，譯為「Supreme Polarity」最能取其精義。太極圖包含陰（暗）與陽（光）兩種相對元素，又常稱為陰陽圖。注意這兩個元素形成不可分割的整體，彼此互相包納。量子理論和四種作用力（重力、電磁力、強弱作用力）的核心理論中，描述物理真實最深刻一面所帶入的概念，讓人聯想起陰與陽。波耳身為建創量子理論的影響人物，看到自己提出的互補概念，與陰陽互為表裡具有強烈相似。他為自己設計的徽章，中央即為陰陽圖案（見圖四十二）。核心理論即著重於布滿空間、像光的流體（陽），與物質（陰）之間發生的交互作用，彼此都會交涉回應。

世界地圖不必是圓球，可以將地表這種彎曲表面的幾何，將距離訊息投影到平面格線上。推廣來說，可以將彎曲空間或彎曲時空的幾何再現，將距離訊息繪製到平面格線上。在平面格線上的每一點，以及每個延伸出去的方向，都會有一個數字，指出往該方向走一步是多遠。這種方式可再現空間幾何，把每一點用幾個數字表達，這種建構定義了數學上的度規場（metric field，或簡稱度規）。

要講時空幾何的物理時，依循法拉第和馬克士威的精神，提到度規流體是很恰當的。在愛因斯坦的廣義相對論中，這個概念更取代了牛頓理論中的重力。

如「流體」所暗示，度規流體很像馬克士威理論中的電磁流體，有自己的生命。例如，會支持自身的擾動，即重力波（gravity wave），類似於馬克士威用來解釋光以及赫茲發射無線電的電磁波。

運用由幾何編寫的流體，可得到「流動的經文」：

能、動量告訴度規流體如何流動。
度規流體告訴能、動量如何流動。
電荷告訴電磁流體如何流動。
電磁流體告訴電荷如何流動。
弱荷告訴弱流體如何流動。
弱流體告訴弱荷如何流動。
強荷告訴強流體如何流動。
強流體告訴強荷如何流動。

在一定的意義上，這些流動之經只是將幾何之經換詞重唸一遍罷了，卻建立更具吸引力的新觀點：

- 在這種表述中，陰（物質）和陽（作用力）的立足點平等，彼此互相引導。這暗示兩者表面的二元性，可能代表更深沉的一致。下一章會看到，這個怪異的想法如何透過超對稱而實現。
- 對電磁學來說，這份流動之經比起前面的「幾何」之經，在精神上更接近法拉第和馬克士威原來的想法。相較上，幾何之經在精神上更接近將愛因斯坦帶向廣義相對論的想法。兩種詮釋和諧共存是一項很棒的禮物，本身即是一種美。下一章會看到，這暗示作用力之間存在更深沉的一致性。

- 最基本的是，不論是時空或是性質空間的幾何，一旦編寫成數學流體，就很容易想像其流動，並發展出自己的生命。

局部對稱性的化身

現在，我們已經將說出惠勒的第二行詩，並進一步發揮，討論過作用力（陽）如何引導物質（陰）。要總結概念，還需要討論支配相反方向影響的法則才行。

具體而言，我們面臨的挑戰是：如何獲得時空曲率和性質空間的方程式呢？核心指引原則是深沉優美的局部對稱，在「對稱」已經介紹過，現在簡單回顧並往前開拓。

一九〇五年發展出狹義相對論不久後，愛因斯坦意識到它與牛頓的重力理論並不一致。他為此挑戰奮鬥整整十年，稱為「黑暗中焦慮摸索的歲月」。

愛因斯坦頓悟找到適合時空曲率的方程式之後，完成自己創新的重力理論，稱為廣義相對論。他令方程式呈現廣義協變（general covariance）才成功，而廣義協變等同於時空版的局部對稱。

要深入了解核心理論的局部對稱性，要從方程式對稱性的基本概念開始，之前討論馬克士威方程組時也有介紹過。我們提到，方程式（或方程組）的量有所改變，但是不會改變其內容時，即具有對稱性。要求對稱性可找到特別的方程式，因為大多數隨機選擇的方程式，並不具有對稱性。主觀來說，這個方法也可以找到特別優美的方程式。

（有些人覺得使用「對稱」這個字來描述方程式的一種特性很怪，因為與日常語意差距遠大。若是有這種困擾的話，或許心中可用「不變性」取代。我自己經過一番思索後，還是決定使用「對稱」一詞，因為這已在文獻生根，而且不乏共鳴。不過無論如何稱呼，大原則仍是「變而不變」。）

物理法則的傳統（非局部或剛性）對稱，通常涉及剛性改變宇宙整體。也就是說，若假設所有物體的位置都改變一個共通量（例如所有物體在所有時間都往相同方向移動一公尺），則物理法則的內容將不會改變。仔細想想可明白，這代表自然法則在空間中沒有偏愛的位置，或許這說法很獨特難懂，但更簡單的說法是法則在任何地方都保有相同的形式。但是，如果將某些物體移動較多，將會改變其相對位置，那當然會改變作用力法則的內容，如牛頓重力法則或類似的庫侖電力法則，因為這些都與物體間的距離相關。

局部對稱性引入時間和空間的變換，因為可以「局部」選擇轉換，不需要擔心宇宙整體，以用「局部」一詞來描述。再回到上面討論移動物體的簡單轉換，若想像將所有東西往相同方向移動相同的量，表面上看來對應的是單一物理法則對稱。如果改變相對距離，就會改變作用力法則了。然而（局部對稱就妙在這裡），如果有一個度規流體存在，我們移動物體時若同時對度規流體進行適當的調整，即可保持相對距離，也可以讓作用力法則完整如初了！

彩圖30的變體畫，為局部對稱提供生動的比喻，或者應該說是「模型」。前面說過，透視／投影幾何是「變而不變」的藝術／科學，呈現從不同角度（變化）觀看相同物體（不變）的情況。這種方式讓我們體認到，許多不同的圖像可以代表相同的物體，不過若是有可造成扭曲變形的媒介存在，如曲面鏡、透鏡或稜鏡，或者更進一步引申，結構會隨位置變化並且讓光線折射，則使用相同的物體就可以獲得更複雜的圖像。也就是說，若允許媒介的存在，形形色色的圖像都有可能代表相同的物體。局部對稱是相同的概念，但是應用在方程式，而非物體上。

在尋找局部對稱時，對於方程式會有很高的要求。我們要求方程式在極度扭曲之後，與原來的方程式具有相同的結果。要做到這點，必須假定時空（包括支持的性質空間）充滿適合的流體。看我們如何解讀，可說成流體造成外觀扭曲或彌補了外觀扭曲（若是從物體到感官解讀，是流體造成外觀扭曲；若是從感官認知到物體解讀，則流體彌補了外觀扭曲）。不管是哪種情況，想要有局部對稱，就需要布滿時空的流體。若是流體要成功為各式扭曲做補償，必須具有獨特的屬性。換句話說，流體必須遵守非常特別的方程式。

事實上，愛因斯坦正是要求狹義相對論的一個局部版本，才求出度規流體的方程式，成為廣義相對論的核心！而就是要求性質空間旋轉的局部版本，楊振寧（C. N. Yang）與米爾斯（Robert Mills）發現支配強弱流體的方程式，並以兩人命名。兩人以魏爾（Hermann Weyl）的研究為基礎，他據此原則導出馬克士威的電磁流體方程式。

從流體到相關的次原子粒子或量子時，我們知道重力子、光子、弱子和色膠子（分別是度規流體、電磁流體、弱流體和強流體等量子）的存在與特性，是各種局部對稱性不可避免的獨特後果。在物理文獻中，這些局部對稱性的一般術語為：

- 廣義協變為狹義相對論的局部版本
- U(1)規範對稱性為電荷性質空間旋轉的局部版本

- SU(2)規範對稱性為弱荷性質空間旋轉的局部版本
- SU(3)規範對稱性為強荷性質空間旋轉的局部版本

「規範對稱性」此詞的歷史淵源挺有意思，在注釋⑧有討論。

我們可以好好整理討論，變得容易記誦：

重力子是廣義協變的化身。
光子是規範對稱性1.0的化身。
弱子是規範對稱性2.0的化身。
色膠子是規範對稱性3.0的化身。

讓我們以一張貼切的彩圖37，見證這非同尋常的成果。

理想↕真實

當含有對稱細節的物體以魚眼鏡頭拍攝時，不同細部的對稱可根據位置，以不同的方式呈現。這些圖像可以異常美麗又貼切的視覺形式，傳達出局部對稱的精神。

最後，讓我們將焦點從局部對稱的理論成果，換到創造過程，來看看圖三十三。這個過程有三步驟，首先選擇對象（物質），再來是形式（轉換），最後是支持轉換的媒介（流體）。這張圖是

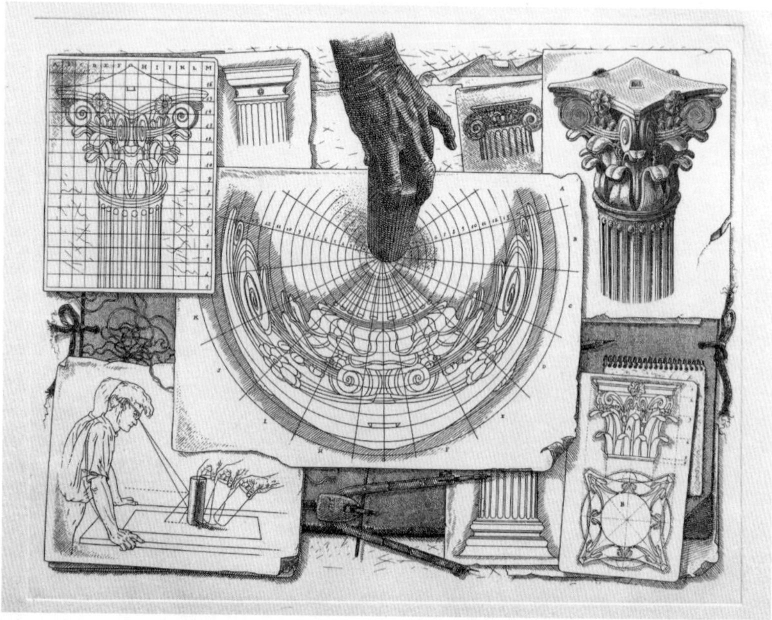

圖三十三：創造變體畫的過程。

變體畫的創造過程，是彩圖11與彩圖12的更新。現代認識的造物者是一位嚴謹的工藝家，但是比起布雷克想像的造物者，我們現在知道其想法更有想像力，工具更加豐富多變，態度也更加好玩。

從「在哪裡」到「是什麼」？

當粒子在性質空間運動時，用白話來說，會轉變成不同的粒子。例如，「紅」夸克（有一單位的紅色荷）可以變成「藍」夸克。但是，現在有不同的方式來看待這個情況，能夠更深入。從這個新的角度，可以看到這兩個粒子（紅夸克和藍夸克）是真的相同粒子，只是占據不同的位置！「是什麼」編寫了「在哪裡」。

因為色膠子會以特定方式回應色

荷，色膠子「看」其他粒子在色性質空間哪裡，或波函數（場）分布的情況，來決定自己應該做什麼。對於這類膠子，最重要的是「地點、地點，和地點」，包括在性質空間的地點，以及在時空的地點。相對上，我們觀測色膠子的行為時，收到的是色荷空間的訊息，所以原本用來幫助想像的性質空間，演化成真實具體的元素了。

第二部分：具體的強作用力

揭開原子核的真面目

成功建立現代原子模型的關鍵發現，來自一九一一年蓋革（Hans Geiger）和馬斯登（Ernest Marsden）的研究。他們兩人在拉塞福的指導下在實驗室做研究，將鐳的放射性衰變產物α粒子打在金箔上，觀察偏折現象。結果，兩人觀測到大角度的偏折，拉塞福記錄道：

> 這是我人生中發生最不可思議的事件。其不可思議好比是發射十五英寸的砲彈到一張衛生紙上，結果卻反彈回來打到自己一樣。深思之下，我意識這種反彈必定是單一碰撞的結果，在做計算之時，我發現根本不可能發生這種等級的偏折，除非原子絕大多數的質量都集中在微小的核內才有可能。就在那一刻，我有一個想法，原子有一個小而重的中心，且帶有電荷……

拉塞福提出一個簡潔明確的模型，來解釋觀測。他主張，每個原子裡有一個小小的原子核，包含所有的正電荷與幾乎所有的質量，這可以解釋罕見卻強大的反彈，因為原子核太重了不想動，而集中的電荷讓它有能力推回去。拉塞福對這項模型測試並獲得證實，以量化的方式解釋大角度的反射。他推測，原子其他部分是由相對很輕、攜帶負電的電子所組成，散布在更大的空間裡。

這是一個具有劃時代意義的結果，顯示出對物質原子結構的認識，可分為兩項任務。一項任務現今稱為「原子物理學」，給定一個很重、帶電的原子核，然後再決定電子如何圍繞，前面「量子之美」的範疇已經討論過了。

第二項任務現在稱為「核子物理學」，旨在認識原子內部的核心組成與支配法則。

物理學家進一步研究後很快就了解到，電力無法單獨解釋核子物理學。的確，一個單純的電子模型無法解釋原子核裡集中的正電荷，若不是有更強的作用力來平衡，同性電荷之間的斥力會讓原子核爆開。重力呢？作用在這麼微小的質量上，重力可完全忽略不計。所以，必須有古典物理學不知道的新作用力存在才對。

核子物理學呈現兩項挑戰，一是存在的難題，一是力學的難題。存在難題是找出原子核的組成，力學難題是明白這些組成之間彼此施展的作用力。原子核的成分普查在短短幾年內便解開了，而且相對簡單。其中有個成分顯而易見：從氫原子開始，氫的原子核很穩定，（看起來）無法分割，攜帶一個（正）電荷，是全部中最輕的原子核，而其他原子核所具有的質量，恰好接近氫核的整數倍，於是拉塞福將此成分命名為「質子」（proton）。

第二項成分是由查兌克（James Chadwick）於一九三二年發現的中子。中子是電中性粒子，只比質子稍微重，發現中子帶來一個簡單卻有用的原子核之圖：原子核是質子和中子束縛在一起的集合。（注釋⑨）有了這張圖，之前許多觀察到的事實就確定下來了。例如，不同化學元素的原子核差別只是質子數不同，因為質子數決定原子核的電荷，控制原子與周遭電子的交互作用，進而支配原子的化學特性，所以原子核質子數目不同，會造就不同化學元素的原子。有了中子做第二位成員，解決了同位素之謎。同位素原子核的原子，具有相同的化學特性，但是重量不同。其原子核含有相同數目的質子，但是中子數目不同。因此，簡單的質子加中子原子核模型，解釋了化學元素與同位素的存在。

接下一步，是了解質子和中子的束縛力到底為何。前面提到，必須要有新的作用力存在，因為電磁力想要讓原子核爆開，而重力又太微弱了，可忽略不計。

探索原子核作用力的實驗，結果出乎大家意料之外。幾乎所有的實驗都遵照蓋革和馬斯登原先的策略，例如研究質子之間的作用力時，以質子束射向其他質子（例如以氫原子做目標），追蹤射出之物。藉由觀察不同角度的偏折，可以嘗試推測可能的作用力；而使用不同能量的質子束，以及往不同方向旋轉的質子，可使分析更為豐富。這類實驗很快揭露，質子和中子之間的作用力並非遵循一個簡單的方程式，不僅取決於距離，也與速度、自旋有關，方式非常複雜。

影響更深遠的是，實驗很快動搖了原本物理學家的希望，也就是本書問題的寄盼，希望質子和中子是簡簡單單的粒子，或是有優美（與傳統）的「作用力」存在，能夠好好描述之間的交互作用。因為當高能質子碰撞其他質子時，不僅是互相撞擊的粒子會發生偏折，而是碰出一大票粒子呢！

原來的實驗意在揭露一種簡單的作用力，卻揭露一個嶄新意想不到的粒子世界，其中π、ρ、K、η、ρ、ω、K^*、ϕ介子，以及Λ、Σ、Ξ、Δ、Ω、Σ^*、Ξ^*和Ω重子是最輕、最容易製造的粒子（還有數十種粒子存在）。這些粒子無一例外，都是極不穩定的粒子，存在時間不超過一微秒（大多數時間更為短促），其存在與特性必須透過在布魯克海文國家實驗室、費米實驗室和歐洲核子研究中心CERN裡的高能粒子加速器，以偵測器研究其衰變物來推斷，這些粒子統通為強子（hadron）。

就像對蝴蝶或古生馬進行分類，強子動物園普查與樣本特徵（質量、旋轉、生命周期、衰變模式等），都令行家著迷不已。然而，為了促進對根本之美的探尋，我們必須擴大關注範圍。為應付未來所需，讓我簡短介紹強子動物園提供最重要的兩堂課。

強子動物園包括兩個王國：重子（baryon）和介子（meson）。質子和中子都是原型重子，重子有幾個相通的屬性，對於彼此或介子的存在，都感受到強烈的短距離作用力，對專家來說，它們都是費米子。介子也有共同的屬性，對於彼此或重子的存在，都感受到強烈的短距離作用力，對專家來說，它們是玻色子。

質子和中子既不簡單，也不基本。將原子核分析成質子和中子是有用的一步，但是不簡單又不基本的質子和中子之間的交互作用很複雜，而且只是在龐大相似粒子家族中的兩名成員罷了。要正確看待，完成物質組成分析，需要更寬廣的新視野。

夸克模型

夸克模型是由蓋爾曼（Murray Gell-Mann）和茨威格（George Zweig）提出，他們展現了奔放的想像力與高超的模式辨認能力。

依據夸克模型，重子是三種更基本的粒子之束縛態：三種或三「味」（flavor）的夸克，包括上夸克u、下夸克d和奇夸克s（就目前而言，我暫且不談更重、極不穩定的夸克c、b、t）。

為何三味夸克u、d、s，卻可以產生數百種不同的重子呢？重點在於三個夸克的組合，例如u、u、d，可能存在許多不同種的運動態，類似於波耳提出原子裡電子所屬的量子化軌道，或是圖二十六的穩定能階。這些個別不同的狀態具有不同的能量，以 $m = E/c^2$ 換算後，可看成具有不同的質量，因此在實際運作上就是不同的粒子！在這種方式下，可發現許多不同的粒子反映出根本相同的物質結構，只是其內部呈現不同的運動狀態。

同樣地，夸克模型假設介子是一個夸克和一個反夸克的束縛態。特定的夸克－反夸克對，例如u、d，在各種的運動狀態中看起來是許多不同的介子。

夸克模型對於強子作用力的複雜性，也提出一項合理的解釋。縱使個別的夸克有簡單的交互作用，當三個夸克或夸克－反夸克對的束縛態出現時，就有足夠的機會交錯或抵消。事實上，正是因為類似的原因，普通化學以原子交互作用為基礎，雖然原子背後電子之間的作用力極其簡單，卻能變化出複雜豐富的世界。

夸克模型是建構強子動物園的一大步驟，它具有很好的解釋能力，提出類似於波耳原子模型的強子圖像。但是夸克模型也擁有波耳模型的局限性，雖然具備正確的精神，也在歷史上很重要，但是夸克模型的邏輯並不完整，只能算是準數學。另外，夸克模型更面臨了一大問題。

雖然成功描述質子、中子和其近親強子的許多特徵，但是夸克模型卻提出一些很古怪的特性，也許其中最古怪者當推強子「禁閉」現象，彩圖38的漫畫很幽默得點出這點，這是我獲得諾貝爾獎的紀念海報。夸克應該是質子的磚石，但是即使費盡工夫，卻從未偵測到帶有夸克特性（如攜帶 2/3 或 -1/3 質子電荷）的個別粒子。因此，三個一組的夸克可組成質子，之間的作用力剛剛好，但是基於某個原因，它們永遠無法逃脫，反而是遭到禁閉了。

為了解釋這種行為，在夸克之間似乎需要像彈簧或橡皮筋的作用力，當中介的彈簧或橡皮筋拉長時，拉力會更強。當然，彈簧或橡皮筋本身是很複雜的物體，不太可能放入基本理論的假設中，否則會導致「彈簧又是什麼做的？」之類的問題。

一般預期基本的作用力會隨距離而減弱，如重力和電磁力，所以禁閉帶來一大謎題。許多物理學家無法認真看待夸克，原因在此。

突破：量子色動力學

馬克士威的電動力學方程組、牛頓（與後來愛因斯坦）的重力方程式和薛丁格（與後來狄拉克）的原子物理學方程式，都為美與精確設立高標準。總結原子核作用的複雜方程式（實際是只是表列而已），或是夸克模型的粗淺想法，都難以望其項背。

然而，優美精確的強作用力方程式其實已經存在，在我們找上它之前，閒置多年無人問津。這些方程式建立在馬克士威方程組上，並實現了本章第一部分所勾勒的願景。

在楊振寧和米爾斯提出方程式以及量子色動力學終於問世之間，經過了二十年的光陰。這段歲月與歷程是「**理想↓真實**」的驚人體現。

在強交互作用的範疇中，無疑地對本書「世界是否體現美麗想法」的問題，提出一個很簡單的答案：是，沒錯。

超強版的馬克士威

量子色動力學（QCD）利用的概念和方程式，是將馬克士威的電磁學方程組大幅推廣，帶進更多的對稱。我覺得，QCD很像是吃了大力丸的超強版QED（量子電動力學）。

QED具有單一「電荷」。電荷的單位有正負兩種，如質子的正電荷，或電子的負電荷，但是都可以用一個數字（正或負）予以量化。相較上，QCD含有三種電荷，沒有特別的理由，我們稱之為色荷：共有紅色荷、綠色荷和藍色荷三種。

QED擁有單一作用力中介粒子，即光子，會受電荷影響。相較上，QCD擁有八種作用力中介粒子，稱為色膠子，其中兩個像光子一樣，會受色荷影響（為什麼不是三個呢？請參閱下一段）；另外六個粒子會中介色荷之間的轉換，因此有一種膠子會將一單位的紅色荷變成一單位的綠色荷，另一種膠子則負責將一單位的綠色荷變成一單位的藍色荷等等。

漂白規則（bleaching rule）是QCD一個美麗的特點，在物理上很重要，易於陳述或做數學論證，但直覺上卻不好了解（至少，我還沒有找到好辦法）。根據漂白規則，一單位的紅色荷、一單位的綠色荷以及一單位的藍色荷出現在同一地方，淨效果會抵消為零（致專家：在這裡我假設它們處於反對稱配置）。這依稀讓人想起紅綠藍三種光譜色，加起來會成為白色，因此「漂白」了，雖然之間的物理完全不同。回到正題，基於漂白規則，造成有色荷組合互相抵消，所以只得到兩種會回應色荷的膠子，而不是三種。

每個夸克帶有一單位色荷。夸克的顏色是獨立的特性，除了電荷或質量之外，是必須限定的特性，而且一樣重要。不過，與電荷或質量不同，夸克的顏色不是單一數字，而是三個一組的數字，確切說是對三維性質空間裡的位置進行編碼。這些新形態的色荷，屬於ＱＣＤ的核心，對後來的發展極其關鍵與優美，值得詳細探究基礎。

夸克、膠子的奇怪真面目

一九六〇年代末弗里德曼（Jerome Friedman）、肯德爾（Henry Kendall）和泰勒（Richard Taylor）在史丹佛線型加速中心進行了一系列的實驗，這是人們第一次「看到」夸克。基本上，這是對質子的內部所進行的快照。他們使用非常高的能量的（虛）光子來拍照，所以能夠解析出非常小的距離和時間。

這些快照教導我們很多事！總結來說，最重要的三項觀察為：

質子中含有夸克：由於用光子做快照，所看到的是質子內部的電荷分布。人們發現，電荷集中在非常小的點狀結構，而不是散布在質子中，拉塞福、蓋格和馬斯登的驚人發現又再度出現了！但現在顯示的不再是原子結構，而是原子核的結構。點狀結構所帶的電荷量和其他物理量值，和夸克模型的預測完全吻合。

質子內部的夸克幾乎完全不受束縛：大部分的快照只顯示三個夸克沒有別的組成物，而每個夸克的位置和其他夸克的位置幾乎無關。這表明，質子內夸克之間的交互作用很微弱。另一方面，許多實驗證明夸克永遠不會從質子逃逸，成為獨立的粒子。因此，我們要尋找的作用力是短距離比較微弱，但是長距離會變強才能解釋。這是強作用力最核心的難題，先前已經談過，現在更為清楚了。

質子當中除了三個夸克還有別的東西：除了三個夸克外，有的快照捕捉到額外的夸克－反夸克對所留下的痕跡。這點不太出人意料，因為質子內有許多多餘的能量，而夸克質量很小，製造起來跟 $m = E/c^2$ 一樣容易，只要一丁點m（質量）就行了！真正奇怪的是快照裡沒看見的部分，如果將觀測到的夸克全部能量加起來，只達到質子總質量的一半。因為光子看不見電中性粒子，最明顯的解釋是質子當中除了帶電夸克之外，還有個重要的電中性成分。這種微觀「暗物質」的問題，是質子中除了夸克外還有其他東西的第一道線索，下文很快會看到，色膠子正是夸克之外的組成成分。

隨後高能量的實驗，更生動具體地顯現夸克和膠子的其他本質，請參照彩圖39。

要描述超高能量粒子碰撞的產物，不論是正電子與電子的對撞（如彩圖39）抑或質子與反質子（如歐洲核子研究中心的大強子對撞機），最簡單方式是假設產物是夸克、反夸克和膠子（即使這些粒子並不獨立「存在」，而只局限於質子中），然後推論出能夠和實驗比較的結果（下文會更加清楚）。

重點是高速運動的夸克、反夸克或膠子，在實驗室中會形成強子束，幾乎往相同的方向運動。

強子束的總能量和總動量加起來，和原來夸克、反夸克或膠子的能量相當，因為能量和動量是守恆的。所以，如果暫且不論束中許多強子瓜分了能量和動量，就能「看到」潛在的基本粒子。這種解釋方法非常有用，因為相較於複雜的強子，理論計算可以精確預測夸克、反夸克以及膠子的生產，因為其交互作用滿足簡單的方程式。

若是參加當今高能物理會議，會聽到實驗家鎮日討論製造不存在的粒子（夸克、反夸克或膠子），並測量其特性，這已經成為該領域的標準語言。他們的意思當然是指所觀察到相應的粒子束，以這種方式讓數學理想具體化為真實。

自黏膠

光束自由穿過光束。要不然，我們從世界獲得的視覺信息將遭到散射，讓解釋更加複雜。在QED中，這基本事實是有道理的：光子與電荷作用，而光子本身是電中性，不具電荷。

QCD和QED之間最顯著的實質差別在於，色膠子彼此相互作用。例如，會把單元紅色荷的膠子轉為單元藍色荷的膠子，在此稱為RB。當這種膠子被吸收時，吸收體的總紅色荷下降一個單位，而總藍色荷則上升一個單位。因為色荷守恆，我們的結論是RB粒子帶有一單位負紅色荷和一單位正藍色荷。換句話說，RB粒子不是色中性，其他帶有紅或藍色荷的膠子會與RB進行交互作用。因此，八種色彩的膠子以這種方式，形成相互作用粒子的複雜組合。

用這種量子建構力場的時候，怪事發生了：膠子力線會相互吸引！力場不再是在空間中均勻分散影響力，而是集中成管狀（見彩圖40），並與圖二十比較。

色交互作用的自黏性正是夸克禁閉的成因。膠子管是自發的「橡皮筋」，擔任捆綁夸克的工作！兩個色荷之間由通量管進行連接，距離愈大則管子愈長。每增加一單位分離量，會需要一定的能量加入系統，這就形成一種阻力，而且拉愈遠時力量不減反增。因為完全解放色荷需要無限大的能量，這是不可能的，所以夸克被禁閉在強子中。

膠子自黏性也是用來介紹並圖像化漸近自由的絕佳方式。由於自黏性的關係，遠離夸克的色場受到聚焦，因此作用力比聚焦前還強，就像集中力量的軍隊。相反地，要在遠方形成特定作用力，其源頭所需要的作用力會比想像中的還小，這正是漸近自由的精髓：在短距離微弱的力量，能在遠距離帶來了強大的束縛力。讀者可能記得，具有這種性質的交互作用，正可解釋弗里德曼等三人的質子快照。

我們也可以用研究交互作用的工具，來了解漸近自由。高能量的探測方式對於短距離的行為敏感，短距離的近似自由，完全呼應於高能量下作用微弱與行為簡單的情況。

高能ＱＣＤ所展現的簡潔，對尋求基本認識的物理學家來說，是自然界賦予的一份燦爛禮物，事實上是源源不絕的禮物。

來自知識的禮物

早期宇宙是可以理解的。在接近大霹靂的早期宇宙具有非常高的能量。由於漸近自由，讓我們有信心建構理論模型。

圖三十四：「給個支點，我就能撬起地球。」——阿基米德

我們可以了解高能量碰撞的訊息。由於主要的作用力在高能量時會變簡單，可以精確計算出其意義，解釋質子間激烈碰撞的產物，並仔細從中找尋新的效應。例如，本章後面會介紹，大強子對撞機如何成為發現希格斯玻色子的工具。在不久的將來，也會知道試圖統一作用力的雄心勃勃理論，是否真的描述現實，這將在下一章中討論。

不同的作用力看起來更為相近。ＱＣＤ和ＱＥＤ方程之間在數學上驚人的相似，在極高能量或極短距離下，更是轉變為物理解的相似。ＱＣＤ的強作用力會變得簡單與微弱，直到夸克表現得非常像電子，而膠子的行為非常像光子，可以說大力丸的效果消退了。既然數學和物理上展現出相似性，統一理論的可能性驟然增加。基於對稱性的ＱＣＤ數學，打開統一大門，而漸近自由推我們通過大門。順著這條思路，再加入弱作用力和重力，可發現

QCD更解釋了其他幾個神祕的「巧合」。下一章將探討本書核心問題的前沿，也就是所有交互作用的統一。

感謝大自然，給我們這些禮物！

槓桿，以及輕顫的面紗

要在同時滿足量子力學和狹義相對論的前提下，建立粒子交互作用的理論，是很困難的一件事。這是一件好事，意味著如果我們深信量子力學和狹義相對論的話，就有許多槓桿的空間可使！若手中的理論硬邦邦毫無彈性，牽一髮動全身，這反而會使理論變得強大，而且這樣的理論數目不多，可以逐一檢視。

由於槓桿作用，輸入正確的事實就可產生巨大的影響。

漸近自由就是這樣一個事實。實驗發現近距離夸克之間的強作用力，其實相當微弱，然而與先前對強作用力的了解完全牴觸。在多數符合量子力學與狹義相對論的理論中，基於同性相斥，不會有力線聚焦的現象，大多時候距離愈短，則作用力愈強。所以，當格羅斯（David Gross）和我，以及波利策（David Politzer）獨立發現漸近自由時，那有點像是猶太教卡巴拉派所描述「聖殿面紗輕顫」的時刻，也就是唯一遮擋神聖世界的薄布似乎就要掀開了。

基於其他現象，尤其是三個夸克藉色荷抵消（漂白規則！）便可束縛形成重子一事，格羅斯和我挑出了現今稱為量子色動力學的理論（根據局部對稱性和三維性質空間），認為它是強作用力唯一可能的理論。即便此刻，當我重讀論文中的宣言時：

最後讓我們總結，倘若接受SLAC實驗結果和量子場論重整化群，在此所提出的理論似乎是自然獨一無二的選擇。

我依舊能感受到，當時興奮焦慮之情夾雜的感覺。

從歷史上看，QCD是漸近自由的第一份禮物。

新支物理學

數十年來，我們習慣將物理學分成理論和實驗兩支，原則上都是希望能更加了解物理世界，但是著重不同的工具。

近年來，由於電腦計算能力的爆炸性成長，第三個分支已然蓬勃發展，或許可以稱為「數值實驗」、「模擬」或乾脆稱為「解艱深的方程式」。這個分支既保有理論和實驗的元素，又與其他兩種截然不同，在QCD尤其重要與成功。

QCD提出十分明確的方程式，讓我們可以傳授給電腦，進而擁有高效快速、夙夜匪懈、誠實可靠又永遠準確無誤的助理們，他們除了計算，其他都不愛。讓我們來很快看看這種方法成就的兩大亮點，對於思索強作用力提供精闢的結論。

首先，回到開始的問題：什麼是原子核？我們看到，問題本質在於最簡單的地方：什麼是質子？在知道支配的方程式後，便可以計算出一幅仔細的圖像，讓我們發現內在最根本的東西既美麗（彩圖41）又微妙（彩圖42）。

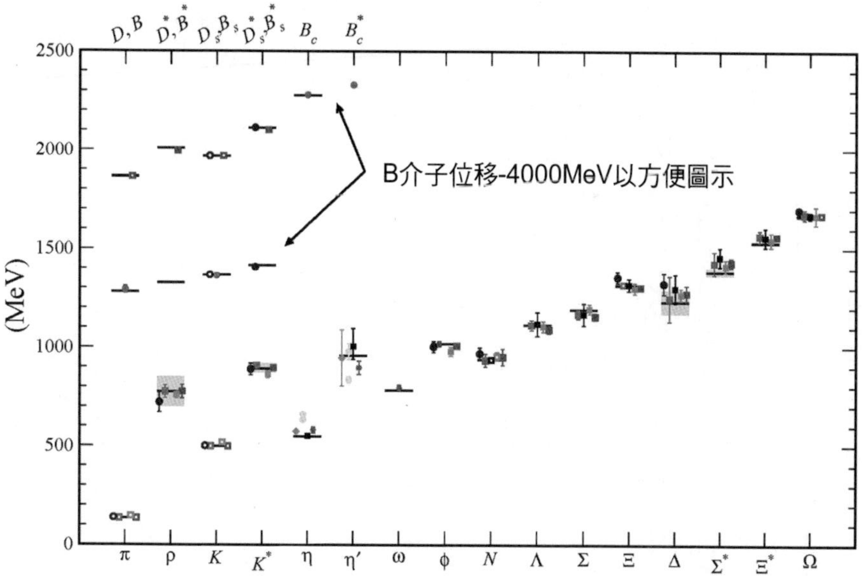

圖三十五：利用 QCD 成功計算出強子的質量，這是絕大多數質量的起源。

最後，我們來討論（絕大多數）質量的起源，這非常適合為QCD的討論高潮收尾。圖三十五看起來很簡單，卻總結一項巨大的科學成就，並為本書問題樹立一道里程碑。

在水平軸上，可看到一系列介子和重子的名稱。雖然這些粒子有許多故事，精采細節也讓專家著迷不已，但是現在只要知道有許多強子存在，具有不同的名稱（由不同的希臘文和拉丁文字母組成，偶爾帶有星號或撇號），以及不同的質量，便綽綽有餘了。

在圖中每個名稱上方，可以找到一條水平線，表示粒子質量的實驗測量值（有些粒子稍縱即逝，讓質量估算誤差很大，例如ρ可看到一塊灰色區域）。在每一線段旁邊，有幾個黑點排列，直線貫穿，代表粒子質量的計算值，是直接從不同研究團隊的QCD方程式中取得。這些直線反映計算不確定的範圍，是由於電腦時間與其他因素限制下造成。我必須提到，這裡的計算要求極高，運用非常聰明的演算法，在全世界功能最強大的電腦系統裡，進行很長時間計算。

一共只有三個輸入值：上下夸克的平均質量、奇夸克的質量和色荷單位，而介子π、ρ、K、K^*、η、η'、ω、ϕ和重子N、Λ、Σ、Ξ、Δ、Σ^*、Ξ^*、Ω「主序列」的所有結果都是輸出。從圖中可以看到，測量和計算之間完美吻合。

我想強調的是，這些計算的輸出比輸入更多。QCD的方程式受到對稱性嚴格限制，修正的機會極少。要搞定這些計算，只要確定三項輸入值即可：上下夸克的平均質量、奇夸克的質量和色荷單位（交互作用強度的整體度量）。所以，如果任何地方出錯的話，是無所遁藏的。我們最好在計算中找到所有計算中觀察到的強子，並且具有觀測到的質量。而且最重要的是，最好別找到計算中沒有出現的東西，特別是別找到孤立的夸克或膠子！

這在嚴酷試煉下，理論大獲全勝。

圖中有個稱為N粒子的質量也被計算，這並不是隨便的一個質量而已，因為「N」代表核子（nucleon），意思是質子或中子（在這個尺度上，質子和中子的質量相差太小而看不出來）。我們發現，這項質量與夸克質量幾乎毫無關係，因為和核子能量相比，夸克質量十分渺小。

因此，幾乎核子的所有質量，也就是占宇宙所有普通物質的絕大比例的質量，都是根據 $m = E/c^2$，來自於純能量。

核子的質量來自於禁閉夸克的動能，以及禁閉夸克的膠子場能。我們直接從QCD純粹概念與對稱為本的方程式中，得到了「變而不變」。

世界是否體現優美的想法呢？肯定是，而且造就你的物質也是優美的。

第三部分：弱作用力

量子色動力學（QCD）支配夸克和膠子建立質子、中子和其他強子的基本動力學，也支配了讓原子核穩定的作用力，稱為強作用力。量子電動力學（QED）則是支配光、原子和化學的世界，這些部分都討論過了。

然而，這兩大理論都未能描述質子變中子或中子變質子的過程。該如何解釋這必要的轉變呢？為了加以解釋，物理學家除了重力、電磁力和強作用力之外，必須再定義另一種作用力。

這第四種新作用力稱為弱作用力，而弱作用力完成當前的物理圖像：核心理論。

地球上的生命是來自陽光驅動，這只是太陽釋放的小部分能量；太陽的動力又來自於燃燒質子變中子並釋出能量。就這點來說，弱作用力造就了生命，可說別具意義。

弱作用力基礎

要完整介紹弱作用力，需要先介紹兩大卡司群：一是撲朔迷離的主角群，一是發現有功的長串英雄榜。若描述太多細節會偏離主題，所以我會控制自己，挑兩個重點做簡短描述，主要是根據重要性與後文所需。我們以彩圖43、44、45、46為目標，這些可做為朝向終極統一的平台，也請讀者一面參照。

夸克轉換：前面說過，質子和中子是更基本的夸克和膠子組合而成的複合體，所以我們應當就質子↔中子之間的轉換追本溯源。這些轉換背後的深層結構為夸克過程：

$$d \rightarrow u + e + \bar{\nu}$$

由於中子是以 *udd* 夸克三劍客為基礎，而質子是以 *uud* 為基礎，$d \rightarrow u$ 的夸克轉換讓中子變成質子，並釋放一個電子 e 和一個反微中子 $\bar{\nu}$。因此，在強子的層級上，基本夸克層級的交互作用變為：

$$n \rightarrow p + e + \bar{\nu}$$

這種緩慢衰變（生命周期十五分鐘）是孤立中子的命運（只要被束縛在原子核裡才會穩定）。依量子力學基本法則，若是將粒子變成反粒子，放到反應另一邊，或是將箭頭方向倒過來，也會得到有效的過程。將這些規則用在 $d \rightarrow u + e + \bar{\nu}$，發現以下的可能反應：

$$\boldsymbol{d + \overline{u} \rightarrow e + \overline{\nu}}$$

$$\boldsymbol{d + \overline{e} + \nu \leftarrow u}$$

……還有其他一大堆反應。這些會造成許多不同形式的核衰變（放射性），使強子變得不穩定，造成許多宇宙學和天文物理上的過程（包括質子和中子結合，合成種種化學元素）。舉一個可能性為例，第一道過程 $d + \bar{u} \rightarrow e + \bar{\nu}$ 會直接讓 π^- 介子（以夸克－反夸克對 $d\bar{u}$ 組成）衰變，成為一個電子和一個反微中子。

手徵性與**宇稱不守恆**：弱作用力有深奧的一面，稱為「宇稱不守恆」（parity violation），是李政道和楊振寧於一九五六年發現的理論（注釋⑩）。要介紹的話，必須先引進粒子手徵性的概念，用在具自旋的運動的粒子。

若是有個物體繞軸旋轉，我們可以順著轉軸給予方向。方法如下：想像旋轉的物體是一名溜冰者，若是旋轉會讓她的右手甩向腹部，我們選定從腳到頭的方向；若是旋轉讓她的右手朝向背後，則選定從頭到腳的方向。

這裡所關注的粒子是具有微小內自旋的粒子。這類粒子永遠在旋轉，像是永遠不會累的溜冰者，所以我們動動腦，幫忙訂出自旋方向。若粒子是順著自旋方向運動，稱粒子為右手性，若是往相反方向運動，稱粒子為左手性。換句話說，一個粒子的手徵性是相對於運動方向的自旋。

李與楊主張，左手性夸克、電子和微中子（及介子與τ輕子）會參與弱交互作用，而右手性反夸克、反電子（即正電子）和反微中子（及反介子與反τ輕子）也會，但是手徵性相反的粒子則不參與弱作用。結果，實驗證明了兩人的理論。（注釋⑪）

另一種顏色變形：從？？到！

弱作用力轉換的性質，以及其他幾個現象，讓格拉肖（Sheldon Glashow）、薩拉姆（Abdus Salam）和沃德（John Ward）想到，或許可將弱作用看成是局部對稱的體現。

我們可以用發展出來的概念和影像，來看這到底要如何辦到。我們希望基本的弱作用力過程（具體來說，假定為$u+e \to d+\nu$的形式），是發生在性質空間的運動。性質空間（至少）需要兩個維度，這樣可以讓u和d視為相同的粒子在不同位置，e和ν也是如此。那麼，整個過程表面是涉及粒子「是什麼」的變化，就可以當做是位置「在哪裡」的變化，於是「是什麼」變成了「在哪裡」的問題了。

這個建立在局部對稱的理論更進一步，引進流體帶動性質空間中的運動。流體最基本的動作，就是其最小單位「量子」在創造和毀滅時會發生什麼事情。所以，從最基本的量子層次來說，這個過程可能如下：

u發射弱子W^+，變成d；e吸收弱子W^+，變成ν

或者是通過這種方式：

e發射弱子W^-，變成ν；u吸收弱子W^-，變成d

弱子W^+通常稱為「正W玻色子」，上標為電荷。弱子W^-稱為「負W玻色子」，是W^+的反粒子。當展現局部對稱時，會發現還有第三種電中性的弱子Z，稱為「Z玻色子」。

在提出這項局部理論時，上述三位學者遵循了耶穌會的信條「請求寬恕比請求准許更有福」，他們採用的策略是忽略楊－米爾斯理論的其中部分，先試了再說。楊－米爾斯理論的局部對稱要求W^+、W^-和Z都不具質量，相較於重力子、光子與色膠子為零質量的預測都符合現實，並代表局部對稱的偉大勝利，但是就弱作用力理論來說，這方面的預測卻失敗了。如果弱子質量為零，就很容易在加速器、甚至化學反應中看到，像光子一樣。基本上，弱作用力就不會那麼弱了！

總之，對於真實世界的弱交互作用來說，局部對稱太過美好，而不符合事實。

為了調和理想與真實，需要引入另一個美麗的概念，即「自發對稱破缺」，是由布饒特（Robert Brout）和恩格勒（Francois Englert）引進，希格斯（Peter Higgs）、古拉尼（Gerald

Guralnik）、哈根（Carl Hagen）和基布爾（Tom Kibble）等人也做了獨立發現，這個機制讓我們魚與熊掌兼得。更具體地講，我們既能保持局部對稱的方程式，對弱作用力「是什麼」、「在哪裡」做了很好的解釋，同時也允許它們擁有非零的質量，與觀察一致。我們會繼續深入仔細思索這份大膽高超的想法，但是先來簡短為弱作用力發展史好好收尾。

溫伯格集大成，將對稱和對稱破缺這兩道想法合而為一，提出現代核心理論中完全令人滿意的弱作用力理論。但是考慮到量子擾動時，這理論乍看之下未必能給出正確、甚至是有限的答案。霍夫特（Gerard’t Hooft）和韋爾特曼（Martinus Veltman）證明了這一點，並引進計算方法讓理論更精確實用。戴森（Freeman Dyson）之前對QED也做了類似的貢獻，但是相對容易多了（雖然還是很艱深）。

希格斯流體、希格斯場與希格斯粒子

在一個遙遠遙遠的星系裡，有一顆行星被水覆蓋，水中生活的魚兒已經演化成智慧生物，甚至聰明到出現物理學家了，而且開始研究物體運動的方式。起初，物理魚家們推導出非常複雜的運動法則，因為身為人類的我們知道，物體在水中運動真的很複雜。但是，有一天一隻天才「牛頓魚」出現了，她力陳其實基本運動法簡單而美麗，事實上正是牛頓的運動定律。她明確指出，運動看起來很複雜，那是因為世界充滿「水」這種介質的影響。經過許多努力後，魚兒們終於直接偵測到水分子，證實了牛頓魚的理論。

根據希格斯機制，我們就像那些魚兒，沉浸在宇宙之海中，讓觀測的物理法則變得複雜。零質量粒子的方程式，包括馬克士威方程組、楊－米爾斯方程式和愛因斯坦廣義相對論中的方程式，都特別優美。我們說過，這些粒子可以支持大量的對稱，即局部對稱。光子為零質量，量子色動力學的色膠子和重力的重力子也是如此。為了擁有優美的方程式，為了對自然的描述具有一致性，我們要從零質量的基石來打造世界。

不幸的是，有數種基本粒子不肯乖乖就範。具體來說，媒介弱作用力的W和Z玻色子都有不小的質量（這就是為什麼弱交互作用是短距離，以為在低能量時很微弱的原因）。質量太重真是令人傷腦筋，因為上文提到，除了這一點之外，W和Z玻色子的種種性質太像光子了。

這個難題有沒有辦法解決呢？光子的行為會受到穿越物質的特性所影響，我們大家都熟悉的例子，是光穿過玻璃或水的時候速度會減緩。而光速度變慢的現象，大致類似於光有了慣性。另一個大家比較不熟悉，但用在這裡別具意義的例子，是光子在超導體中的行為。描述光子在超導體中的方程式，在數學上等同於描述具有質量粒子的方程式。在超導體裡，光子基本上會變成帶質量的粒子。

希格斯機制的精髓在於，所謂的「真空」（沒有粒子和輻射的空間），事實上充滿一種物質介質，讓W和Z玻色子獲得很大的質量。這個想法讓我們既能保有適用於零質量粒子的優美方程式，同時也尊重實驗家觀察到的現實。因此，我們需要一種材料，它對W和Z玻色子的影響，相當於超導體對光子的影響。事實上，這種假想中的宇宙介質必須能夠產生很大的質量：W和Z玻色子在（非）虛無空間獲得的質量，約略是超導體中光子的10^{16}倍之多。

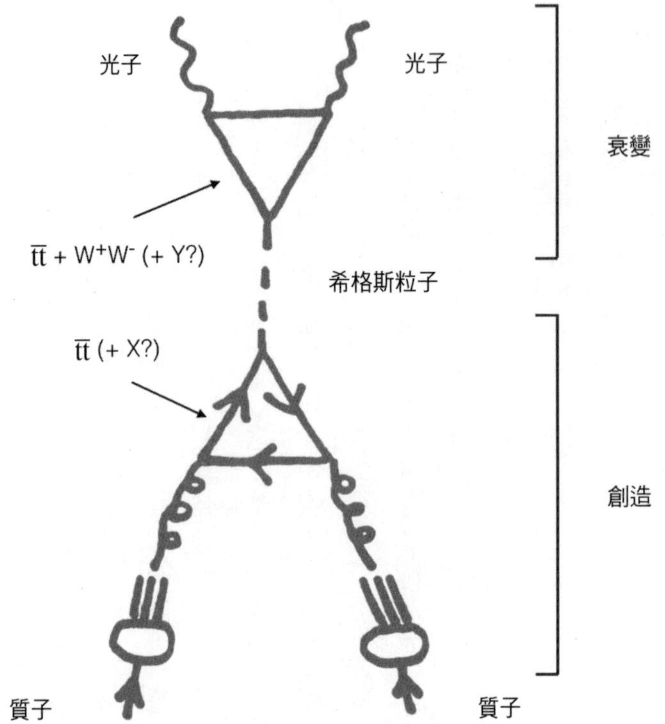

圖三十六：實驗透過膠子過程，首度觀察到希格斯粒子的簡單示意圖。這精采的交互作用同時運用核心理論與量子理論多方面的深層原理。

物理學家多年來一直運用希格斯機制，接連有所斬獲。除了質量之外，W和Z玻色子交互作用有許多方面都獲得正確預測，運用的是零質量粒子的優美方程式，以及由空間中充滿的物質來修正結果的規範對稱。這樣一來，我們對於「宇宙之海」的存在建立可信度，但是最終只是間接證據而已。對於「宇宙之海是什麼做的？」這個顯而易見的問題，我們沒有明確的答案。

沒有已知的物質，可能構成宇宙之海；也沒有已知的夸克、輕子膠子或其他粒子等組合，具有正確的特性，我們必須要有全新的物質才行。

原則上，宇宙希格斯海洋可能是幾種物質構成的複合物，而這些物質本身可能很複雜。在理論粒子物理的文獻中，若是沒有上千種提案，至少也有幾百種。但在所有合理的推論中，有一種最簡單又最經濟的最簡模型。在最簡模型中，宇宙的材料只由一種成分組成。雖然這裡用到的術語十分混亂又不斷演變發展，當本書中提到「希格斯粒子」時，是指一種獨特的新粒子，用來完成最簡模型。

我們可以推斷出希格斯粒子與其他形式的物質如何進行各式各樣的交互作用，畢竟我們浸淫宇宙之海當中，自古以來便一直在觀察希格斯粒子的集體特性。事實上，只要知道希格斯粒子的質量，其他一切特性都可明確預測。例如，希格斯粒子的自旋和電荷都必須是零，因為它看起來必須是「真空」的量子。因為人們知道要尋找的是什麼，所以得以設計出一種聰明的策略，來尋找希格斯粒子。希格斯粒子找到關鍵過程，如圖三十六所示。

第一步是製造。主要的製造機制相當驚人，普通物質與希格斯粒子H耦合非常微弱（這就是為什麼電子和質子比W和Z粒子輕許多，因為感受不到其阻力）。事實上，主要的耦合是「膠子融合」這種間接過程，一九七六年有一晚我散步時福至心靈想到，讓我永生難忘。下面會談到這一段發現，可同時參考圖三十六。

膠子不會直接與希格斯粒子耦合。耦合是純粹的量子效應，自發擾動或「虛粒子」的產生，是量子力學的特點。通常這些擾動來來去去沒有明顯的作用，除了會對附近實粒子的行為產生影響。在最重要的膠子融合過程中，膠子將能量注入頂夸克 t 和反頂夸克 $\bar{t}$ 組成的虛擬粒子對。夸克 t 和反夸克 $\bar{t}$ 與希格斯粒子產生強大的耦合，這就是它們很重的一大原因，所以有很大的機會，在消失之前產生希格斯粒子。

要產生希格斯粒子最有效的碰撞方式，是從每個質子各出一個，共兩個膠子發生碰撞。其餘的質子則成混亂的背景，一般包含數十個粒子。

H衰變成兩個光子（$H \to \gamma\gamma$），見圖三十六上半部，也是通過相似的動力學作用。光子並未直接與希格斯粒子耦合，而是通過虛 $\bar{t}t$ 對和 W^+W^- 對。雖然這是相當罕見的衰變模式，卻是H的主要發現模式，因為它從實驗角度來看，具有兩大優點。

首先，高能光子的能量和動量能精確測量。根據狹義相對論的動能律，可以把一對光子能量相加，計算它的「等效質量」。若是一對光子從質量為M的粒子衰變而來，則其等效質量為M。

第二點，高能光子對非常難從普通（非希格斯）的過程產生，所以可以控制背景。

利用這兩項優點，實驗家制定搜尋策略：測量許多光子對的有效質量，並尋找是否有特定質量出現相對高峰。

長話短說，這方法真的奏效了！

以這個機制尋找希格斯粒子還有一項好處：因為能可靠計算背景，於是相對於背景增強的程度可用來測量H的生產速度，乘以生成 $\gamma\gamma$ 的比率，便可檢驗所測量的增強，是否與預測的最簡單的

H粒子吻合。這特別有意思，因為這比率為未知打開一扇窗口。或許還有其他未觀察到的重粒子，以虛粒子形式做出貢獻呢！到目前為止，觀測結果與最簡約的模型一致，但是在準確度上可以再更進一步，說不定可能有新發現。

魔法般的一夜

一九七六年夏天那一晚，一直到深夜十點之前一切還顯得普普通通，沒想到竟然成為我學術生涯中爆發力最強的一天。那時幼女艾蜜蒂耳朵發炎，一整天都發燒、鬧脾氣，一直討抱抱。太太貝姬和我是新手父母，才剛搬到費米實驗室的宿舍，手忙腳亂應付著。在這西北部的深夜裡，艾蜜蒂終於累到睡著，貝姬也是，兩人像天使般安詳。

一整天應付連串小型危機讓我筋疲力盡，縱使危機已暫時解除，我仍神經緊繃、無法鬆懈。像平日一樣，我打算出門散步喘口氣。那晚夜色澄清，地平線遙遠而分明，月光映照大地如銀。在浩瀚天際的籠罩包圍下，心中暖暖迴盪著家裡兩位天使的容顏，我感到情緒高張，是該好好思考的時刻了。

之前幾年，以局部對稱為基礎誕生的強、弱、電磁力交互作用的理論，已從大膽冒險演變成俗世智慧。仔細評估過後，我認為雖然各種夸克、輕子、膠子和弱子，甚至是光子都已經受到眾多關注，也是許多實驗精心規畫的重心所在，然而「對稱破缺」這一塊相對上還沒開發，甚至連一個可靠的提案，得以測試希格斯粒子極簡模型都沒有呢！

問題癥結在於，最簡模型中的希格斯粒子傾向與重粒子耦合，偏偏可以直接放進加速器做研究

質量也輕到可忽略不計。

的穩定物質，都是很輕的粒子組成。色膠子質量為零，光子也是如此，而 u 夸克、d 夸克和電子，

但是，新近（一九七六年）較重的夸克獲得許多關注。魅夸克 c 是當時的新發現，並且有充分的理由，懷疑還有另外兩個較重的夸克存在（後來的確證明如此，底夸克 b 在一九七七年發現，頂夸克 t 直到一九九五年發現，然而在實驗觀測到之前，兩種夸克都已經命名，而且除了質量之外，其他特性都已算出）。自然地，人們想到是否有更重的新夸克存在，能夠開啟一道門製造出希格斯粒子。我馬上意識到這有可能，可以借用人們藉 $\bar{b}b$ 或 $\bar{t}t$ 介子來製造魅夸克的相同招數，較重的夸克會爭相與希格斯粒子耦合。如果一切配合好的話（基本上，如果重夸克質量是希格斯粒子質量一半以上的話），介子的衰變就會產生希格斯粒子，這是我那晚第一項重要的頓悟。

現在，重點是要考慮「背景」，也就是在沒有希格斯粒子的情況下就會發生的衰變，會不會太過頻繁，讓希格斯事件即使發生也被淹沒。其中，要思考最重要的可能性是衰變成為色膠子。我腦子裡不能做精確的計算，雖然粗略估計應該沒問題。但更重要的是這讓我想到：如果重夸克可與希格斯粒子和膠子耦合，那麼就有讓膠子與希格斯粒子連結的方法了！在那一刻，我的腦子浮現圖三十六下半部的基本過程。要精確計算同樣很繁瑣，但是我在腦裡約略估計一下，發現結果令人振奮。尤其，我明白即使夸克具有大質量，它們仍對反應率有貢獻，而如果有更重的夸克，它們也會有所貢獻。我立即悟到這是希格斯粒子與穩定物質耦合的主要方式。這對未知的世界打開一扇希望之窗，是我那晚第二項重要的頓悟。

那時候我已經到了實驗室，就決定調頭回家。我至此考慮最簡單的希格斯模型頗有斬獲，所以

想知道新的想法如何運用到更複雜的情況。只要確立對象，就很容易考慮其他變化，所以我開始套入其他系統，看會蹦出什麼最有趣的問題。其中特別有意思的是，可能有其他自發破缺的對稱存在，這等於是產生零質量的新粒子。要是這樣，就太棒了！這是我那晚第三個重要的頓悟。

我平日學期中在普林斯頓教書，那裡的同事對「瞬子」（instanton）極有興趣，在此不加詳述。瞬子打破對稱的方式特別有意思，我覺得把這粒子加入先前考慮的過程會很好玩，想必同事們就有興趣聽了。我隱隱約約感覺到，在第三個頓悟中原本為零質量的粒子，應該會有獲得一點質量，並且具有其他有趣的特性。這是我那晚第四個重要的頓悟，就領著我回家了。

這四個頓悟有不同的命運。第一個運氣不好，b 夸克相較於希格斯粒子不夠重，而 t 夸克又重又不穩定，其介子沒有用。

第二個是我最驕傲的成就之一。三十多年過後，對希格斯粒子的發現至為關鍵，如圖三十六。

第三個雖有意思但尚未有成果，我最後稱零質量的粒子為「家子」（familon），現在大家仍然尋找中。

第四個可能是最有趣，也是最重要的點子。第二天我回到實驗室找相關文獻時，發現有一篇培西（Roberto Peccei）和奎因（Helen Quinn）寫的論文非常有趣。他們注意到我一直推敲思索的模型，指出那也許能解決非常重要的「θ問題」。該問題的重點在於有一個數值θ，核心理論認為應該介於$-\pi$和π之間，但是觀察到的值卻非常非常小。這若不是巧合，便是暗示核心理論並不完整。在兩個學者的論文中，這份「巧合」被解釋成是一種新自發破缺對稱的殘餘。然而，他們卻沒有注意到，在模型中有一個小質量的新粒子存在！所以，我得到了命名權。更早幾年前，我注意到有一牌清潔劑叫「Axion」，聽起來很像粒子的名字。當時我心想如果有機會的話，就這麼辦吧。現在θ問題來了，又與軸向電流有關，這為我開了一扇巧門，讓這個名字偷渡過物理評論通訊那些保守挑剔的編輯們，我真的做到了（溫伯格自己也注意到這個新粒子，他取名為「higglet」，最後感謝老天，我們敲定使用「軸子」這個名字）。

軸子具有漫長曲折且懸而未決的歷史。我多次思索這道題目，提出早期宇宙軸子產生的理論，並且提出或許有軸子背景存在，類似於著名的宇宙微波背景。根據我的研究，軸子背景很難觀察到，但並非不可能。一群艱苦卓絕的傑出實驗家正積極尋找中，在不久的將來，軸子可能值得專書介紹，因為它已成為宇宙暗物質的優先候選人；也有可能根本不存在這種東西，時間將會讓真相大白。

第四部分：總結

作用力和粒子普查

基本交互作用有四種：重力、電磁力、強作用力和弱作用力，理論全部都是用局部對稱性來描述。重力理論，即愛因斯坦的廣義相對論理論，是基於時空的局部對稱，而其他三種作用力的理論都是基於性質空間的局部對稱。

廣義相對論是相當豐富的理論，一點兒也不好懂。但是，它是基於普通時空與動量之間的交互作用，這些屬於普世的概念，不需要詳細的普查。因此，當我們將這種交互作用以「重力」一詞來表示時，並無不敬之意。

在其他三種作用力影響下，物質的行為是由性質空間的流動來決定，我們需要先描述它所在的性質空間之幾何，以便來解釋物質。我會以兩個階段來進行，如彩圖43和彩圖44所示。在第一階段，我會先跳過一些較難懂的點，在第二階段再加回去。

在彩圖43和彩圖44中，可看到六個區塊。每個區塊裡面是粒子的名字：三種顏色（例如，紅、綠、藍 u 夸克）的 u 夸克和 d 夸克，以及 e 輕子和 ν 輕子（電子與微中子）。每個區塊列有物質可能的性質空間，所以這六個區塊代表六種不同的物質，占據不同種的性質空間。有些區塊含有幾種不同的粒子，最大一個區塊（A）有六種。每個區塊中不同的粒子是真的單一粒子，只是位於性質空間中不同位置。我們的普查包含十六種不同的粒子，做為基本的世界成分來看，這個龐大的數字著實令人不安！從更深的角度來看，我們知道這十六種粒子只代表六種不同的粒子，顯著減少了（但還是太多了，下一章會更進一步減少這數量）。

在水平方向上，代表強荷（也就是色荷）空間的三個維度。有ABC三列的區塊代表可以在三維強荷性質空間移動的粒子。在垂直方向上，有弱荷空間的維度。有AD兩列的區塊，代表可以在二維弱荷性質空間移動的粒子。在區塊A代表的粒子能獨立以兩種方式運動，所以總共有 $3\times2=6$

個性質維度。

每個區塊的數字，代表其一維電荷性質空間的規模。*

最後，L與R的上標分別表示左手或右手。李政道和楊振寧指出，只有左旋的夸克和輕子會參與弱作用力。在我們的普查中，事實正是只有L上標的區域才有兩行，每個粒子都具左旋和右旋形式，但位於不同的區塊中。

F區塊特別有趣，只有右旋的微中子ν_R這一項，既沒有強、弱荷，亦不帶電荷，對所有非重力的作用力都看不見。ν_R不占性質空間，只能在普通時空運動。

現在，來總結第一階段的普查。

家族表

為了完成核心理論的普查，需要增加兩個成分，如彩圖45與彩圖46（這裡也提過重力）所示。

第一個額外成分是希格斯流體。在核心理論最簡版中（已然足夠），希格斯流體感受到弱作用力，而非強作用力。因而，它占據二維的性質空間，如彩圖45與彩圖46所示。

另一個是整個物質界神祕的三劍客。除了已經介紹過第一家族的夸克和輕子，還有第二家族、第三家族存在，用性質相近的粒子填滿表中的二、三行：

第一家族	u	d	e	ν_e
第二家族	c	s	μ	ν_μ
第三家族	t	b	τ	ν_τ

所以，除了第一家族的上夸克 u 外，還有魅夸克 c 和頂夸克 t；除了下夸克 d，有奇夸克 s 和底夸克 b；除了電子 e，還有渺子 μ 和濤子 τ；除了電微中子 ν_e，有渺微中子 ν_μ 和濤微中子 ν_τ（現在，必須加小標來區分不同的微中子）。

第二個和第三個家族在今日的自然世界中，發揮的作用非常有限。但是它們確實存在，對理論形成挑戰，至今尚未能解決。例如，粒子的質量範圍差異極大，並沒有明顯的模式。其弱衰變帶進許多額外的問題，造成十幾項混亂變數，讓理論難以計算（如果有個物理學家大肆宣揚自己的「萬有理論」，而你覺得很想挫挫他的銳氣的話，只要問他「卡比博角」是哪來即可）。

在《物理小辭典》注5中，我將這些家族的毛病說得比較詳細，並指出可進一步參考的資料。

＊更準確地說，稱為超電荷性質空間，進一步的討論請參閱《物理小辭典》第七十一頁的說明。

接下來，讓我們專注在真實中比較看得出美的地方。

開始的終點

我們已經討論過核心理論的各方面：馬克士威電動力學、QCD，以及勾勒出弱作用力和重力，並且列出作用的粒子。核心理論提供一份完整、經過實戰檢驗的數學解釋，說明次原子粒子如何結合成原子，原子如何結合成分子，分子如何結合成物質，而這一切又如何與光及輻射交互作用。其方程式全面又經濟，對稱又點綴有趣的細節，嚴謹又是詭異地優美。核心理論為天文物理學、材料科學、化學與生物物理提供穩固的基礎。

有了核心理論，我們的問題已經獲得很強的回應。這個世界——化學、生物、天文物理、工程學和日常生活的世界，確實體現了美的概念。支配這些範疇的核心理論，深深根植於對稱和幾何的概念裡，在量子理論中透過如音樂般的規則，遂行自己的意志。對稱確實會決定結構，純粹完美的天籟之音確實讓真實的靈魂活起來。柏拉圖和畢達哥拉斯：我們向您致敬！

可是我覺得，目前為止得到的答案，並未將我們帶向探尋的終點，而是才到開始的終點而已，這可以從兩方面看起。

首先，還有鬆落的線頭。

正如我說過，我們有家族的謎題。天文學家發現暗物質和暗能量，更讓我們不得不更加謙卑，因為這理論雖棒也才涵蓋宇宙總質量的百分之四！（雖然質量不代表一切，但是……）

更深一層講，目前的成功讓我們更能想像與處理企圖心更大的新問題，尤其是：核心理論各個部分是否源起於深層的統一呢？本書接下來會探討這個問題，我認為已經有一個好的起步。

第二，尚有敞開的大門。

雖然以實用角度來看，人們已經非常了解「物質」，我們仍好比是剛學會西洋棋規則的孩子，或是一名興奮的年輕音樂家，才剛明白手中的樂器可以發出什麼樣的聲音。基本知識是為精通鋪路熱身，但這離精通本身還差得遠。

我們能夠僅憑想像力和計算來設計未來的物質，而不再需要反覆從錯誤中學習嗎？我們是否能聽到宇宙透過重力波、微中子和軸子所播送的訊息呢？我們是否能一個分子、一個分子地來了解人類心智，甚至改進呢？我們是否能設計出量子電腦，打造出真正的外星智慧形式呢？要回答這些問題，就是要在一個成熟的黃金時代裡，尋找與發現新的種子。

第十七章 對稱(三)：諾特——時間、能量與理智

一般來說，對稱是「變而不變」。不過，最後是靠厲害的埃米·諾特（一八八二—一九三五）讓物理法則的數學對稱性與守恆的特定物理量之間，建立起緊密的聯繫。「X不會隨時間改變」拗口又負面，所以我們通常以「X守恆」來代替。諾特的定理使用這項語言，指出物理法則的對稱性導致了守恆量。

因此，在諾特的研究中，我們看見的對應

理想 ↔ 真實

變成一項數學定理。

諾特發現：

對稱 ⇒ 守恆定律

當然，我們應該立刻舉一個清楚的例子。這是一顆珍貴的寶石，我認為是物理學中最深奧的結果。

在這個例子中，對稱是所謂的「時間平移對稱」。這句行話或許看來很嚇唬人，但涵義其實很

簡單：今天適用的物理法則適用於過去，並且適用於未來。

乍聽之下，「相同的法則永遠都適用」的假設好像不是「對稱」的假設，但事實卻是如此。因為，這條假設指在物理法則中，可以增減一個常數，「改變」對時間的定義，而「不會改變」法則的內容（以數學和物理的術語來說，不論時間或空間，加或減一個常數，都稱為「平移」）。

時間平移對稱，是《傳道書》訴說的智慧：

已有的事後必再有；
已行的事後必再行。
日光之下並無新事。

至於莎士比亞發出的感嘆：

若無新鮮事，
一切皆曾經，
凡人何自愚，
汲汲求創新，
承替前子過。

講的並不是同一件事。時間平移對稱是適用於聯繫事件的法則，而不是事件本身。正規來說：時間平移對稱是動力學方程式的特性，對於初始條件則無從置喙。

這個插曲結束時，會深入討論時間平移對稱的假設，不過現在大家不妨先接受。

時間和能量

根據諾特定理，對稱法則必然表示某個物理量守恆。相對於時間平移對稱，這個守恆量就是能量！

能量成為一項物理概念，源自一段奇特的歷史。我想簡單提一下重點，因為這非常有趣，更能突顯諾特成就的重要性。

能量簡史

今天，我們體認到能量使世界運轉。我們對能量探勘儲存、討論價格、衡量利弊等等，但是這一切表面上的熟稔不應掩蓋能量詭異的本質。

能量守恆成為基本原則，是遲至十九世紀中葉才出現的概念。即便已知現象，其中背後的道理還是很神祕，直到諾特頓悟才有進一步了解。不過下文將解釋，我認為這謎題尚未完全解開。

在牛頓力學之前，期待了解「運動」的科學家一再發現，在幾個不同種類的問題裡，物體速度的平方不斷出現，這尤其對於測量物體的運動特別有用。例如，伽利略發現在近地重力作用下的運動物體（如石頭、砲彈，或他自己親自仔細測量的斜面滾球與鐘擺等），高度的固定變化一定會造成速度平方的固定變化，而與其他細節無關。

我們現在明白這項奇怪的結果，正是能量守恆的一個例子。物體的總能量來自動能和位能兩方面的貢獻。動能（運動的能量）與物體速度的平方成正比，而就近地重力來說，位能（位置的能量）會與物體高度成正比。能量守恆指動能的變化必須由位能的變化來彌補，這是伽利略發現的另一種表述。

我們故事關鍵是伽利略的結果並非單純的「觀察」，而是一種「理想化」。他在數學模式中忽略實際存在的空氣阻力、摩擦力與其他問題，才得以證明定理。他利用鉛球和羽毛做實驗，並採取防範措施，讓其他干預效應減至最低，使得他自己的能量守恆模型合理正確。但是嚴格來說，伽利略版（與最終）的能量守恆定律，從未符合任何真實的系統，他自己也知道這點。對伽利略來說，這只是理想化模型值得玩味的一點罷了。

在牛頓古典力學中，能量守恆變成一個更廣義的定理，不過仍然是一種理想化，而非是真實的描述。牛頓的能量守恆定理適用於粒子系統，透過作用力與其他粒子交互作用，而作用力大小只視相對距離而定。在此架構下，該定理指出能量為何，即定理中出現、並且隨時間保持不變的量。這裡又可再度發現，總能量是由動能和位能組成，動能永遠保持相同的形式，將每個粒子的質量乘以速度平方再除以二，即可得到動能。位能則是相對位置的函數，確切形式取決於作用力的本質。到現在為止都沒問題，但是牛頓力學中的摩擦力會破壞能量守恆，雖然這未牴觸牛頓的定理（因為摩擦力在定理的假設之外，並非是隨粒子距離而定的作用力來描述），但仍然對定理應用於現實造成限制。

當加入馬克士威電動力學時，情況變得更複雜，但基本結論相似。在架構擴大之下，仍然可以在一定的假設下，推導出能量守恆的數學定理。但是，首先能量的意義會修正，尤其是必須納入第三種不同於動能和位能形式的能量才行，即是依強度大小而決定的「場能」。唯有動能＋位能＋場能的總能量，才是守恆的。不妙是，縱使這已經是版本複雜的能量守恆，仍然唯有忽略摩擦力和電阻才能成立。

我記得第一次學這些東西時，就覺得無法接受而特別懷疑。在我看來，所謂的能量守恆「法則」根本就是雜牌軍醜死了。每一次發現新的作用力或效應時，就會違反既有的「法則」，必須夢想有新的能量出現或存在，能把事情完美兜起來。即便如此，還是可能出現新的漏洞。無論是在牛頓力學或是馬克士威電動力學中，能量守恆並非是完整的通則，雖然有用處，但只是近似的結果，在很有限的情況下適用。由於缺乏深刻的概念基礎，又只是近似而已，我認為沒辦法期待探索新事物時，能量守恆可成為可靠的指引。

十九世紀中後期，「能量守恆」是一項基本原則的想法逐漸成形，這或許是受科技需求因應而生。

文明初始，人類便嘗試許多技術讓東西運動，以便傳送物質、攻城掠地或碾米磨麥等等許多應用。在工業革命時期，機器成為經濟生活的重心，如何提高效能是樁大事，所以不論是實驗和理論，動力問題都受到充分研究，人們發現最有效的方法就是思索能量的轉換。實際上，受到摩擦和電阻等效應，實際上無法達到能量守恆，總是會有能量損失（就實用性來說，不管能量的形式為何，都應該著眼能量的價值，將損失降至最低）。能量總是會流失，而不會愈來愈多，這解釋了為什麼想要製造「永動機」注定會失敗，或者更廣地說，機器一定需要由外在供給動力。另外也觀察到，能量的流失總是伴隨熱的產生，有些科學家提出程度不一的正面解讀，他們認為，雖然能量守恆為真，但是同時也該體認到熱也是另一種形式的能量。受此見解啟發，焦耳進行一連串設計精巧的實驗，利用落體帶動轉輪使水加熱，以量化方式證明一個關鍵概念：固定的能量（來自落體）會製造固定的熱。

自從實驗成功後，科學界公認能量守恆是很成功的實際原理。大自然已經明白指出，這個想法極為正確。

但人們至此仍然只知其然，卻欠缺更深層次的證明，這讓能量守恆法則神祕又危險。能量守恆「成立」真正的意思，其實是「目前為止成立」而已，沒有人有把握某個新發現是否會讓漏洞暴露，這絕非新鮮事。質量守恆是牛頓力學的基石，這原理經過兩個世紀確實成立，不管是天體力學和各種工程應用。拉瓦錫（Antoine Lavoisier）以嚴謹的實驗證實質量守恆，象徵現代定量化學的開啟。然而在二十世紀，嚴重違反質量守恆定律的情況，在高能物理學中是家常便飯。在高能正負電子對撞機中，兩個極輕的粒子（電子和正電子）發生碰撞，不時會撞出數十個粒子，全部的質量加起來可達總輸入質量的數千倍呢！

所以，只要能量像是大雜燴般把許多東西炒在一起，包括動能（以運動測量）、位能（以位置測量）、場能（原則上以電荷、電流所受的作用力來測量）和熱能（以溫度變化評量），以及一些我沒有提到的東西，我們不能保證未來不會進一步修正或甚至有例外出現。

諾特仔細檢視能量概念。她將能量守恆建立在物理法則的時間一致性上，揭露能量真正的本質與隱藏的美麗。利用數學魔法，諾特讓一隻笨笨的青蛙，搖身一變成了英俊的王子。

從科技需求中，誕生現代的能量守恆概念，諾特以對稱性來解釋根源而達到高潮，這是「真實→理想」的一個奇妙例子。

能量守恆是否會步上質量守恆的後塵呢？在科學上，只有真實是神聖的，不管我們是否有所準備，真實可能隨時會蹦出驚奇。但是諾特定理提高了賭注：若能量守恆不對的話，我們必須重新思考表述物理法則的基本概念，以及對時間一致性的想法，甚至兩者都逃不掉修改的命運。至此，絕大多數物理學家會選擇蓋牌：思考違反能量守恆的理論多半不會有結果，除非真正確定大自然來搞亂，何必自尋煩惱？

諾特教我們的事

物理法則在空間上的一致性，如同在時間上的一致性，也反映出一種對稱，稱為空間平移對稱；根據諾特定理，這應該有個對應的守恆量，就是動量。從不同方向看時，物理法則應該看起來也相同，那是另一種對稱原理，稱為旋轉對稱；根據諾特定理，應該有個對應的守恆量，就是角動量。就像能量守恆，這些偉大的守恆定律具有輝煌悠久的歷史，在諾特之前就針對特例在更多的假設下推導得來。例如，克卜勒第二定律指行星在相同時間內掃過相同的區域，這反映的正是角動量守恆，因為掃過面積的速率與角動量成正比。但是，諾特定理連結到物理真實中簡單的定性面向，讓我們更深入了解**為何**這些法則存在。

在現代物理學的前端，諾特定理已經成為「發現」不可或缺的工具。藉此，我們讓潛在對稱性的理論美學，也就是讓這個問題：

「我的方程優美嗎？」

和物理測量的真實與否：

「我的方程式是對的嗎？」

產生了連結。這一切都非常成功，令人振奮。然而，我覺得還是有重要的東西不清不楚，而我並不是唯一這麼想的人。至少，一九二〇年代的波耳也是如此（注釋⑫）。當年，他遇到放射性實驗令人費解的一面，曾經短暫猜想過或許能量並非守恆。另外一位在物理學家中備受尊敬的朗道（Lev Landau），也曾提出恆星違反能量守恆的說法（恆星核心燃燒產生能量，一直到二十世紀中期才明朗）。

所有推導都有賴假設，諾特定理也不例外。諾特定理的假設相當抽象、技術性又難以捉摸（致專家：該定理只對於由拉格朗日量變分產生的方程式系統才適用，能以這種方式描述的系統有很大優點，但是其理由很複雜，而且至少對我來說，現在還不完全清楚這是物理系統必要的條件）。我覺得，這樣重要且具有簡單陳述的結果，應該有更直接、直覺的解釋。如果我知道的話，會很樂意分享，但此刻我只能說，我也在尋尋覓覓呢！

諾特其人素描

諾特在數學物理的偉大成果，是年輕活力的果實。她一生主要的研究是純數學，特長正是純化數學。她讓代數更加抽象靈活，能夠放入有創意的數學家想用於代數幾何和數論中的複雜體系。

圖三十七：人品高潔的數學家諾特。

諾特藉著將基礎簡化，以容納創意建設。在追求鍾情的數學時，她克服嚴峻的挑戰和偏見。

希爾伯特（David Hilbert）希望延攬諾特到哥廷根世界一流的數學院任職時，寫道：「我不認為可用候選人的性別來反對她……。畢竟，我們是一所大學，而不是澡堂。」然而，他的看法並沒有被接受，有一段時間，諾特以不支薪的客座講師留下來。不過，除了是女性學者的身分外，她也是猶太人，隨著納粹主義的興起，她被迫逃離德國。魏爾（Hermann Weyl）後來悼念她在那段考驗時期的精神，寫道：

> 諾特的勇氣率真、奮不顧己與寬容精神，在我們周遭一切的仇恨卑鄙與絕望悲傷之中，是一帖道德良藥。

也有人見證其無私慷慨，以及最重要的是她對數學的熱情投入。根據學生陶斯基（Olga Taussky）描述，諾特常會忘記自己，「瘋狂比手畫腳」，完全沒有注意自己早已披頭散髮。想到她的研究，再翻閱傳記中的點點滴滴，讓我想起諾瓦利斯（Novalis）將史賓諾沙描述成「陶醉於上帝的男人」，或許可以說諾特是「陶醉於數學的女人」。

這張諾特二十歲的照片（圖三十七），似乎捕捉到她的神韻。

對稱、理智和建構世界

博斯韋爾（Boswell）在《約翰遜傳》中，寫下這一段：

> 我們走出教堂後，站著一起談了一下柏克萊主教聲稱物質不存在的詭辯，他認為宇宙萬物都只是「理想」而已。我明白雖然我們都很確定他的說法並不正確，卻又無力反駁。就在此刻，我永遠無法忘記約翰遜機敏的回答，他用力踹一顆大石頭，然後說道：「我就這麼反駁！」

休謨把柏克萊發揚光大，為基進懷疑論提出更複雜高深的論點。休謨認為假設物理行為在時間上一致是不對的做法，但是倘若不這麼假設，就沒有可靠的預測，甚至連「太陽明天會升起」的假設也靠不住。然而就他看來，假設物理行為具一致性是不理性的盲目信心。羅素用一個令人印象深刻笑話，重新詮釋休謨的分析：

> 天天餵雞的農人，最後反倒扭斷雞的脖子。如果雞能對自然界在表面上的一致性有更深的理解，應該不致遭此厄運。

羅素接著說：

> 因此，在完全或部分以實證為主的哲學架構中，對休謨有所回應是很重要的事。否則，理性和瘋狂之間就沒有智識上高低之別了。

受到約翰遜的啟發，我要迎戰此項課題。

為了確保這個世界的理性，讓我們回到根本，思考何謂證明一項信念。我們將從亞里斯多德著名的三段論出發，這開啟了將邏輯本身當成研究主題的風潮。乍看之下，經典論證：

> 凡人都會死。

蘇格拉底是人。
所以，蘇格拉底會死。

讓人見識到其深刻意義以及蘊含的邏輯力量：可以從舊的事實，明確導出新的結論。但是仔細想想，這似乎又很空洞。畢竟，我們得先確定蘇格拉底這個特定的人也會死，才有權斷言「凡人都會死」。因此，這段論證推理的骨子裡似乎只是在繞圈子而已。

然而，又很難否認這種推論具有實用性，且並不是完全無意義。我認為，重點在於我們對普適準則「凡人都會死」與特定陳述「蘇格拉底是人」的感覺，比「蘇格拉底會死」這項單獨命題更為確切。

「凡人都會死」要成立，當然不是對於所有人都進行普查，一一確認所有人最後都會死。這實際上當然辦不到，因為隨時都還有一大堆人活著！所以，這句話來自於我們對「人」的普遍共識，尤其考慮到人的脆弱性與生理老化等。不會死的東西，會與大家普遍所謂的「人」相差極大，所以會定義成不同的東西。而蘇格拉底雖然顯然與眾不同，但一樣也是人生父母養，跟大家一樣有一副人的軀體，可能在戰爭中受傷，也是在相似的時間變老。簡單說，蘇格拉底可以安穩落在「人」這個類別裡，縱使蘇格拉底還沒死，這份三段論證也適用於他身上，當然，最後他的確死了。

順道一提，假如亞里斯多德用下面這個例子，是不是比較有意思，比較發人深思呢？

所有人都會死。

亞里斯多德是人。

所以，亞里斯多德會死。

這讓他比較有人味。此外，在教亞歷山大大帝這位名揚四海的學生時，亞里斯多德也可以使用。

所有人都會死。

亞歷山大是人。

所以，亞歷山大會死。

這樣婉言規勸亞歷山大大帝好好照顧自己，或許能改變歷史的軌道。不過，更有可能的是讓亞里斯多德丟了工作，甚至更慘。

隨著醫療技術的進步，或許過不了多久，可能有辦法將大腦搬到體外存活，讓我們得重新審視「凡人都會死」的命題。比如說，下面這個三段論證或許值得懷疑：

所有人都會死。

科茲維爾（Ray Kurzweil）是人。

所以，科茲維爾會死。（譯注：科茲維爾是美國著名的人工智慧專家以及未來學家，認為人類即將迎來「科技奇點」而獲得永生。他本人正努力養生以待該日到來。）

但是，當這快樂的一天到來時，人們就會用「凡原生人都會死」或類似的東西來取代第一個命題，然後一切照舊，只是納入更細微的區別而已。不管如何，即使在真的發生之前，蘇格拉底、亞里斯多德和亞歷山大會死這件事也不會被認真質疑，而其原因就在於前面的三段論證。

目前，最重要的一點是如果具備穩固廣泛的基礎，據此而出的推論就會更加完善。普適的準則可以成為特例的基礎，即使後者只是特例。

以羅素故事中的那隻雞來看呢？她理解到：

每天好心的農夫會餵我。

明天又是一天。

好心的農夫明天會餵我。

這看起來和前面的三段論一樣！但是，「看起來」並不能代表一切。雖然此三段論證具有相同的邏輯形式，但是實際的「內容」大不相同。一隻夠聰明的雞會注意到好心的農夫每天餵食的方式或時間不盡相同，而且好心的農夫還得做許多事情。一隻夠聰明的雞會試著提出更周全的理論，解釋好心農夫更多的行為。如果這是特別有見地的雞，她會想到好心的農夫其實是帶有目的與自私的人。這隻雞可能也會注意到好心的農夫和家人會吃動植物，像是收割農作，或是農場裡的動物隔一段時間會神祕消失等等。領悟到這一點，這隻雞將會懷疑「最後的審判」終將到來，好心的農夫將不會永遠像第一行命題一樣。相較於「凡人都會死」禁得起嚴格檢視，形成普適一致的世界觀，然而「每天好心的農夫會餵我」達不到這一點。

為了幫助羅素回應休謨的挑戰並捍衛理智，我們必須證明「自然一致性」的假設。就像剛才提過，我們可以提出穩固廣泛的基礎，讓命題更加屹立不搖。我們先前提出用時間一致性來支持物理法則的對稱性，在幾方面有所幫助；我們可以從中獲取許多十分重要，但並非顯而易見的結果。並與物理世界真實特徵相符合。最簡單的是，可以在不同時間重複精密測量，檢查結果是否一致。例如，天文學家觀察遙遠的恆星與星系，可以看到更遠的過去（因為光以有限定速行進），也可比較過去光譜線的模式是否與今日相同。透過這種方式，人們發現過去主宰原子物理學的法則與今日相同。同時受到諾特啟發，我們可以直接檢視能量守恆定律。這可不是揀軟柿子，因為基本粒子在極端情況下的反應複雜，分析這些反應可以嚴峻測試能量守恆律。

如今，這些都已歷經小心精密的確認，目前理智明顯占上風。

要總結這裡的討論，除了時間一致性之外，要加入另外兩個具一致性的物理法則，那就是空間一致性與物質一致性，這對於建構世界扮演了同等重要的角色。前面提過，為檢驗時間的一致性所進行的實驗室研究或天文觀測，也可以用來檢驗空間一致性。根據諾特的啟發，我們也可以另一種方式來檢驗，那就是測試動量守恆！這也不是揀軟柿子，因為基本粒子在極端情況下的反應複雜，分析這些反應可以嚴峻測試動量守恆律。

最後是物質的一致性，例如我們觀察的所有電子都具有完全相同的特性；包括現代原子物理、電子和化學每項應用裡，都隱含這份假設。雖然往往被視為理所當然，但是其背後的道理並不明顯。

在人類的生產製造中，利用可替代的零件是革命性創見，而且在實際上不容易達成。然而，在柯爾特（Samuel Colt）和福特（Henry Ford）的發明之前，大自然的造物者已預見替代零件的優點。在今日的核心理論中，電子的可替代性是以下事實的結果：所有電子是遍布世界的電子流體中最小的擾動（量子），而電子流體的特性在空間和時間上都保持一致。因此，在量子理論的架構裡，物質的一致性不需要單獨的假設，是沿續空間和時間的一致性而來，也就是諾特所說從對稱性而來。

第十八章　量子美(四)：相信「美」

正十二面體的啟示

在我們漫談冥想中，正十二面體已經出現多次。正十二面體屬於五種柏拉圖正多面體之一，呈現出諸多幾何對稱，柏拉圖認為這即是宇宙整體的形狀。我們提過達利如何利用正十二面體的象徵，在畫布中將原本難以呈現、環環相連的宇宙，表達得淋漓盡致。在變化無窮的巴克球中，也可發現正十二面體無所不在，十二個五邊搭成橋樑，讓石墨烯的六邊形得以結合成立體。

正十二面體也是很實用的桌曆，十二個等邊搭配得宜，每面對應一個月。在網路上，很容易找到如何用硬紙板或厚紙板來做這類月曆的方法。

正十二面體何其之美，已經是大家熟悉的朋友了。

現在，假設有一個淘氣的小精靈想要掂掂我們的能耐，或是純粹想讓我們好好享受解題之樂趣，將圖案拆開並將數字拿掉，成為圖三十九的謎題。

這就難了一點。大多數沒有摸索過正十二面體的人，會對這些不完整的圖形無所適從。但是，對於我們這些一直摸索的人來說，對這項挑戰早已胸有成竹：十二個全等的正五邊形，其中幾個邊相連接，還有三個邊共享一個頂點，答案已呼之欲出！我們看得出來圖案隱藏著什麼，可以變出美麗的東西。

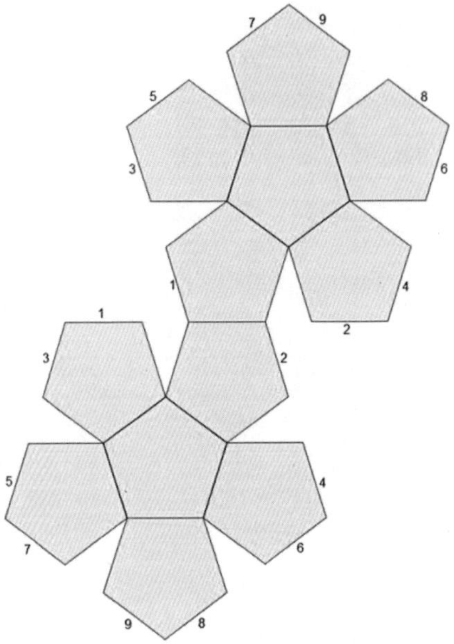

圖三十八：這個美妙的設計可以造出一個正十二面體，我們先在硬紙板或厚紙板上描出圖案，然後沿著邊線剪開，再沿著裡面的實線折疊，讓數字相同的邊相接即可。

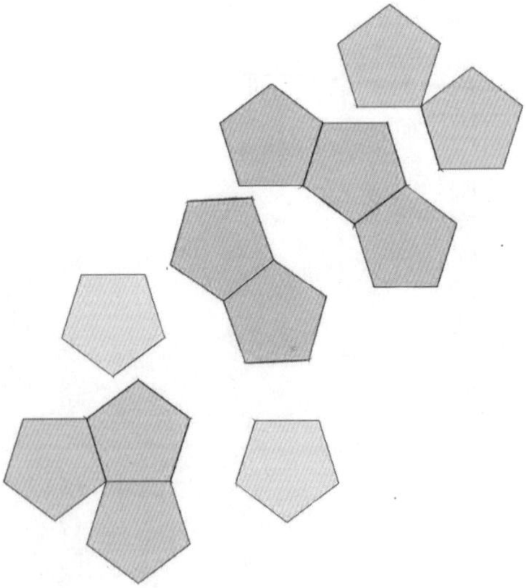

圖三十九：圖案拆成這樣很難猜，不過還是可以從蛛絲馬跡看出端倪。只要對正十二面體稍有認識就可帶領我們將圖形拼回圖三十八，並做出一個柏拉圖正十二面體。

藉由這個成功的例子，現在讓我們回到核心理論。核心理論成功運用一組非常簡潔的方程式，來描述大量的現象與事實：這些都是關於物理世界明確而定量的觀測。正如先前說過，這套理論所提供的基礎，對於化學、工程、天體物理學和宇宙學已綽綽有餘，甚至也可能涵蓋生物學。而且，理論的核心方程式如此優雅，與對稱性具有深厚的淵源。正因為如此，一旦訂定不同的粒子的性質空間有哪些，其中應該有哪些局部對稱，就能建構整套理論。理論簡單到可用幾張圖像總結，參見彩圖45與46。

核心理論是大自然的美妙描述，其精確、力量與美麗，都令人嘆為觀止。然而，追求極致之美的鑑賞家還是不滿意。正因為核心理論如此接近大自然的真理，我們應該秉持最高的審美標準來檢視。若以嚴格批判的精神審視，核心理論就會暴露其缺陷：

- 核心理論包含三個數學形式相似的交互作用力：強作用、弱作用和電磁力。三種力都是根據同樣的原則，也就是性質空間的局部對稱性。重力則是第四種作用力，它也是基於局部對稱性，不過是局部伽利略對稱，這點與其他三種力不同。再者，重力也比其他作用力微弱許多。如果能找到單一主對稱性，並將作用力統一，對大自然提供連貫的描述，會更令人滿意。然而，在理論模型中卻有三個（或四個）不同的作用力，所以還未竟其功。

- 更糟糕的是，即使將已知實際為同一個實體、但位於性質空間內不同位置的粒子盡可能合併，還是有六個彼此不相關的「根本」實體，我們希望能將這六者合併為一。

- 粒子家族重複了三次，這完全沒有辦法解釋。
- 希格斯流體在理論中具有獨特而重要的作用，但似乎也是理論中獨立存在的成分。希格斯粒子流體的引入只是讓理論存活（這點做到了），而不能美化理論（這點失敗了）。

總而言之：核心理論頂多只是大雜燴，嚴苛批評的人士甚至會稱為爛攤子。會不會造物主在核心理論略具雛形之後，便認為一周工作已了，就此收工呢？這種想法讓人覺得不甘心。在接受之前，大家先想想正十二面體的啟示。在這個例子中，我們看到美（尤其是對稱性），如何在看似一片雜亂無章之中，隱藏著令人信服的解釋。一旦理解空間中物體潛藏的對稱性，我們明白只有少數柏拉圖正多面體存在，進而能夠從零星不全的證據中，找出潛藏的正十二面體。

核心理論所根據的對稱形式，比普通三維空間的旋轉更為複雜，而且一般人對其所研究的性質空間不太熟悉，不如正十二面體一目了然。不過，我們可以此類推，或許現有核心理論的零碎對稱性與所作用的零碎性質空間，其實隱藏著更大的對稱，作用在更大的客體上，而只是顯露部分，而關連隱藏仍然不為人知呢？

若能發現上述問題的數學解，便能揭示物理學新理論，得以超越核心理論的缺陷。楊和米爾斯指出，如何在給定對稱性和性質空間作用，建構出對應的粒子與作用力理論。在此架構下，對稱性由規範粒子如色膠子、弱子、光子等化身體現，媒介交互作用。假想中的大型對稱會伴隨所有已知交互作用，並預測新的現象。

多虧十九世紀末、二十世紀初的數學家索菲斯・李（Sophus Lie）和後繼者，物理學家手上有完整的對稱性和性質空間候選名單，只要一一比對看有沒有能雀屏獲選者即可。正如同柏拉圖正多面體屈指可數，可能統一核心理論對稱的大對稱（類似於十二面體的旋轉）也為數不多，而可能包含核心理論性質空間者（類似於十二面體的面），更是寥寥可數。

由於選擇有限，並不能保證成功。如果圖三十九以不同方式連接裁切，比如說三個五邊形繞著一個三角形孔、十三個五邊形連成一線、五邊形大小不一，或者和正方形混合，那麼就無法以隱藏的對稱性來解釋。同理，核心理論的片段結構必須要存在特定模式，才可能融入更大的對稱格局。所以，若真的能找到適合的模式，應該不是巧合，而很有其意義存在。

因此，我們高興發現李群的可能對稱性中，的確有一個可以作用在美麗的性質空間，並巧妙包納自然現象。該統一對稱性包含核心理論的強作用力、弱作用力與電磁作用，可作用於大小形狀恰到好處、並包含所有已知夸克和輕子的性質空間。而且，最重要的是理論並未包含不符合自然的物體（致專家：該對稱性是基於十維度旋轉群，記為 $SO(10)$，性質空間則是基於該群的十六維旋量表現，此模式由喬基和格拉肖發現）。

現在請讀者先停下來，仔細端詳彩圖47與48，一同見證這發現。接下來的補充說明，對此做進一步的闡述。這裡有所有訊息，幫助讀者了解彩圖47與48是如何納入總結了核心理論的彩圖43與44。我們冥想主軸只依賴於正文描述，細節請參照所對應的書末注解。我覺得，將發現的美妙過程細細與讀者分享很重要，您可以自行決定是否願意深究。

核心理論中的基本粒子，占據著六個形狀不同且獨立的性質空間，如前章所述。我們也可以說，物質粒子由六個不同的實體所組成。

在新的統一理論中，藉由更大對稱性連接的性質空間，所有粒子統一為單一的實體（多重態）。物質以這種方式統一，讓我們想到前文中原本幾個零散的五邊形，巧妙結合成為一個正十二面體。正如十二面體的每個面之間可通過適當的旋轉連結，粒子態之間也經由數學對稱性與具體的物理變換互相連結。

在彩圖47與48左上角，有個表列出抽象的＋－符號。表由五個直行和十六個橫列構成，不同列包含五個＋和－號的所有可能組合，不過＋號的個數必須為偶數。右上角表則開始把這一抽象圖案拓展為物理現實，這表具有相同的結構，但直行代表不同的強、弱色荷，橫列則代表物質粒子。前三行表示三個強色荷：依次為紅、綠、藍，最後兩行表示兩個弱色荷：黃、紫。依這個顏色規則，原來的＋號以實心圓表示，而原來的－號則以空心圈標記。

實心圓（從＋而來）代表半個單位的正色荷，例如紅色實心圓表示半個單元紅色荷（為什麼要一半，等一下會有很精采的解釋）。至於空圈（從－而來），則代表半個單位的負色荷。

兩個表格下面列有簡單的數學公式，定義Y量值為色荷的簡單數值和。回想一下，在彩圖43與44核心理論的物質普查表中，右下角有個神祕的數字表示電荷。在核心理論中，強、弱作用力的色荷完全憑空而來，只能根據實驗結果來決定。讀者等一下就可以看到核心理論的醜小鴨，如何蛻變成為統一理論的美麗天鵝，現在只需注意我已經代入公式，並在表的中間行記錄Y的數值。

左下角只是右上角的複製，中間行也重新列一次，方便大家讀取比對。

右下表則是將左下角表再度改寫，運用強、弱的漂白規則來簡化。我先介紹第一列的漂白規則，其餘可以此類推。根據強漂白規則，相等混合的紅、綠、藍色荷不具強作用力，因此可以將第一列的強色荷，加入二分之一單位的紅、綠和藍色荷加以簡化，這可抵消先前存在的負半單位綠和藍色荷，並讓紅色荷變成一整個單位，右下角即是成果：出現一個完整的大紅色實心圓，而綠色和藍色都不見了。在弱作用方面，黃色和紫色都各增加半個單位，根據弱漂白規則，可得到一個完整的黃色圓，而紫色被抵消了。

現在，奇蹟出現了。從一開始的抽象表（左上角）出發，清楚賦予實體後我們得到粒子和屬性列表，居然與核心理論物質普查（彩圖43與44）完全吻合！例如，第一列正是實體A的左上角粒子態。彩圖47與48右下表的最後一行也列出該粒子的名稱，可以幫助尋找對應。這很好玩，我強烈建議大家一一比對搜尋，將十六個粒子態全部找出來。不過，有一點細節要提醒大家：核心理論當中具右手徵的粒子，在統一理論中以左手的反粒子表示。所以看到粒子名稱前面出現負號時，必須將所有荷值變號（包括Y），並從右手粒子態找尋配對。

以上為彩圖47與48的補充圖說。

總而言之，在徹底研究統一理論的粒子態後，可發現它與核心理論的物質粒子完全吻合。要記住，彩圖43與44所描述的粒子現象，是研究真實世界的總結。統一理論是採取相反的過程，也就是從高度對稱空間的理想出發，假設是終極的性質空間，然後推導出局部對稱（楊－米爾斯）之下的粒子性質。第二個方法純粹從思維出發，以高度的一貫性建構理論，反映出真實物質世界的所有性質，我們居然發現兩者殊途同歸，這真是「**真實↕理想**」完美對應的絕佳例子啊！

回歸現實

如果這基本想法是對的話，我們可以更進一步……

對稱的數學揭示了誘人的前景，勾勒了從美麗的想法通往自然律的一道途徑。這受美而啟發激勵的願景，讓人聯想到柏拉圖的原子論，但其複雜精準當然是其望塵莫及。

不過，當試圖將這幅素描變成真實的畫像時，會出現兩個嚴重的問題。第一個問題較容易解決，第二個問題則相當棘手，誘使我們走向一趟有趣的冒險，只是終點還不知道在何方。

先討論比較簡單的問題。擴展的統一理論包含比核心理論更多的規範粒子，也就是更多的轉換交互作用。在統一理論中，不僅有可轉換強色的膠子和轉換弱色的弱子，還有可將一個單位的強色荷轉換為一個單位弱荷的突變子（mutatrons，這些粒子在文獻中沒有標準的名稱，所以我編了這個名字：突變子造成突變，豈不妙哉）。舉例來說，有個突變子能把單位紅色荷轉變成弱紫荷，該作用會把彩圖47和48的第一列轉變為第十五列，大家可以自行驗證。因此，紅色的夸克碰上這種突變子會變成反電子。然而，從來沒有人觀測過這種反應。突變子真的存在的話，為什麼我們不能看到它的效應呢？

所幸，這和之前物理學家在弱作用理論碰過並解決的問題十分類似。大家應該記得，純粹的局部對稱性，預測弱玻色子應該和光子與色膠子一樣質量為零。但是，果真如此的話，弱子的影響力將遠遠超過所觀察到的弱作用力。希格斯機制解決了這個問題，理論家假設空間中充滿著適當的物質，賦予弱子質量，讓理想與現實相逢。在希格斯粒子終於出現之前，許多物理學家懷疑這個大膽的想法*，但是現在自然界已經對這種想法做了最強力的背書。

引申這種基本想法，類似的過程可以賦予突變子大質量，抑制不良效應。我們只需把世界填滿能選擇性賦予質量的物質，或者更謙卑（也更準確地）說，我們承認世界**本來**就充滿這種物質，然後就沒問題了。

現在來討論第二項更具挑戰性的問題。若要求不同交互作用之間具有對稱性，那麼這些作用必須有相同的強度，這是要求完全等價的直接後果。糟糕的是，作用力強度天差地遠，強作用力太強了，這三種基本力強度絕對不相等（至於重力，更是無可救藥地微弱，至少表面如此）。

（在這裡交代一下相當重要、但稍具技術性的插曲：規範理論的交互作用力如何比較強度呢？簡單來說，作用力遵循和馬克士威方程式類似的數學式，粒子電荷決定電磁力大小。而色荷決定強作用力大小，弱荷決定弱作用力大小。每個交互作用都有對應的荷值（量子）。因此，要比較作用力強度，可以簡單地比較單位電荷之間的交互作用。然而，實際上的比上述更為複雜，主要有兩個原因：第一點：弱力的影響在距離大於10^{-16}公分會受抑制，而強作用力在距離大於10^{-14}公分受抑制，其中的原因很有趣但很複雜，前面已經解釋過（分別為希格斯機制和強禁閉）。因此，我們只能在比這些更短的距離來做比較才公平。第二點：在實際上很難操作粒子到需要的精確度。實驗家能做到的是對撞粒子，觀察大角度折射的發生率，以便研究極短距離的行為，並反推交互作用裡的形式，這就是一九一二年拉塞福、蓋革和馬斯登探索原子內部的做法，至今基本原則並沒有改變，只不過現在使用的能量愈來愈高，可以研究更短距離的物理。重力與其他作用力的比較有點棘手，一

＊我藉著他們的誤判贏了好幾把賭注。

方面所知的重力並沒有相對應的重力荷，重力所反映的是物體的能量。由於我們使用具有不同能量的粒子，在不同的距離比較作用力，因此在評估重力的相對強度時，只需計算該能量在適當距離下的重力作用，以做為比較基準，技術插曲到此結束。」

重思漸近自由

但是，已經走到這一步，不應該輕易放棄。事實上，核心理論重要的一課「漸近自由」，為這難題提出可能解答。在前面章節談到強作用力時，有一點很重要：作用力強度與距離成反比，距離愈遠會愈為強，距離很短則極為微弱。這相關性解釋了夸克束縛的現象，因為強作用力在粒子相距過大則施力阻止，在短距離則施力微弱。

漸近自由讓作用力強度朝著正確的方向修正。因為強作用力會隨距離愈小而愈弱，使得與其他作用力的強度差異縮小。

可不可能大家都走到一起呢？

要讓希望變成願景，願景落實為計算，重新思考漸近自由是有幫助的。讓我們利用一般的圖像和概念，可超越強作用力，甚至核心理論。

讓我們自己看得更犀利透徹。

假設我們眼睛的解析力高達10^{-24}秒與10^{-14}公分，就能看見彩圖49這張「真空」放大圖。

確切來說，這張圖是膠子場強度擾動所產生典型能量密度分布圖。這類擾動會無中生有，在空間中無所不在，橫貫所有時間，是量子力學作用的結果（有時稱為虛粒子，或零點運動）。膠子流體的自發活動造成漸近自由、束縛作用，以及我們人體的質量，前面已經討論過。因為真空擾動是量子色動力學計算中不可或缺的一環，而這些計算又與實驗精確吻合，因此這些擾動的存在科學上已毋庸置疑。在這電腦模擬的圖像中，能量最集中的地方以「最熱」的紅色與亮黃色標示，而能量較低的地方則以淡黃色、綠色和淺藍色標示，能量密度低到無法表示的部分則在黑底中留白。這張圖的倍率大約為10^{27}，描繪區域相對於一個人之小，約略是一個人相對於可見宇宙之小；而時間上相較於一秒之短，比一秒相對於宇宙大霹靂至今的時間還更短呢！

由於QCD受到嚴謹無比的測試，在科學上已十分確定，這張圖精確描述已經發生、正在發生，並且將繼續發生的現象，時時刻刻，無所不在。

但是，真空甚至比這更複雜！膠子流體絕非唯一的量子流體，我們也能計算出光子（電磁）流體擾動、弱子流體擾動、與「物質」粒子夸克和輕子的創生毀滅相關的流體，以及電子流體擾動和上夸克流體擾動等等。其他流體擾動的物理效應，往往比膠子流體擾動的作用更小，這是因為膠子共有八種之多，且相互作用更強所致。因為量子理論的一般原則預測所有量子流體的擾動，精準實驗測量提供壓倒性的證據，顯示真空確實發生了這些擾動。為了修正我們對於真實的觀點，需全部納入考量。

正如水的存在會扭曲魚類觀看世界的方式，空間中的介質尤其是遍布其中的量子流體的活動，也會扭曲我們對最短距離的看法。為了釐清根本真實，必須修正這些扭曲。我們的希望在於：不同的作用力強度看似不相等，但或許當我們修正觀點後，這些作用力看起來就相等了。

只差了一點

圖四十就是成果。您可以看到，差一點就成功了！代表不同作用力強度的三條線，幾乎相交於一點了，可惜失之毫釐。

若是想要多了解一點技術細節的話，以下是圖四十的補充資料：為了讓結果成為這簡單的三條直線，我對兩軸標示特別下了工夫，在縱軸上強度是由大至小，所以作用力愈強，位置便愈低（這還有一個重要的好處，在圖四十一可以看到）。在水平軸，我以對數表示，因此愈往右邊代表距離愈小，研究所需的能量就愈強，差距以十倍來計算！所以，雖然我們的計算看起來沒什麼了不起，卻已超越目前超速器的能耐了。至於三條線的粗細，則代表實驗與理論上的不確定性。

理論家那時希望的，是進行短距離測量或是以高能探究時，不同基本作用力的強度會趨近相等。我們利用當時最強大的加速器，在最短距離（或最高能量）測得數值，然後用理論和計算預估，在更短的距離（或更強的能量）之下能找到什麼。在這張圖中，測量基準點在左邊，以圓點表示，然後往右邊延伸直到還能藉計算了解的更短距離。我們可以看到幾乎成功了，因為三條線「幾乎」相交於一點，但又不盡然。

在這個交叉點，或許我們能向著名哲學家波普爾的智慧求取安慰。他教導我們，科學之目標在

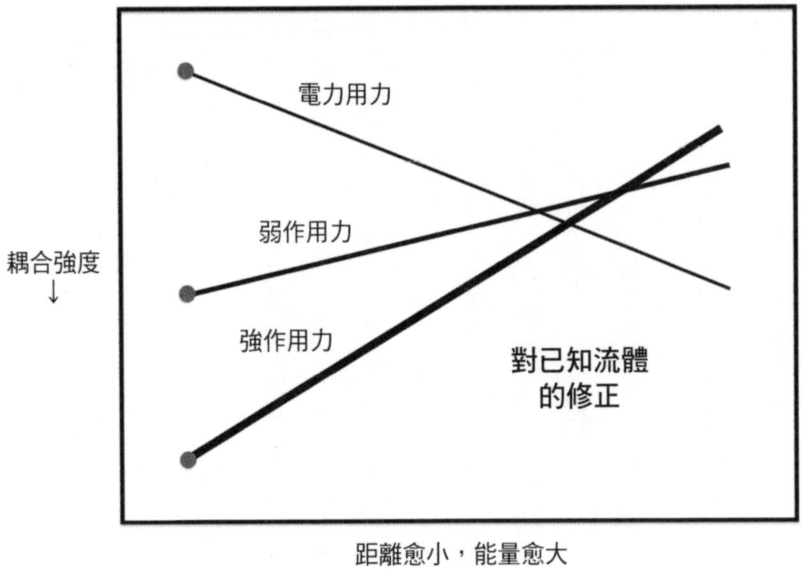

圖四十：一旦修正已知量子流體的效應後，可發現統一就差一點了。

於提出可證偽（falsifiable）的理論，然而我們提出的理論不僅可證偽，根本就是已經證明為偽了，任務完成！

這當然是自我解嘲而已。我們提出一份美麗的想法，前景似乎一片光明，而且幾乎成功了。美何其珍貴，實不該輕言放棄。

現在，我來告訴大家我和另一對朋友如何發現一個可能的解答。不過，首先我要先介紹另一個朋友：SUSY。

SUSY登場

超對稱（supersymmetry），或簡稱SUSY，是一種新的對稱。這是數學上的一種自然可能性，但超對稱對於物理學家真是一大驚喜。一九七四年，魏斯（Julius Wess）與朱米諾（Bruno

Zumino）率先提出成熟的形式。

「對稱」一以貫之便是「變而不變」。用到方程系統上，指可以轉換方程式中的量值，而不會改變方程式的結果。超對稱則是其中一種特例，涉及一種非常特異的轉換。

我們已經討論許多物理對稱的例子。時間平移對稱，是把時間加上或減去一個常數。伽利略對稱則是狹義相對論的核心概念，涉及世界（亦即時空）的轉換，增加或減去一個恆定速度，給予「推進」。

超對稱進一步推廣狹義相對論，允許一種新的轉變。這是量子版的伽利略對稱，給予速度來「推進」轉變。與普通的伽利略轉換一樣，量子伽利略轉換也涉及運動，但此運動是進入或離開奇怪的新維度，此新維度與一般的幾何維度大異其趣，稱為「量子維度」。

前面討論特性空間時曾經探索過，「是什麼」可由「在哪裡」來決定。同一實體在特性空間裡的不同位置，常會變成幾種「不同」的粒子。我們，或說更正格的膠子、弱子和光子等，會以不同的方式回應該實體，端視實體在特性空間的位置而決定。若是想像一個粒子在特性空間裡移動，一路上便會從一種粒子變從另外一種粒子。

超對稱的量子維度也是如此。不同之處在於當一個粒子進入量子維度時，會發生更劇烈的性質轉換。

核心理論分成兩部分：物質和作用力（或說陰陽，較有詩意）。「物質」部門由夸克和輕子組成，包含的粒子具有一定的持久性和硬度，也就是具有我們視為「實體」的特性。能捕捉到這些粒子共通特性的精確科學術語稱「費米子」，是以科學家費米（Enrico Fermi）命名。其特色為：

- 費米子成對創生、湮滅，因此如果有一個費米子，便無法甩掉它，可能會變成另一種費米子，或是變成三個、五個，外加任何數目的非費米子（即下文的玻色子），但是無法化為烏有，消失無蹤。
- 費米子遵守包利不相容原理。大致上，這意謂兩個同類費米子不喜歡做同樣的事情。電子即是費米子，電子不相容原理對物質結構扮演關鍵作用；在探索豐富的碳世界時，我們曾經提過。

「作用力」部門由色膠子、光子、弱子，以及希格斯粒子和重力子所組成，這些粒子來去自如，以行話來說，是以輻射吸收的方式生成消失，通常都呼朋引伴成群結隊出現。能捕捉到這些粒子共通特性的精確科學術語稱「玻色子」，是以科學家玻色（Satyendra Bose）命名。其特色為：

- 玻色子可以單獨創造或消滅。
- 玻色子遵守玻色的「相容原理」。

大致上，這意味著兩個同類的玻色子特別喜歡做相同的事情。光子是玻色子，而光子遵守相容原理，讓雷射成為可能。如果有機會的話，一群光子會試著做相同的事情，形成一道純光譜細束。

物質粒子和作用力粒子（即費米子對玻色子）之間的對比十分鮮明，需要極大的勇氣嘗試，才能挑戰兩者之間的藩籬。然而，量子維度辦到了。當一個物質粒子踏入量子維度時，會變成作用力粒子，當一個作用力粒子踏入量子維度時，會變成物質粒子，這是一種數學魔法，我在此無法道盡其中神妙。不過，我會簡短介紹奇異之處，其實相當有趣。

我們繪製普通維度的地圖時，是以一般所謂的「實」數來標記，選擇一個參考點，通常稱為原點，然後以一個（真實）數字標示各點與原點的距離。一言以貫之，實數適合用來測量距離和標示連續體，滿足乘法律 $xy = yx$。

量子維度使用不同的格拉斯曼數，滿足不同的乘法律

$$xy = -yx$$

這個不起眼的減號會造成巨大的差異！值得注意的是，如果令 $x = y$，會得到 $x^2 = -x^2$，結果 $x^2 = 0$，在量子維度的物理解釋中，這道奇怪的法則代表包利不相容原理：不能讓兩個東西處於相同的（量子）地方。

準備就緒，我們可以會見ＳＵＳＹ了。超對稱主張世界具有量子維度，而有一種特別的轉變，會讓一般維度和量子維度互換（變），但是卻維持物理法則（不變）。

超對稱如果正確的話，將是世界深奧之美的體現。因為超對稱讓物質粒子轉變成作用力粒子，反之亦然。超對稱可依據對稱性來解釋，為什麼這些東西沒有辦法獨立於另一邊而存在：兩方都是相同的東西，只是觀點角度不同而已。超對稱以陰陽調和的精神，調和了外在明顯的對立。

從「沒有大錯」到「可能對了」

薩瓦斯・迪莫普洛斯（Savas Dimopoulos）時時刻刻都有讓他著迷的事，一九八一年春天他著迷的是超對稱。當時我剛換到聖塔芭芭拉理論物理研究所工作，他來訪之後，我們一拍即合。薩瓦斯的狂野想法源源不絕，我試著放寬心胸、認真看待這些想法。

超對稱向來都是美麗的數學理論。然而，超對稱的問題在於與現實世界比，它太過美好了。超對稱預測新粒子，而且是許多新粒子的存在。至今，我們還沒有看見預測的粒子，例如沒有見過與電子具有相同電荷與質量的粒子，但卻不是費米子而是玻色子。

但是，超對稱預期這種粒子存在。當電子進入量子維度時，就會變成這種粒子。

根據其他類型對稱所獲取的經驗，有一道「自發對稱破缺」的退路，可以解釋消失的對稱。這條退路是假設我們關注目標（在基礎物理學中是指世界整體）的方程式具有對稱性，但是其穩定解卻不具對稱性。

普通磁鐵就是這種現象的典型例子。在描述磁石的基本方程式中，任何方向都等價，但是磁石是一塊磁鐵，磁鐵的各個方向不再相等；每塊磁鐵都具極性，可以用來做羅盤針。這種方向如何與無方向的方程式一致呢？重點是磁鐵中有作用力，讓電子的自旋朝同一方向。因應這些作用力，所有電子必須選定一個共同的方向。這些作用力（以及描述的方程式）都會一樣滿足所選定的方向，但是必須做一個選擇。所以，方程式穩定解所具有的對稱，會比方程式本身更少。

自發對稱破缺的策略讓我們既可以一口吃掉蛋糕，還可以繼續欣賞它。如果成功了，可以用美麗（超對稱）的方程式，來描述沒那麼漂亮（非對稱或者「次超對稱」？）的真實世界。

具體來說，當電子進入量子維度時，質量會發生變化。如果「超電子」（selectron）這種新粒子夠重的話，那麼觀察不到也不足為奇了。因為，那將是不穩定的粒子，在（超）高能加速器中產生之後，只能瞬間存在。

這是人類知識的前緣，自發對稱破缺的應用只能靠猜想。我們得先猜測看不見的對稱存在原始方程式中，然後證明現實世界（或者實際上你想要解釋的那小部分世界）是方程式的穩定解。

我們可以使用超對稱這條退路嗎？物理學家發現，運用符合一切現實的自發破缺超對稱來建構世界模型，比預期困難重重。一九七〇年代中期超對稱剛提出時，我小試一下身手，然而幾次敗陣下來，我只得棄械投降。薩瓦斯是天生建立模型的高手，關鍵點有二：他不堅持非簡單不可，而且他永不放棄。

我們之間的合作很有趣，讓人聯想起「天生冤家」這齣影集。當我發現他模型中出現一道困難時（假設是A），他會說：「這沒什麼大不了，我一定可以解決。」第二天下午，他會帶來更好的模型，解決了問題A。但是，我們接著討論問題B，他會用一個更複雜又完全不同的模型來解決。為了解決A和B，我們必須合併兩個模型，然後就冒出新問題了。沖洗漂乾，再來一次。沒多久，事情就變得複雜極了。

終於，我們用窮盡法成功逼出答案了。包括我們在內，每一個人檢查時都絞盡腦汁拚命想找出模型的漏洞來修補，直到再也找不著了。要寫論文發表時，我其實滿愧疚的，因為我們的理論實在太複雜、武斷，一點也不自然。

我說過，薩瓦斯對「複雜」毫不在意。他先前已經與另一位同事司徒・瑞比（Stuart Raby）討論要將超對稱加到作用力統一模型了；基於其他原因，這已經夠難辦的了。

我對這些猜測臆想，完全不熱中。說實話，我希望它們統統不管用，這樣才好洗新革面，重新做人。我的計畫是抓住大方向，不必靠補補貼貼。他們的想法錯了，就可迎來完結篇：把先前胡言亂語統統掃地出門！

為了理清頭緒、進行明確的計算，我建議做最原始的東西，就是別管（自發）對稱破缺了，因為這是大多問題的來源，造成一切不確定；以放棄現實為代價，讓我們能夠專注於簡單美好的對稱模型，計算作用力在模型中是否變成一致（在不知不覺中，我們所追隨的是畢達哥拉斯和柏拉圖的腳步，當然也遵循馬利神父的忠告）。

結果是一大驚喜，至少對我而言。當年相關測量仍然相當粗糙，所以圖四十的線條較粗，代表不確定性更大。粗線確實交疊了，亦即考慮到不確定性，短距離內不同作用力的強度似乎確實有可能變成一樣。這條線索十分誘人，在領域中的理論家之間很有名。但是，我對計算結果感到驚奇的是，雖然超對稱模型含有更多振盪的流體，卻還是奏效了！雖然是否假設超對稱會得到不同的答案，但是兩者都符合當時的實驗數據。

這代表一個轉捩點。我們拋開試圖面面俱到、「沒有大錯」但是極其複雜的模型，三人完成一篇簡短的論文，明顯與實際不符（肯定是錯的）。挾著沒有破缺的完整超對稱，我們所提出的理論太過美好而無法描述世界，然而結果卻是成功地讓統一再統一，把「**強作用力＋弱作用力＋電磁力**」的統一，和與超對稱「**物質＋作用力**」的統一兩者結合，而這想法看起來可能是對的。至於超對稱如何破缺的問題，只能留待下回分解。

有時候，了解某件事情最重要的一步在於，明白不應該擔心所有事情；確保至少在某方面可能是對的，通常會比拐彎抹角讓每件事情都「沒有錯」更好呢！

皇冠上的寶石？

圖四十一顯示我們計算的結果。

超對稱將新效應引入真空，也就是新類型的量子擾動或虛粒子。我們必須重新審視圖四十，為扭曲來做修正。當然，我們會用最好的實驗數據，讓線條變得同樣細。

這麼做的時候，真的成功了！強、弱與電磁力三種不同作用力的強度變成一致，且無比精準。

不只如此。目前為止，我們將第四種作用力重力擺在一旁，未納入統一的討論中。這是策略考量，其他三種作用力的統一顯然是更成熟簡單的問題，強、弱與電磁力可由極為類似的理論描述，各個都是局部特性空間對稱性的體現。雖然我們觀察到這些作用力的強度不同，從圖四十與圖四十一的三點分布可看出來，不過並非天差地遠，實際上差距低於十倍。

重力有兩點不同。重力由愛因斯坦的廣義相對論描述，也屬於一種局部對稱的體現，然而這種對稱（局部伽利略對稱）卻是一種不同的對稱。更令人瞠目結舌的是強度之弱匪夷所思，比起其他作用力太太太微弱了。若每個「太」代表十倍，竟需要四十個呢！因此，在圖四十一中找不到代表重力強度的圓點，那個圓點在可見宇宙之外更遠更遠之處，我們的圖要變大 10^{27} 倍才會和可見宇宙一樣大，然後那還差 10^{13} 倍啊！

儘管如此，我們也可以把重力放進來考慮。如果我們堅持下去，會獲得回報的。

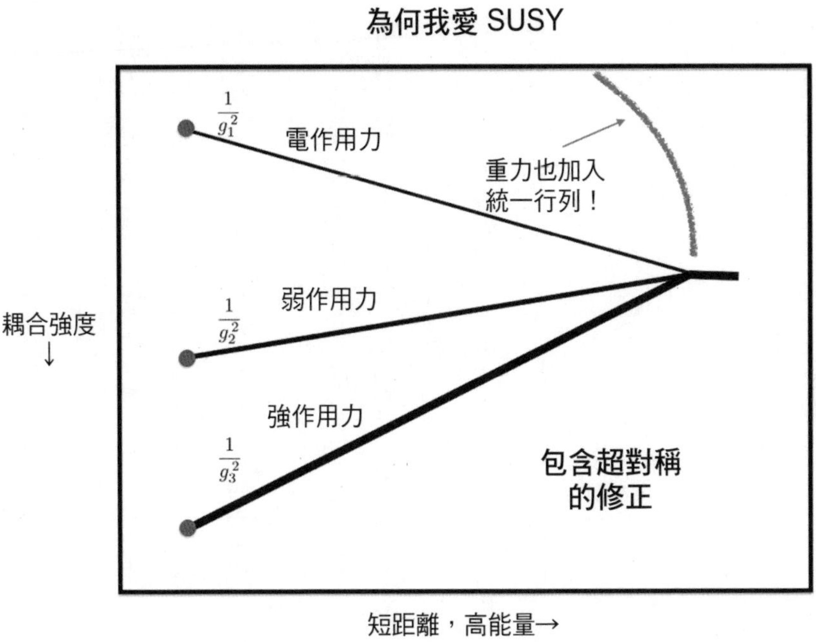

圖四十一：加入超對稱所要求的新量子流體效應後，正確的統一出現了。

重力直接回應能量，因此若是我們（用腦和筆）以更高的能量探測，其強度會成比例增加。且由於量子擾動的關係，強度增加率會比其他作用力效果更為強大。在圖四十一中，向下衝的弧線代表重力強度的倒數，重力重新進入可見宇宙，幾乎加入其他相交於一點的其他三種作用力。

則就耦合強度上，達成了四種基本作用力的完整統一：

強＋弱＋電磁＋重力

這項成就並不代表一個完整的統一理論。比如說，你可能注意到，如果繼續向右追蹤圖四十一的直線，作用力將會再度「分開」。對於強、弱和電磁作用力，我們可以實現統一，但是卻推導不出一個完整獨特的理論，因為沒有足夠的訊息，但是可能的理論卻有諸多共同點。尤其是，這些理論都需要極重的新粒子，如前面提到的突變子。與這些粒子相關的擾動（未在圖四十一中），讓耦合係數相遇後保持統一（之前並未有多大作用）。當我們試圖納入重力時，不確定性會更大。弦論主要目標是解釋重力如何與其他作用力統一，但是至今該目標還未能實現。

儘管有其局限性，作用力統一是很棒的結果。一切從我們探尋美麗的問題開始，最終成就一個圓滿的答案：精準確認「美」以一種深刻而特別的對稱存在，體現在這個世界上。

是這樣嗎？

為了證實我們的想法，不得不訴諸超對稱。因為目前為止尚未有超對稱的直接證據，這種假設還是要打個問號（對我來說，計算成功是很強的間接證據）！

幸運的是，我們可以測試。超對稱預測的新粒子不可過重，否則超對稱就沒用了；若超粒子質量過重，量子擾動會很有限，而讓圖四十一的統一變回圖四十的不統一。大強子對撞機應該很快就能聚集夠高的能量，製造一些新粒子，我打賭未來五年內便可盼得佳音了。

相信美

我們相信上帝：閒雜人等一概現金交易。＊

——《珍．謝潑》

在提出理論時，我們相信「美」，至於其「現金價」則取決於其他因素。我們都渴望真理，但真理並非唯一、甚至不是最重要的標準。例如，牛頓力學（以質量守恆為中心）和色彩理論（以光譜形態守恆為中心）雖然並非完全正確，卻是極有價值的理論。「孕育力」（fertility）指的是理論預測新現象的能力，並且給予我們駕馭自然的能力，也是方程式中重要的一環。

在過去，相信「美」常帶來收穫。牛頓的萬有引力理論受到天王星軌道的挑戰，因為與預測不符。然而，勒維耶（Urbain Le Verrier）與亞當斯（John Couch Adams）相信理論之美，提出一個新行星的存在，並相信這前所未知行星就是擾動的來源。兩人的計算指引天文學家在特定天區尋找，最後導致海王星的發現。馬克士威思想集大成，他預測光有新的顏色，肉眼看不到，當時也未觀察到。然而，赫茲相信理論之美，他製造並觀察到了無線電。更近的例子是，狄拉克（Paul Dirac）用一個詭麗的公式，預測反粒子的存在，當時尚未觀察到，但後來很快就證實了。核心理論以「對稱」為錨，帶給我們色膠子、W粒子、Z粒子、希格斯粒子、魅夸克、以及所有第三家族的粒子，全都是先預測，然後才觀察到的。

不過，也有失敗之例。柏拉圖的原子理論和克卜勒的太陽系模型都是描述自然的漂亮理論，然而卻完全失敗了。另一個是克耳文提出的原子理論，他主張原子是以太中活動的「結」（「結」有不同的形式，不容易打開，所以似乎具有製造原子的正確成分）。這些「失敗」並非無一是處：柏拉圖的理論刺激對幾何和對稱的深入研究，克卜勒的模型開啟他偉大的天文學研究生涯，而克耳文

＊此處採取譯家喬治高先生譯筆。

的模型啟發泰特（Peter Tait）發展數結理論，至今仍是活躍的主題，但是以物理世界的理論來說，這些卻無可救藥地錯了。

超對稱的命運尚未決定。如我所說，發現超對稱將是對我們相信「美」的回報，指引我們探索深奧的真實。我們有很好的理由相信發現已經不遠，也有很美麗的理由如此希望，但這一切尚未如願。

我們拭目以待。

雙重至福

在「多馬不信主」的故事中，使徒多馬懷疑耶穌已經復活。因缺乏證據，抱持懷疑而無法相信：

「我非看見他手上的釘痕，用指頭探入那釘痕，又用手探入他的肋旁，我總不信。」

等到耶穌出現在多馬面前，讓多馬親自摸了傷口，多馬就信了。耶穌說：

「你因看見了我才信；那沒有看見就信的有福了。」

這個故事激盪出許多藝術作品，包括卡拉瓦喬的〈聖多馬之疑〉（彩圖50），這畫尤其讓我感動不已。我認為，卡拉瓦喬的畫作傳達出兩則深刻且超越福音的訊息。首先，我們可以發現耶穌並沒有抗拒多馬好奇檢視，反而表示歡迎。其次，多馬意外又欣喜地理解，現實世界與他內心最深切的期待，竟然相符相合。心存疑惑的多馬，何等英明，何等有福。

那些沒有看見就相信的人也有福，因為心中有確信的喜樂。但這種確信畢竟很脆弱，因為他們的喜樂畢竟是空虛的。

那些信得主動、願意探討現實的人，將享有另一種更美滿的福，因為了解其所信的與現實相符相合。看見就信的人，更是有福。（注釋⑬）

第十九章　優美的答案？

並不是所有關於深層真實的美好想法，都是正確的。柏拉圖提出的理想幾何原子，克卜勒的太陽系幾何模型，都是我們討論過的例子。達文西的曠世傑作〈維特魯威人〉（彩圖51），展現的是一種不同的觀點。這幅畫暗示幾何與（理想的）人體比例之間相通，達文西主張人體反映出宇宙結構，而反之亦然。和前文討論過的畢達哥拉斯學派的思維相比，這種人本哲思與神祕傳統源遠流長。可惜，從科學研究湧現的世界觀中，人類的形體比例並沒有扮演特別角色。

另一方面，深層真實的一切真理，也不見得都美麗。核心理論有許多鬆散的線頭，全部都整理清楚的希望很渺茫。縱使我對軸子、超對稱和統一場論等夢想都實現了，一大堆亂七八糟沒有模式可循的夸克、輕子，以及概念上暗晦不清的暗能量等，在可見的未來仍然會是問題。

然而，在這冥想的尾聲，對於「**世界是否體現了美麗的想法？**」這個問題，我希望你能同意唯一妥當的答案，是鏗鏘有力的：「**是！**」

隨著前面一頁又一頁，這個答案愈見清楚浮現。在世界創造的中心，畢達哥拉斯和柏拉圖最期盼找到純粹、秩序與和諧，然而真實卻更甚於此。在原子與現代的「虛無」中真的體現了天籟之音，雖與平常說的音樂無關，而是有其獨具的豐富奇特。太陽系並未體現克卜勒原先的設想，但是他發現太陽系動力法則之精準，卻實現了牛頓天體力學的超然之美。除了肉眼可見，還有更多結構，而想像力可以打開新奇的感官大門，有時所見的更是超越原本想像。大自然的基本作用力體現對稱，其化身處處可見。

廣義地來詮釋，達文西的啟示也並非全然錯誤。人體↕宇宙的連結雖然不再是核心，但微宇宙↕大宇宙的緊密關連，卻更加鮮活突顯，這兩個概念依稀有些關係。

到目前為止，本書主要探討關係式左邊的微宇宙，現在讓我們朝宇宙看。彩圖52是一張天空的圖，觀察者眼裡看到的是微波輻射，而非平常的可見光。當然，要將訊息以人類能夠接受的形式呈現，這裡已經進行過影像處理。輻射的強度以色彩表示，深藍色強度最低，亮紅色強度最高，兩端之間有其他的顏色。再者，這裡有一項關鍵的「細節」是原始資料減去平均值，並增強對比一萬倍。原始的圖片有如一團迷霧，現在看到的則是平均值上下的微小起伏。

這張圖的重點畫出微宇宙與大宇宙之間的奇妙相連。微波天空之圖是宇宙早期歷史的快照，大約是一百三十億年前，也是大霹靂之後約幾十萬年。那時候發射的光現在抵達這裡，行經漫漫長路。帶來的消息是：一百三十億年前，宇宙幾乎、但未完全均勻一致，在均勻一致中帶有萬分之幾的起伏。

這些均勻中的擾動，受到引力的不穩定（密度較高的地區從鄰近密度較低的地區吸引物質，造成差異增大）而增長。最後，誕生今日看到的星系、恆星和行星等。一旦有了種子之後，一切就只剩下直截了當的天體物理學了。因此，最大的問題是：這些種子最早是如何形成呢？

我們需要更多觀測，但是根據現有的證據，種子很有可能是從類似彩圖49的量子擾動開始。在現今的條件下，量子擾動唯有在極小的尺度才會顯著，但是在宇宙早期歷史急速擴張的時期中，也就是所謂「宇宙暴脹」的過程中，可以延伸到宇宙尺度。

我們人類處於微宇宙和大宇宙之間，包含彼此，感受彼此，領悟彼此。

回到人間

完成這本書時，一件不幸的事情將我從天上打回人間。我的筆記型電腦好比是大腦延伸，卻被偷走了，讓我感到絕望無助。

但是，隨後奇蹟出現了。由於所有資料都有備份，幾天之後新買的筆記型電腦將全部資料回復，圖片、文字、計算和音樂等等一一忠實重現，因為所有的東西都用0與1的數字編碼串起，新的版本和原有版本一模一樣。我不禁想到，對於畢達哥拉斯的遠見，很難再找到如此暢快淋漓的展現了。他說：

萬物皆數。

這份美麗的真實，讓我不論今昔都由衷感謝。

互補的智慧（注釋⑭）

我自相矛盾嗎？
很好，那麼我就自相矛盾，
我很大，我包含各種可能性。

——惠特曼《草葉集》

圖四十二：波耳設計的徽章。

探索自然可帶來諸多新觀點，但不容易與日常經驗調和，甚至是彼此包納。浸淫在量子世界中，矛盾和真理等同且毗鄰而居，波耳從互補性體悟到一項真諦：沒有一種角度可以窮盡真實，不同的觀點可能都是有價值，卻互相排斥的。

陰陽之圖即是互補佳例，波耳即是如此看待。其兩面相等卻不同，彼此互相包納。波耳婚姻幸福美滿，也許並非偶然。

一旦體認到這點，我們重新發現互補性代表的智慧，在物理世界與之外都能一再確認。這是我擁抱的智慧，並向讀者真心推薦。本書最後，讓我們探索一些互補對：

簡約與豐富

- 自然的基礎精簡至極，極度對稱的方程式可將其特性表露無遺。
- 物體構成的世界廣大無邊，變化無窮無盡。

當我們對基本了解加深，豐富的經驗無法被抹煞，而是淬鍊我們的經驗，讓它更加豐富。

一個世界與許多世界

- 大腦是人類思想的終極儲存庫，好好地坐落在每個人的頭骨裡，在每個人的身體裡，在地球這個星球上。大多數人大多數時間沒有在做哲學思考或是在研究天文學時，關心的是地球表面上一小塊區域發生的事情，這就是人類歷史上演的地方，包括戰爭、偉大的藝術，以及數十億過著「普通」生活的你和我。
- 即使從不遠的地方來看，地球就只剩下一個反射陽光的小點而已（圖四十三）。

最近宇宙學的發展顯示，人們即使用最強大的工具，所能造訪的宇宙也不過是多重宇宙的一小部分，而這多重宇宙的遠方可能看起來完全不同。若確定是這樣，將會突顯前面一再出現的主題：一個人所經歷的「世界」，只是數十億世界（至少每人一個）的其中之一；地球是太陽系中幾個行星其中之一，太陽系是銀河系數十億恆星其中之一，而銀河系又是可見宇宙中數十億星系其中之一。

圖四十三：從火星上看到的地球。

我們周遭存在的無邊無盡，不會減損你我做為一個人的主體性，而是真真切切擴展了我們的想像。

客體和個人

- 你和我都是夸克、膠子、電子和光子的集合。
- 你和我都是會思考的一個人。

決定性和自由

- 你和我都是實體，受到物理法則拘束。
- 你和我都能夠做選擇；你和我都要對選擇負責任。

短暫和永恆

- 世界的狀態不斷變化，裡面每項客體也會改變。

• 概念存於時間之外，因為萬物皆數，從中解放我們。

在物理學和宇宙學的前端，這種互補性不斷上演。我們目前在物理法則和初始條件之間硬生生區隔，這不可能是最後答案。任何有限的觀察者所見的世界不斷演變，但描述世界最自然的舞台，也就是時空整體，則恆定不變。一個系統整體的量子力學波函數可能隨時間保持恆定，而個別觀察的部分則會經歷相對變化（致專家：這種情況經常發生在複雜系統的能量本徵函數上）。或許整個世界也可能有類似的情形，通常對稱原則牽涉到變化，但維持不變的世界整體反而將使對稱性充分體現，正如巴門尼德看似矛盾的堅持：

> 一則故事，一條道路，如今
> 僅存：真真確確。徵象
> 無所不在，無生而不滅，
> 合而一體，獨一無二，完整堅定。

而最後一對互補，為我們的冥想畫下句點：

美與不美

• 物理世界體現了美麗。

•物理世界充滿了痛苦、紛亂與壓抑。

不管如何，我們都不應該忘記另一面的存在。

附錄

大事紀

第一部分：前量子物理時代

約西元前五二五年：畢達哥拉斯（西元前五七〇－四九五年）發展幾何與音樂數學法則。

約西元前三六九年：柏拉圖（西元前四二九－三四七年）友人泰阿泰德發展柏拉圖正多面體理論。

約西元前三六〇年：柏拉圖在對話錄《蒂邁歐篇》中，提出原子理論與宇宙學猜想。

約西元前三〇〇年：歐幾里德（西元前三二三－二八三年）在《原本》中，發展幾何演繹系統。

約一四〇〇年：布魯內列斯基（一三七七－一四四六年）發展投影幾何，成為繪畫透視基礎。

約一五〇〇年：達文西（一四五二－一五一九年）率先將藝術、工程學和科學融合一體。

一五四三年：哥白尼（一四七三－一五四三年）在《天體運行論》中以數學美學為基礎，提出日心說。

一五九六年：克卜勒（一五七一－一六三〇年）在《宇宙的奧祕》中，根據柏拉圖正多面體提出哥白尼太陽系模型，後來的研究建立行星運動的實證法則。

一六一〇年：伽利略（一五六四－一六四二年）用他的望遠鏡進行一系列開創性觀測，在《星際信使》一書中宣布繞木星運轉的「小哥白尼」衛星系統，並指出月球具有與地球相似的本質。

一六六六年：牛頓（一六四二－一七二七年）發展微積分、力學與光學等突破性理論。

一六八七年：牛頓在《原理》中，根據數學原理解決天體與地球的重力法則。

一七〇四年：牛頓在《光學》中，闡明對光之本質探索的實驗與猜想。

一八三一年：法拉第（一七九一－一八六七年）發現電磁感應。

一八五〇年代至六〇年代：馬克士威（一八三一－一八七九年）發表色彩視覺的論文（一八五五年）；對電動力學的重要論文：〈論法拉第的力線〉（一八五五年）、〈論物理之力線〉（一八六一年）、〈電磁場動力學理論〉（一八六四年）。

一八八七年：赫茲（一八五七－一八九四年）製造並偵測到電磁波，證實馬克士威推論，並奠定無線電及今日各種電信通訊之理論基礎。

第二部分：量子物理、對稱性與核心理論

一八七一年：索菲斯·李（一八四二－一八九九年）在論文中介紹連續轉換和對稱的概念，他並在日後繼續推廣、精進這方面研究。

一八九九年：拉塞福（一八七一－一九三七年）確認原子核衰變釋放出電子，是一種特殊形式的輻射（「β衰變」），開啟弱作用力的實驗研究。

一九〇〇年：普朗克（一八五八－一九四七）引入物質與光能量交換的量化研究。

一九〇五年：愛因斯坦（一八七九—一九五五年）引入光本身是離散單位（量子＝光子）的概念。

愛因斯坦的狹義相對論和廣義相對論（一九一五年）是以對稱假設為基礎的強大物理理論，分別為日後剛性（全域）和變形（局部）對稱的研究建立舞台。

一九一三年：蓋革（一八八二—一九四五年）和馬斯登（一八八九—一九七〇年）依循拉塞福的建議，使用散射實驗證明原子核的存在。

波耳（一八八五—一九六二年）以量子概念為基礎，引入成功的原子模式。

一九一八年：埃米・諾特（一八八二—一九三五年）以定理建立連續對稱和守恆法則之間的關連。

一九二四年：玻色（一八九四—一九七四年）引入概念，指光子是一種玻色子。

一九二五年：包利（一九〇〇—一九五八年）引入不相容原理。

費米（一九〇一—一九五四年）和狄拉克（一九〇二—一九八四年）提出概念，指電子是一種現稱為費米子的粒子。

海森堡（一九〇一—一九七六年）引入現代量子理論，將波耳的想法套入數學架構。

一九二六年：薛丁格（一八八七—一九六一年）提出薛丁格方程式。雖然看起來與更抽象的海森堡原理大異其趣，但結果證明兩者相當完全等價。

一九二五—一九三〇年：狄拉克（一九〇二—一九八四年）在一系列優異的論文中，提出狄拉克電子方程式與量子化的馬克士威方程式，其研究讓量子電動力學（QED）成為充實豐富的物理理論。

一九二八年：魏爾（一八八五—一九五五年）發現量子版的馬克士威理論（量子電動力學QED）

是變形對稱的一個實例。

一九三〇年：包利（一九〇〇－一九五八年）假設有看不見的微中子存在，以便在弱衰變中保持能量和動量守恆。

一九三一年：魏格納（一九〇二－一九九五年）闡明剛性對稱在量子力學中的效應。

一九三二年：費米（一九〇一－一九五四年）將狹義相對論和量子力學的一般原則運用在弱衰變，在此新領域確立其有效性。

一九四七－一九四八年：測量從簡單狄拉克理論的偏離效應：蘭姆（一九一三－二〇〇八年）觀察到氫原子能階的位移（「蘭姆位移」），以及庫施（一九一一－一九九三年）觀察到一種「反常」的電磁作用，證明將量子擾動納入的重要。

一九四八年：費曼（一九一八－一九八八年）、施溫格（一九一八－一九九四年）和朝永振一郎（一九〇六－一九七九年）證明，當精準解決狄拉克量子電動力學時，會包括量子擾動（虛粒子）。

一九五〇年：戴森（一九二三年－）為上述的研究確立數學基礎，顯示一致性。

一九五四年：楊振寧（一九二二年－）和米爾斯（一九二七－一九九九年）將索菲斯・李和馬克士威／魏爾的想法結合，發現方程式能夠體現更複雜的變形對稱，這楊－米爾斯方程式成為現代核心理論的中心。

一九五六年：萊因斯（一九一八－一九九八年）和科溫（一九一九－一九七四年）觀察到微中子的交互作用，證明它真實存在。

李政道（一九二六年－）和楊振寧主張弱作用力造成左、右之間產生根本區別（「宇稱不守恆」），隨後不久獲得實驗證明。

一九五七年：巴丁（一九〇八－一九九一年）、庫珀（一九三〇年－）和施里弗（一九三一年－）提出超導性里程碑「BCS理論」，日後自發對稱破缺的重大思想（包括希格斯機制），已經隱含在這裡論當中。

一九六一年：格拉肖（一九三二年－）混合弱作用力與電磁力，提出變形理論。

一九六一－六二年：南部陽一郎（一九二一年－）和喬納拉西尼歐（一九三二年－）在特定的基本粒子相互作用理論中，引入自發對稱破缺；戈德斯通（一九三三年－）簡化與歸納其概念。

一九六三年：安德森（一九二三年－）發現，最早於一九三五年弗里茨·倫敦（一九〇〇－一九五四年）和漢斯·倫敦（一九〇七－一九七〇年）兄弟提出，隨後由一九五〇年朗道（一九〇八－一九六八年）和金茨堡（一九一六－二〇〇九年）闡述的大質量光子方程式，在粒子物理學具有重要地位。

一九六四年：布饒特（一九二八－二〇一一年）和恩格勒（一九三二年－）、希格斯（一九二九年－），以及古拉尼（一九三六－二〇一四年）、哈根（一九三五年－）、基布爾（一九三二年－）等人建立具體的理論模型，以變形對稱處理大質量粒子。蓋爾曼（一九二九年－）和茨威格（一九三七年－）提出以夸克做為強子的建構元件。

薩拉姆（一九二六－一九九六年）和沃德（一九二四－二〇〇〇年）闡釋變形弱作用力理論。

一九六七年：溫伯格（一九三三年－）將自發對稱破壞與變形理論合併，定義出成熟的電弱力核心理論。

一九七〇年：霍夫特（一九四六年－）與韋爾特曼（一九三一年－）為先前的研究確立數學基礎，顯示一致性。

弗里德曼（一九三〇年－）、肯德爾（一九二六－一九九九年）和泰勒（一九二九年－）取得質子內部照片，發現漸近自由夸克與先前未知的電中性物質。

一九七一年：格拉肖、李爾普羅斯和梅安尼（一九四一年－）將夸克加到電弱力變形理論，並預測魅夸克的存在。

一九七三年：格羅斯（一九四一年－）、維爾澤克（一九五一年－）和波利策（一九四九年－）建立漸近自由理論，格羅斯和維爾澤克並提出精確的強作用力理論：量子色動力學（QCD）。

一九七四年：實驗發現重夸克介子，為漸近自由與QCD提供準定量證據。

帕蒂（一九三七年－）和薩拉姆，以及喬基（一九四七年－）和格拉肖提出核心理論的統一。

喬基、奎因（一九四三年－）和溫伯格運用漸近自由，探討不同作用力的相對強度。

魏斯（一九三四－二〇〇七年）和朱米諾（一九二三－二〇一四年）提出超對稱。

一九七七年：培西（一九四二年－）和奎因提出一種新對稱，來解決「θ問題」。

維爾澤克發現，希格斯粒子最主要透過色膠子與一般物質進行耦合。

一九七八年：維爾澤克和溫伯格指出，培西－奎因對稱性意味一種重大的新光子存在，即軸子。

一九八一年：迪莫普洛斯（一九五二年－）、瑞比（一九四七年－）和維爾澤克顯示，將超對稱納入統一場論具有定量優點。

一九八三年：一些學者提出軸子做為暗物質的可能性。

魯比亞（一九三四年－）領導CERN的實驗小組觀察到弱子（W和Z粒子），建立電弱力變形理論。

一九九〇年代：在大電子－正電子對撞機的實驗顯示清楚的強子束，對漸近自由和QCD提供有力的定量證據。

二〇〇五年：以威爾遜（一九三六－二〇一三年）、波利亞科夫（一九四五年－）和庫威茲（一九四四年－）的想法為基礎，運用超強的電腦運算能力到QCD的研究上，得以精確計算強子質量，包括質子和中子。

二〇一二年：大強子對撞機發現希格斯粒子。

二〇二〇年：我打賭這年的十二月三十一日午夜前，大強子對撞機發現超對稱。

注釋

①為何音調的頻率呈簡單整數比之時，聽起來悅耳呢？

在音樂感知方面，即使是最簡單的現象，也會帶來引人入勝的問題。畢達哥拉斯沒有回答的謎題是：為什麼兩個音的頻率若為簡單整數比，人就會感覺和諧悅耳呢？我認為有兩項簡單的觀察，和這個問題息息相關。

簡化 Abstraction

一般所指的中央C八度，是指中央C以及頻率高兩倍的C同時發聲。為了探究「混音」過程的本質，我們假設使用電子設備產生嚴格的純音，並假設高低音的強度（響度）相等。然而，這些條件仍不足以確保電腦產生並到達耳朵的最後特定波形。疊加的兩個正弦波不必是同步，第一個波的波峰可能未與第二個波的波峰重合，一般而言稱兩個波之間具有相位差。總波形可描繪為時間函數，取決於相對相位的值。但在人耳聽起來，不同相位差的和諧音聽起來並沒有差別！我自己親身做過這個實驗，的確是聽不出來。耳膜的振動可將兩個音分開，而且反應保留相位差（至少，這是我讀過複雜的文獻資料後的心得。內耳結構的實驗並不容易，而且多半只能在體外進行）。但是，我們卻粗略地將不同的結果一併當做八度C，忽略了無限可能、連續的相位資訊，進行一種有用的簡化。

同樣的原則對其他八度音、或是任意兩個音符的組合，也一樣成立（只要兩者的頻率不是太接近的話。音調太接近就聽得出相位，舉例而言在極限情況下，先將兩個具有相同頻率和強度，但不同相位的音疊加在一起，結果是個單音。接下來若稍改變兩音相位差，就等於讓組合單音的強度發生時變，而強度的改變是很容易被人耳察覺的）。

從資料處理的觀點來看，刻意將部分資料隱去或簡化，是很合理的策略。在自然界和簡單的樂器（包括人聲）中，音源往往在不同的場合會製造出不同的相位差，基本上是隨機的。如果人耳對這些不同的波形產生不同的音感，會受過多無用的信息所累，可能造成學習與認知困難，甚或無法欣賞「八度音」這一般有用的概念。可以說，人類的演化樂於為我們減輕負擔。

同樣，不具絕對音感之人（即絕大多數人），對於不同音調、物理上截然不同的八度音卻有相同的感受（例外參見下文〈**暫留**〉）。因此，多數人抑制相位差和絕對頻率的資訊，而只保留了兩個音的相對頻率。

既然抑制無關的信息是一種有用的簡化，接下來的問題是該如何辦到。這是有趣的「逆向工程」問題，我能想到三個簡單、在生物學上大致合理的方式，來達成這點：

- 與耳膜不同部位聯繫的神經細胞（或小型神經細胞網），可能彼此之間發生機械、電或化學耦合時，會讓反應的相位同步，這是物理學和工程學很常見的「鎖相」現象。另一個類似的方式是某類神經細胞接收來自兩個神經細胞的振盪訊號（或直接接收內耳毛細胞的振盪），然後以與相位差無關的方式做出反應。
- 或者，耳中基底膜的任何一點，都有對不同相位振盪反應的一系列神經細胞。在將兩個不同位置的輸出合併時，總會有一些處於同步狀態。從這些神經細胞列截取輸入的下游細胞，或許對於同步振盪的神經元反應最強烈。

・或許，每個頻率都擁有自己的標準表徵：也就是說，神經細胞的輸出根據統一的計時機制而定。這麼一來，標準表徵之間的相對相位始終相等，而與輸入信號的相位差無關。

另一個看似簡單其實相當極端的可能性：神經細胞只記錄基底膜振幅，而對波峰和波谷的時間結構無感（和視覺對電磁波的處理方式類似）。這種編碼的確會失去了相位信息，但我認為這個理論太過頭了，讓我們反倒無法解釋畢達哥拉斯的發現，因為頻率的比將不再讓編碼信號有規律。

暫留 Retention

富蘭克林對音樂具有濃厚興趣，曾改良玻璃琴這音色空靈的樂器，莫札特也還以此譜出一曲美麗的作品（K356，在許多網站可免費聽見）。

在寫給開曼爵士的一封信中（一七六五年），富蘭克林寫下關於音樂的精闢論述。其中有一點更是深刻：

> 在一般的認知中，一連串悅耳的聲音稱為旋律，而悅耳的聲音組合則稱為和諧音。但是，人的記憶可以暫時保存聲音的絕對音調，並與後續的音調進行比較，決定是否悅耳。因為如此，我們得以判斷先後發生的音組合起來是否具有和諧感。

人可以比較時間略有不同演奏音的相對頻率，這一事實有力地表明，有種細胞網絡具有複製、保存先前收到振盪模式的能力。我認為，這和先前討論的標準表徵理論一致，因為這種網絡正可做為標準表徵的載體。相對音感只需要比較標準表徵，而不需要像絕對音感，在無從比較下指認標準表徵。

既然談到這類想法，另一點值得注意的是人類能夠在相當長時間維持固定的節拍。這再次暗示神經系統存在可調變頻率的振盪網絡，這是個發生於較低頻率的例子。

我沒有絕對音感，這真的很討厭。為了不讓自己將相對音調簡化，我曾經想要搞一套視聽聯覺法（synesthesia）。我寫了一個程式，彈特定音時螢幕會顯示特定顏色，然後隨機訓練自己。接著，讓電腦彈奏或顯示顏色，試圖猜出正確的配對。經過漫長繁瑣的訓練之後，我答對的比例只比亂猜高一些。或許還有更有效的方法，也或許對小孩子會較有成效。

要確定這些對和諧音的猜想是否正確，需要艱辛的實驗工作。但是，若能成功，將會是了不起的成就，算是徹底了解畢達哥拉斯二千五百年前的偉大發現，從而兌現了德爾斐神諭：認識你自己。

②**五種柏拉圖正多面體**就是僅有的正多面體：根據歐幾里德所發現的關係式，柏拉圖方體的數量只限於五個。很自然地，我們會想如果讓柏拉圖表面用更廣義的方式定義，是不是能超越這項限制。記得先前的討論中，每個頂點不能有超過六個正三角形構成，因為這加起來會超過三百六十度；恰有六個三角形時，柏拉圖表面變成平面了。

當三角形的個數是三、四或五的時候，柏拉圖表面到包圍球面的投影是球面等切割，這是因為球面上的等邊三角形內角超過六十度，所以可以用少於六個三角形交於一個頂點。這是看待兩類柏拉圖物體的方法：視為平面或球面的等切割。

因此，我們很自然會問一個更具體的問題：有沒有一種不同的曲面，讓投影之後的角度變小？這麼一來，柏拉圖表面就可以有超過六個三角形在頂點相交。

這的確是可能的。我們需要的曲面是平面向外凹而成的鞍面，而不是內包而形成球面。在鞍面上，可以建構交於同一頂點的七個、甚至更多（任意數量）的三角形，據此進行等切割。更精確地說，數學上的次擺線（trochoid）所描繪的確切鞍面，可讓頂點與三角形（或其他數字）都相等並維持對稱。

古代的幾何學家已經知道得夠多，可以建構這一切。許多智者原本可以尋著這條思路，在西元前一年左右就發展出非歐幾何學，以及我們現在熟悉的各種由埃舍爾推廣的圖樣設計。可惜，這要再等兩千年才發生。

③**五個石刻**：關於阿什莫林石頭及同期的雕刻，是否是貨真價實的柏拉圖方體仍有爭議。見 math.ucr.edu/home/baez/icosahedron

④二十世紀偉大的數學家與物理學家魏爾：魏爾是我的英雄。我從小看他的書長大，直到現在還常常回去翻閱。我沒有機會與他實際會面，因為他過世時我還很小。但他書中引述的優美文字，開啟我倆「合作」契機。魏爾的著作總是富含詩意，我想更進一步，將其意境寫成一首詩：

以下就是這首詩，第一行是也是標題。

這個世界
就是在我的意識
拴住我的大腦，我的身體
稍縱即逝的畫面活了過來
這個世界，只供淺嚐
這個世界簡單地「存在」
它沒有「發生」

⑤有一些很棒的免費網站，可以互動方式探索馬克士威方程組：maxwells-equations.com 提供馬克士威方程組完善的入門介紹，還包括視頻教程。維基百科條目 en.wikipedia.org/wiki/Maxwell%27s_equations 也非常好，我建議先依循正文的「概念說明」出發，再向外擴展閱讀。另外，還有一齣清晰精美的動畫，描述電磁波通過空間的場模式，我向大家強力推薦：en.wikipedia.org/wiki/Maxwell%27s_equations#mediaviewer/File:Electromagneticwave3D.gif。

⑥「四色視覺」這種能力十分罕見，相關研究仍然付諸闕如；然而，色盲男士的母親和女兒中說不定具有這種能力為數不少。如果色盲男士帶有缺陷的受器，對綠色和紅色感受相似，但不完全相

同，而這個基因位於X染色體，所以女兒會遺傳到。再加上來自母親的正常受器，這女兒將有四個不同的受器（儘管其中兩個很相似）。果真如此，四色視覺發生頻率應該不低，雖然影響可能比較微小。基於類似的原因，色盲男士的母親有四色視覺的比例可能也很高。

⑦膠子回應的特性也是以「色」命名：在文獻中，三個強色荷的名字出現了幾種不同的選擇。這些名稱相當任意，本書所選的紅、綠、藍（RGB）也不例外，但至少和先前光譜顏色混合的討論十分吻合。

在正文中，我刻意讓色彩性質空間的描述有點模糊，因為精確的描述有點複雜，並涉及複數。強色空間是三個維度的複數性質空間，弱力和電磁性質空間亦為複數。在對稱變換下，我們要求位置和原點的距離保持不變，所以物理實體（由對稱變換相聯繫的粒子）其實構成各種維度的球面。在強交互作用的情況中，由三個複數維度（六個實數維度）出發，所以夸克實體的性質空間是有五個實維度的球面。電磁電荷具有單一複維度也就是二個實維度，在限制之下成為一個「一維球面」，也就是一個圓，該圓半徑即為電荷強度。

⑧「規範對稱」一詞的歷史淵源挺有意思：一九一九年魏爾在〈相對論新推廣〉的論文中，提出很棒的理論解釋電磁作用的起源。雖然理論原來的形式相當不正確，卻造就了日後非常有效的想法。事實上這是繼愛因斯坦之後，首度運用局部對稱性做為基本創作原則，並應用在非重力交互作用之上。正如我們所討論，這個基本策略在稍作修正後，造就核心理論的實現。

「規範對稱」這個詞則是沿用魏爾原始理論的說法。

我們說過，局部對稱的基本思想在於要求世界許多不同的圖像，代表相同的物理內容。如果想讓空間、時間和物質等各式各樣「扭曲」的安排都有效，也就是說如果希望這些扭曲所對應的都是真實的物理效應，則必須引入一種介質，來容許或「創造」扭曲（彩圖30與圖三十三即是描繪這個概念）。介質的種類與扭曲的形式，兩者密切相關。

魏爾原來的理論中，假定的是局部尺度的對稱性。也就是說，他推測時空中每個點可以獨立改變物體的大小，仍然得到相同的物理行為！為了讓這個荒謬的想法可行，他引進了「規範」連接場，從一個點移到另外一個點的時候，這個場告訴我們必須調整局部尺度，也就是重新調整尺規大小。魏爾發現，為了滿足局部尺度對稱性，所引入的規範連接場必須滿足馬克士威方程組！這個奇蹟似的重大發現，促使飄飄然的魏爾假設這個數學場的實現，就是真實的電磁場。

不幸的是，雖然魏爾的連接場是局部尺度對稱的必要成分，卻不保證這種對稱會成立。物體的其他性質（如質子尺寸）提供客觀的長度標準，不會因點而異。

魏爾理論的致命缺點，沒能逃出愛因斯坦和其他人的眼睛。儘管富有遠見，這個理論似乎注定要被遺忘。

在量子理論出現後，情況發生了變化。這時，電荷成為疊在一般時空之上的一維性質空間，如正文討論。

一九二九年魏爾趁著這個機會，用修正的形式讓他的「規範」理論復活。在新的理論中，局部對稱變換不再是隨時空改變的尺度，而是電荷性質空間的旋轉。在修改之後，得到了令人滿意的電磁理論！

在幾十年後，人們要求較大的性質空間在旋轉下維持局部（與時空相關）對稱性，帶來了令人滿意的強交互作用和弱交互作用理論。為了紀念魏爾的真知灼見，物理學家將這類理論稱為規範理論。

⑨原子核是質子和中子束縛在一起的集合：孤立的中子不穩定，但經由與其他中子和質子結合，中子在原子核內變得穩定。

⑩李政道和楊振寧的提案：如果追究歷史精確，兩位學者原先的提案並未如此確切，但以後的研究改進了原提案。

⑪或許可將弱作用看成是局部對稱的體現：（致專家）總交互作用的「電流×電流」的形式，和其強度的共通性，都是規範理論耦合的特徵。

⑫至少，一九二〇年代的波耳也是如此：波耳和朗道在諾特定理之後提出這項看法，不過兩人皆認為，物理基礎的根本改變，將讓諾特定理不再適用。但量子理論（波耳還來不及見到）和粒子物理核心理論（朗道還來不及見到）都建立在相同的漢米頓力學原理，而這正是諾特證明的出發點。如正文中所提，若能為這個定理找到更概念性而非技術性的基礎，會更加理想。

⑬**看見而相信的人，有福了**：不同作用力之間的統一，以及作用力與物質的統一，已經獲得諸多進展。正文中提到，這些理論已經具有很好的解釋力量，並且預測了一系列可經由實驗檢驗的效應，現在正接受測試。此外，我認為基礎物理應該進行另外兩個統一，雖然現有的想法還不太成熟。

首先，是對於物質和信息描述方式的統一。廣泛地說，前者是利用能量和電荷流動的方程式來描述，這些方程式由所謂作用量導出。作用量和熵具有一些有趣的關係，而熵則和信息則密切相關，所以兩者的統一令人可期。這種理論很可能為諸特定理提供更具概念性的理解，並加強其基礎。另一個則是動力學與初始條件的統一，在本書冥想主軸已提到多次。

物理的前緣，也是所有形式的最終統一都必須觸及的重要問題，即克里克（DNA雙螺旋結構發現人）所稱「驚人的假說」：意識（或心智）是從一般物質湧現而出的現象。隨著分子神經科學無遠弗屆的發展，電腦也愈來愈常重現有人類智慧的行為，這假設正確性似乎很難動搖，但特定的啟動機制依然費人思疑。

⑭惠特曼在著名的《草葉集》中，曾經預見互補性。為了呼應最後一章的精神，我想進一步將其原作朝互補性更推一步：

世界之大，
包含萬象。
我睜人雙眼，

道不盡說不完。

我自相矛盾嗎？

很好，那麼我就自相矛盾。

如果你還尚目眩神移：

重新瞧瞧，驚嘆一切。

延伸閱讀

這裡簡單列出進一步的推薦讀物，與本書冥思所觸及的重大主題相關。我分成三項：古典物理、量子理論與現代發展，對我意義都十分重大。

古典物理（量子理論前）

能與偉大思考家的精華思想直接溝通，是難以取代的經驗。因此，儘管這些作品的科學技術內容已被取代超越，我仍毫不猶豫向大家推薦。有些屬於公共財，有些可以上網找到，若是目標明確的話。不過，製作精美的圖書具有獨特的觸感與美學優點，再加上便於攜帶的現代技術，也是可以考慮的不錯選擇。

Plato, *The Collected Dialogues of Plato*, edited by Edith Hamilton and Huntington Cairns, translated by Lane Cooper (Princeton University Press)：包含信件，尤其是《蒂邁歐篇》。

Bertrand Russell, *The History of Western Philosophy* (Simon & Schuster)：尤其是第一冊《古代哲學》和第三冊第一部分〈從文藝復興到休謨〉。

Galileo Galilei, *The Starry Messenger* (Levenger).

Isaac Newton, *The Principia: Mathematical Principles of Natural Philosophy* (University of California Press)：這本巨著亟需有人領進門，幸好最新的版本由科恩（Bernard Cohen）與懷特曼（Anne Whitman）兩人直接從拉丁文翻譯成英文，科恩還撰寫了很棒的導讀。

Isaac Newton, *Opticks* (Dover Publications)：這本牛頓就比較平易近人了。這個版本很特別，價格又平實，收錄愛因斯坦序文、惠特克（Edmund Whittaker）的前言、科恩的導讀，還有羅勒（Duane Roller）製作實用的內容分析表。

John Maynard Keynes, *Newton, the Man*：這篇是天才向另一位風格迥異的天才致敬的精彩短文，見 www-history.mcs.st-and. ac.uk\Extras\Keynes_Newton.html.

James Clerk Maxwell, *The Scientific Papers of James Clerk Maxwell*, edited by W. D. Niven (Dover Publications).

Albert Einstein, H. A. Lorentz, H. Weyl, and H. Minkowski, *The Principle of Relativity*, with notes by A. Sommerfeld (Dover Publications)：這份文集極具份量！收錄愛因斯坦狹義和廣義相對論的奠基論文、對質量轉變為能量的簡要說明，還有閔可夫斯基引入現代時空概念的文章，以及魏爾早期對統一場論的嘗試（其中「規範不變性」的概念首度出現）。這些是研究論文，一般讀者無需追究數學細節，許多都是概念的介紹，也有令人難忘的文學造詣佳句。

量子理論

若欠缺相當數學與物理背景的人，恐怕會較難接觸這裡的原著。但是一般讀者仍然可從大師著作的前言部分，或介紹發現的文章中享受閱讀的樂趣。

P. A. M. Dirac, *The Principles of Quantum Mechanics* (Oxford University Press)：前面的部分涉及概念，讓人真實感受其中的深奧。

R. P. Feynman, R. Leighton and M. Sands, *The Feynman Lectures on Physics* (Addison-Wesley)：第三卷專門講量子理論，前面為概念探討。第一卷前面是探討物理整體（核心理論前），對力學進行概念介紹；第二卷前面是對電磁學進行概念介紹，全部都展現費曼見解與熱情的獨特組合。

Henry A. Boorse, ed., *The World of the Atom* (Basic Books)：這是精心挑選的摘錄，包括從盧克萊修一直到粒子物理學開創時代的原創作品，並附有評論很有幫助。從中可以看見，對物質的分析如何帶領我們創造出奇異又奇妙的量子理論。

現代發展

諾貝爾基金會網站（nobelprize.org）是非常豐富的資源，包括獲獎研究的詳細說明，可追溯到一九〇一年，以及得獎者感言。

粒子數據群網站（pdg.lbl.gov）主要是針對專業人士，但是「評論與圖表」部分包含許多前端物理學的廣泛評論，導言部分值得一讀。最重要的是：看過網站之後，可以對核心理論實證如山與詳細有所感受。

物理學新研究的成果通常先出現在網站 arXiv.org，或許可以一窺物理學發展中的模樣。當然，只有少部分的研究能夠通過時間的考驗留下來。

史丹佛百科全書（plato.stanford.edu）有許多引人入勝、激盪腦力的文章。

Princeton Companion to Mathematics, edited by Timothy Gowers (Princeton University Press)：雖然主要涉及純數學，但是喜歡本書的讀者，應該也會喜歡。我目前正在編輯《Princeton Companion to Physics》，預定二〇一八年出版。

圖片來源

〔彩圖〕

1‥何水法

2‥Detail of Pythagoras from Raphael, *Scuola di Atene*, fresco at Apostolic Palace, Vatican City, 1509-11.

3‥作者

4‥RASMOL image of 1AYN PBD by Dr. J.-Y. Sgro, UW-Madison, USA. RASMOL: Roger Sayle and E. James Milner-White. "RasMol: Biomolecular Graphics for All," *Trends in Biochemical Sciences* (*TIBS*), September 1995, vol. 20, no. 9, p. 374.

5‥Salvador Dalí, *The Sacrament of the Last Supper*. Image courtesy of the National Gallery of Art, Washington, D.C.

6‥Camille Flammarion, *L'atmosphère: météorologie populaire*, 1888.

7‥Pietro Perugino, *Giving of the Keys to St. Peter*, fresco in Sistine Chapel, 1481-82.

8‥作者

9‥Fra Angelico, *The Transfiguration*, fresco, c.1437-46.

10‥© Molecular Expressions.

11 ‥ William Blake, *Newton*, pen, ink, and watercolor on paper, 1795.

12 ‥ William Blake, *Europe a Prophecy*, hand-colored etching, 1794.

13 ‥ “Phoenix Galactic Ammonite,” © Weed 2012.

14、15 ‥ 作者

16 ‥ Spectrum image by Dr. Alana Edwards, Climate Science Investigations project, NASA. Reproduced by permission.

17 ‥ 作者

18 ‥ R. Gopakumar, “The Birth of the Son of God,” digital painting print on canvas, 2011. Via Wikimedia Commons.

19 ‥ William Blake, *The Marriage of Heaven and Hell*, title page, 1790.

20、21、22 ‥ 作者

23 ‥ Photographs by Jill Morton, reproduce by permission.

24 ‥ Image created by Michael Bok.

25 ‥ Mantis shrimp by Jacopo Werther, 2010.

26 ‥ Image created by Michael Bok.

27、28 ‥ 作者

29 ‥ Via Wikimedia Commons.

30 ‥ Printed by permission of István Orosz.

31：Via Wikimedia Commons. Created by Michael Ströck, 2006.

32：Photograph by Betsy Devine; effects by the author.

33：Winter Prayer Hall, Nasir Al-Mulk Mosque, Shriaz, Iran.

34、35：作者

36：Amity Wilczek photographed by Betsy Devine; effects by the author.

37：Photograph by Mohammad Reza Domiri Ganji.

38：Typoform, The Royal Swedish Academy of Sciences.

39：© CERN image library.

40：© Derek Leinweber, used by permission.

41：© Derek Leinweber, used by permission.

42～48：作者

49：© Derek Leinweber, used by permission.

50：Caravaggio, *The Incredulity of St. Thomas*, oil on canvas, 1601-2.

51：Leonardo da Vinci, *Vitruvian Man*, ink and wash on paper, c. 1492.

52：Via NASA.

〔內文插圖〕

卷首：何水法

一、二：作者

三：Woodcut from Franchino Gaffurio, *Theorica Musice, Liber Primus* (Milan: Ioannes Petrus de Lomatio, 1492).

四：Albrecht Dürer, *Melancholia I*, copper plate engraving, 1514.

五、六：作者

七：© Ashmolean Museum, University of Oxford.

八：From Ernst Haeckel, *Kunstformen der Natur*, 1904. Platel, Phaeodaria.

九：Moel of Johannes Kepler's Solar System theory, on display at the Technisches Museum Wien (Vienna), photograph © Sam Wise, 2007.

十：作者

十一：www.vertice.ca.

十二：Filippo Brunelleschi, perspective demonstration, 1425.

十三：Abell 2218, Space Telescope Science Institute, NASA Contract NAS5-26555.

十四：Diary of Isaac Newton, University of Cambridge Library.

十五：Sir Godfrey Kneller, portrait of Isaac Newton, oil on canvas, 1689.

十六：Galieo Galilei, *Sidereus Nuncius*, 1610.

十七：Sir Isaac Newton, *A Treatise of the System of the World*, 1731, p.5.

十八：作者

十九：Sir Isaac Newton, *The Mathematical Principles of Natural Philosophy*, vol. 1, 1729.

二十：Newton Henry Black and Harvey N. Davis, *Practical Physics* (New York: Macmillan, 1913), figure 200, p.242.

二十一：James Clerk Maxwell, "On Physical Lines of Force," *Philosophical Magazine*, vol. XXI, Jan.-Feb. 1862. Reprinted in *The Scientific Papers of James Maxwell* (New York: Dover, 1890), vol. 1, pp.451-513.

二十二：© Bjørn Christian Tørrissen, "Spiral Orb Webs Showing Some Colours in the Sunlight in a Gorge in Karijini National Park, Western Australia, Australia," 2008.

二十三：James Clerk Maxwell with his color top, 1855.

二十四：作者

二十五：Hans Jenny, *Kymatic*, vol. 1, 1967.

二十七：作者

二十八：© D&A Consulting, LLC.

二十九：Care of Wikimedia contributor Alexander AIUS, 2010.

三十：Wikimedia user Benjahbmm27, 2007.

三十一：Harold Kroto, © Anne-Katrin Purkiss, reprinted by permission of Harold Kroto.

三十三：Printed by permission of István Orosz.

三十四：*Mechanic's Magazine*, cover of vol. II (London: Knight & Lacey, 1824).

三十五：Andreas S. Kronfeld, "Twenty-first Century Lattice Gauge Theory: Results from the QCD Lagrangian," *Annual Reviews of Nuclear and Particle Science*, March 2012. Reprinted by permission of Andreas Kronfeld.

三十六：作者

三十七：Emmy Noether, 1902.

三十八、三十九：Created by Betsy Devine.

四十、四十一：作者

四十二：Wikimedia.

四十三：NASA Mars Rover image, NASA/JPL-Caltech/MSSS/TAMU.

索引

二至四畫

五畫

六畫

七畫

八畫

九畫

十畫

十一畫

十二畫

十三畫

十四畫

十五畫以上

誌謝

這本書萌芽於二〇一〇年，我接受劍橋大學達爾文學院邀請，講授「量子之美」。感謝強森（Christopher Johnson）和三方媒體（3Play Media）準備一份相當有用的講稿謄本，以及萊恩哈特（Zoe Leinhardt）、達威德（Philip Dawid），尤其是亞靈頓（Lauren Arrington）的建議，與幫忙收錄成為「量子之美」的一個章節。

我要感謝布羅克曼（John Brockman）讓這顆種子滋長，鼓勵我將想法擴大發展，並且得到企鵝出版社的注意。

企鵝出版社的莫耶斯（Scott Moyers）和安德森（Mally Anderson）從開始就十分幫忙，熱心提供建設性的批評建議，讓我再接再厲，不斷加寫重寫。安德森一路看本書完成，促其成熟。我也感謝企鵝出版社的美編與後製人員，稟持專業與敬業精神讓這本「美」的作品臻於理想。

在本書初稿階段，夏佩爾（Al Shapere）的意見也多有助益。

我的太太暨人生伴侶貝姬（Betsy Devine）詳細閱畢全書，提出諸多建議，讓用語更為直接有力。她還主張加入《物理小辭典》部分；沒有她的參與，這部分就不會存在。這本書對我來說工程浩大，貝姬也適時緩解其中不可避免的跌跌宕宕。

十分感謝學校麻省理工學院源源不絕的支持，讓這趟探險成為可能，以及亞利桑那州立大學在最後完稿階段的招待。本書有很重要的部分是在訪問中國途中完成的，尤其在西湖那神奇的一周，影響自本書卷首起處處可見，我要特別感謝劉明光、吳彪和蕭宏偉安排參訪。

貓頭鷹書房 256　　ISBN 978-986-262-330-5

萬物皆數——諾貝爾物理獎得主探索宇宙深層設計之美

作　　者　法蘭克・維爾澤克（Frank Wilczek）
譯　　者　周念縈
審　　定　郭兆林
責任編輯　周宏瑋
執行編輯　謝宜英
編輯協力　周南、李季鴻、鄭詠文、秦紀維
專業校對　魏秋綢、李鳳珠
版面構成　張靜怡
封面設計　徐睿紳
行銷業務　張庭華、鄭詠文
總 編 輯　謝宜英
編輯顧問　葉李華、魏伯特
出 版 者　貓頭鷹出版
發 行 人　凃玉雲
發　　行　英屬蓋曼群島商家庭傳媒股份有限公司城邦分公司
104 台北市中山區民生東路二段 141 號 11 樓
畫撥帳號：19863813；戶名：書虫股份有限公司
城邦讀書花園：www.cite.com.tw　購書服務信箱：service@readingclub.com.tw
購書服務專線：02-2500-7718~9（周一至周五上午 09:30-12:00；下午 13:30-17:00）
24 小時傳真專線：02-2500-1990；25001991
香港發行所　城邦（香港）出版集團／電話：852-2508-6231 ／傳真：852-2578-9337
馬新發行所　城邦（馬新）出版集團／電話：603-9057-8822 ／傳真：603-9057-6622
印 製 廠　中原造像股份有限公司
初　　版　2017 年 10 月　五刷　2021 年 4 月

定　　價　新台幣 750 元／港幣 250 元

讀者服務信箱　owl@cph.com.tw
貓頭鷹知識網　http://www.owls.tw
【大量採購，請洽專線】02-2500-1919

城邦讀書花園
www.cite.com.tw

國家圖書館出版品預行編目資料

萬物皆數：諾貝爾物理獎得主探索宇宙深層設計之美／法蘭克・維爾澤克（Frank Wilczek）著；周念縈譯. -- 初版. -- 臺北市：貓頭鷹出版：家庭傳媒城邦分公司發行, 2017.10
面；　公分.
譯自：A beautiful question: finding nature's deep design
ISBN 978-986-262-330-5（精裝）

1. 物理學　2. 科學美學

330　　106011249

《物理小辭典》（請由封底開卷）

物理小辭典

（編按：這個部分為了方便讀者專業查詢，特別採取英文字母順序排列。）

這部分是本書中提到一般讀者可能不太熟悉的科學概念，我補充了定義和簡短說明；有些情況（如能量或對稱），用法上會比日常使用更加嚴格而特定。我想盡力讓這部分成為本書不可或缺的一部分，所以盡可能使用主文中提到的主題與例子。在這裡也可以發現有些概念（包括幾個美的概念）是我很想放入主文，卻不見得適當的。很多情況為求簡潔易懂，只好放棄細節與數學般的嚴謹。條目的詞彙出現其他條目內時，以**粗體字**標示。

Absorption 吸收

當粒子不再獨立存在時，稱粒子被吸收。由於總能量守恆，粒子的能量會以另一種形式存在。例如，當光的粒子（光子）抵達視網膜時，會被蛋白質（視紫紅質）吸收而造成分子彎曲。這種彎曲會觸發電子訊號，大腦解釋為視覺經驗。

Acceleration 加速度

速度指位置隨時間的變化率（見**速度**），而加速度指速度隨時間的變化率。牛頓的偉大成就之一，是指出物體的加速度與作用力相關〔他在揭曉答案之前，以一個令人印象深刻的字謎宣布此項發現，見第八章〈牛頓（三）〉〕。在早期古典力學教科書中，通常可找到牛頓第二運動定律：**作用力**等於**質量**乘以加速度。當然，若是不再對力的性質多做說明，這公式也無法告訴我們什麼。它真該解讀為：加速度很值得研究！

牛頓對於作用力提出一些大原則。著名的第一運動定律指出，「自由」物體加速度為零，也就是說不受外力的物體速度恆定。這則定律隱含的意思是，遠離其他所有物體者的物體近似自由，亦即作用力會隨距離減小。

牛頓也為**重力**發展出詳細的理論。有意思的是，既然施加在物體的重力與質量成正比，所以重力加速度與物體質量是無關的！在伽利略著名的比薩斜塔實驗中，已用地球重力測試該原則。在愛因斯坦的重力理論即廣義**相對論**中，運動法則直接用加速度表示，無需單獨提作用力。

加速度與速度一樣，都是**向量**。

Accelerator 加速器

粒子加速器是會產生快速運動、高能粒子束的機器，至今都用來揭示自然界的基本過程。藉由研究運動速度最快的粒子的碰撞，可窺見高能量、短距離與短時間等極端狀況下的粒子行為，是其他研究方式辦不到的。

Action at a distance 超距作用

超距作用是牛頓**重力**理論的一項特點：即便是距離遙遠的物體，物體皆會越過真空對其他物體施加重力。牛頓本人不喜歡這項特點，但是數學卻導出這項結果。由於牛頓的理論基於超距作用大獲成功，所以早期研究電與磁的學者都默認這點想法。

法拉第發展出另一種觀點，認為電力和磁力是由空間中充滿的流體以壓力傳播。馬克士威以數學推導法拉第的直覺，發展出今日使用電磁流體（或「場」）的概念。

星象學則假定遠距離會有強大的影響，不過並沒有嚴謹的證據支持。

Alpha particle 阿爾發（α）粒子

早期在做放射性實驗時，拉塞福以物質穿透力、在磁場下彎曲度和其他特質將射出物分為α、β和γ射線。進一步的研究顯示，α射線由氦4核組成，即兩個質子和兩個中子的組合，這些原子核稱為α粒子。

Ampere's law 安培定律／Ampere-Maxwell's law 安培－馬克士威定律

安培定律雖然發現得更早，但已被視為**馬克士威方程組**的一部分。原先的安培定律，指磁場的環路積分等於流經整個曲面的電流通量。詳細請參閱**環路／通量／電流**，彩圖14也有幫助。

馬克士威考慮到數學一致性和美感，加入一個項修改安培定律。根據完整的安培－馬克士威定律，磁場在曲面的環路積分等於流經整個曲面的電流通量，加上曲面上電通量的變化率。

馬克士威加入的新項很像是**法拉第定律**的翻版。法拉第定律指磁場變化會產生電場，而馬克士威的新項則指電場變化會產生磁場。

Analog 類比

若一個量變化平順或者「連續」，稱為類比量。類比量與**數位**量的不同為，數位量只能採離散值，所以非連續變化。在現今物理學中，長度和時間都是類比量。

將畢達哥拉斯的信條「萬物皆數」做極端解釋，則所有量都是數位量。然而，正方形的邊長和對角線無法同時都是常用單位的倍數，包括芝諾提出的運動悖論，很早都點出此問題。

數位量對於計算和信息傳播具有巨大優勢，因為小錯誤可以被修正。例如，知道有一個計算的結果只能是1或

2，估算出來的近似值是 1.0023，那麼可推斷正確答案是 1，除非近似值估得太差了。

如果離散的單位夠小，數位量足以取代本質上是類比的東西。例如，一張數位照片可能由間隔極細的黑點組成，對於辨識能力不佳的肉眼來說，看起來會根據黑點密度而呈現平滑的灰階變化。

類比量的數學描述通常涉及**實數**，而最簡單的數位量則由**自然數**表示。

Analysis 分析 (注 1)

當用在物理、化學和數學時，「分析」一般指研究事物組成的個別部分，這種用法讓「整體分析」（holistic analysis）一詞呈現自相矛盾，而精神分析又別有所指。

分析的兩個有趣的例子是，將光分離成光譜顏色，以及**微積分**中研究小範圍變化的函數分析。

Analysis and synthesis 分析綜合

牛頓以「分析綜合」一詞來指其研究策略，在研究一類事物時，先正確了解簡單組成的行為（分析），然後加以重建（綜合合成），最後達成深入完整的認識理解。

牛頓本人應用這項策略取得巨大的成功，包括光學、運動與數學**函數**等研究。

相較於一般說的「化約主義」，分析綜合法其實是更為適切、優雅與符合歷史的說法；雖有爭議，應優先適用。

Angular momentum 角動量

角動量、**能量**和**動量**（即一般或線性動量）同為古典物理學重大的守恆量，也皆為現代物理學的重要支柱。其中，角動量最為複雜而難以定義理解，需要耗費一番工夫才能掌握精髓。例如，陀螺和陀螺儀有趣迷人，但其往往違反直覺的行為是角動量造成的結果，所以本書對此沒有著墨太深！

物體的角動量是指繞特定中心進行角運動的度量，相當於掃過面積速率乘以物體質量的兩倍（這是非相對論版，對小速度準確；**狹義相對論**所引用的公式更為複雜）。

角動量具有方向與大小（而且它其實是**軸向量**）。定義方向時，首先確定瞬間旋轉軸，即垂直增加面積的方向，然後以右手定則為該軸定向，見 **Handedness 手徵性**。

整個物體系統的角動量是個別物體的角動量總和。

角動量守恆的情況各式各樣，結果最好是透過諾特定理，將守恆法則由對稱來理解。在此架構下，繞轉中心的角動量守恆反映出，繞轉中心空間旋轉後的物理法則保有對稱（即不變）。換句話說，當法則與特定方向角無關時，則

保有角動量守恆。

根據克卜勒行星運動第二定律，行星與太陽連線在相同時間掃過相同面積，即是角動量守恆的例子。

在量子世界，角動量仍然是成立的概念，且特別精巧美麗。當我在學生時期做生涯選擇時，角動量量子理論的數學是吸引我投向物理懷抱的主因。若想進一步了解，請看〈延伸閱讀〉，這裡只會談到量子粒子無法化約的旋轉：**自旋**，在精神上可看做零點轉動（見 **Quantum fluctuation 量子擾動**），或量子流體的自發活動。

Anthropic Argument 人擇論點／Anthropic Principle 人擇原理

大致來說，人擇論證的形式如下：「這個世界必須像現在這樣，我才能存在。」

在進一步細論之前，先來看看這版本的人擇原理的基本形式。

此基本論點包含兩個不同的概念，一則僅在陳述事實，一則涉及預測性（見一**致性**相關的討論）。依據對「我」的定義變得狹窄，人擇論證可能變成完全無用的同義陳述，如果「我」指具備人體生理的碳基生命形式，感受和我所感受一樣的生命（包括閱讀對自然世界有所主張的科學書籍等等），在這樣的條件下，不只物理法則，地球上所有事情包括歐洲歷史和我孩子眼睛的顏色等，已經不會有太大的不同。所以從字面看，人擇論點的陳述當然是對的。但是，這陳述幾乎不具任何解釋力，基本上因為「我」的存在是全包式假設，涵蓋我所經歷與即將經歷的一切，沒有留下待解釋的東西了。

更精深複雜的人擇論證，繫於定義更寬鬆的「我」。例如，宇宙的基本定律和歷史，必須容許某種有智慧或有意識的觀察者出現，否則世界就沒被觀察到，那誰管它長得什麼樣子呢？但是，要定義何謂「有智慧的觀察者」很困難，一旦提出定義之後，也很難評估哪種自然律和歷史能造就有智慧的觀察者。我覺得很難想像這般模糊不清的主張，能帶來何種解釋力。

值得注意的是，我們在**核心理論**中達到對世界最深奧的理解，涉及到**相對論**、**局部對稱**等概念原理與**量子理論**的架構，都是具有抽象的形式與普適的特質，這些原則完全不像人擇論點！顯然，這個世界上演著種種現象，至少有部分凌駕於想要製造「我」的欲望。

大致上，人擇論點本質上將討論焦點從解釋移到假設。因為以解釋力做為妥協交換，所以原則上最好避免。但是在極特別的狀況下，帶有人擇觀的論點可能成立又很有用，有趣的例子可參見 **Dark energy 暗能量／Dark matter 暗物質**。

Antimatter 反物質／Antiparticle 反粒子

一九二八年狄拉克提出今日所稱的**狄拉克方程式**，描述量子力學中電子的行為。該研究提出重要的預測，指出應該有「**正電子**」的粒子存在，與**電子**具有相同的質量和自旋，但是電荷則為相反。這種正電子也稱為反電子，是電子的反粒子。後來的研究顯示，這種現象是量子力學和狹義相對論的一般的結果：每個粒子都有對應的反粒子存在，具有相同的質量與自旋，但是電荷值相反，強弱色荷與手徵性亦是如此。

反電子（或正電子）在一九三二年實驗發現，反質子於一九五五年首度觀測到。若是找到不具反粒子的粒子，將會造成重大衝擊，**光子**則是自己的反粒子（這有可能，因為光子是電中性，且未帶電荷或其他荷值）。

當一個粒子與自己的反粒子相遇時，會湮滅成為「純能量」，其可能產生各形各色的粒子與其反粒子。例如，任何粒子與其反粒子可能湮滅變成兩個光子，或變成一對**微中子**－反微中子，雖然這不是最為可能的結果。CERN 正負電子大對撞機是**大型強子對撞機**的前身，都在同一個巨大的隧道中，專門用來研究加速正負電子對撞湮滅的產物。

雖然「反粒子」一詞具有清楚明確的科學涵義，有時候很常使用的「反物質」，卻有一點問題或該說褊狹。為了解用法，應該從反物質所映照的「物質」開始探究定義，雖然同樣有問題與褊狹。在該定義中，我們指出組成人體以及平日生活所遇到的「物質」粒子，例如 u 和 d 夸克和電子。在這個定義中，我們還將其近親包括在內，因此，各種**夸克**以及各種**輕子**（u、d、c、s、t、b 夸克、e、μ、τ、ν_e、ν_μ、ν_τ）都是物質，其反粒子則稱為反物質。光子不歸屬任何一邊，因為是本身的反粒子。在這個意義上，「物質」與「反物質」唯一的區分是物質更常見，至少在我們這部分的宇宙中。若突然將世界上所有粒子都變成反粒子（並同時進行左右交換的**宇稱**轉換），將會照常運作！

我認為「反物質」一詞容易造成混淆而非更加清楚，所以本書中都儘量避免。若沒有特別指明，我所說的「物質」指一切形式的物質，包括反夸克、光子和**膠子**等。

Antisymmetric 反對稱

若一個量在轉換作用下保持不變，稱為對稱或具**對稱性**，若是在轉換作用下改變符號，稱該量為反對稱。這適用於數值、**向量**，或**函數**，因為這些情況改變符號，是有意義的。

例如：一條線上各點**座標**在直線繞原點旋轉 180 度後為反對稱；**電荷**在粒子變成**反粒子**（見**反物質**）的轉換運作下，也是反對稱。

費米子有一項基本特徵，指描述相同費米子系統的量子力學波函數，在交換任意兩個費米子下呈反對稱。

Asymptotic freedom 漸近自由

兩個**夸克**之間的**強作用力**受到布滿空間的量子流體不斷的自發性活動而修正。當夸克靠近彼此時，強作用力減弱，當夸克分開時，強作用力變強，稱為漸近自由。

漸近自由有許多意義與應用，主文有充分的討論。

可參見 **Confinement 禁閉**
與 **Renormalization 重正化／**
Renormalization group 重正化群。

Atomic number 原子數

原子核的原子數指含有的質子數。原子核的原子數決定**電荷**，以及對**電子**的影響，和對原子或分子化學特性的角色。具有相同原子數、但中子數不同的原子核，稱為相同化學元素的**同位素**。

例如：碳 12（C^{12}）的原子核含有六個質子和六個中子，而碳 14（C^{14}）的原子核含有六個質子和八個中子，兩者基本上具有相同的化學性質，因此都稱為「碳」，但是質量不同。碳 14 核不穩定，其衰變可用於為生物樣本定年（當有機體死亡時，不再合成新的碳時，碳 14 對碳 12 的比例會逐漸減小。在大氣中，碳 14 會因為宇宙射線碰撞而更新）。

Axial current 軸向流

軸向流是一種特殊的流量，在空間**宇稱**轉變下不改變符號，因此可定義**軸向量**的**場**。當年我想找個理由引進「**軸子**」一詞，以便繞過《物理評論通訊》編輯的審查，於是引進這個有點玄的概念。

Axial Vector 軸向量

見 **Parity 宇稱**，這個概念會自然浮現。

Axion 軸子

是一種假想的粒子，若其存在將會提升**核心理論**之美。目前，軸子也是宇宙**暗物質**的最佳候選者之一。

核心理論有許多優點，但是在美感上有些不足之處。例如：

實驗觀察到物理法則在時間方向反轉之下幾乎（雖非完全）**不變**。簡單說，如果將一部物理實驗的影片倒轉，看到的事件仍然遵守基本的物理定律。當然，若是拿日常生活的影片倒轉，看到的不會像日常生活。然而在次原子世界，基本法則運作十分清楚，倒帶後將看不出任何差異。因此，我們說物理法則在時間方向上幾近不變，或說遵守時間倒轉（T）對稱。

遵守 T 對稱的物理法則特性與核

心理論一致，且非如此不可。色**膠子**之間的某一種交互作用與所有已知通則一致，包括**量子論**、**相對論**與**局部對稱**，因此根據核心理論，其存在完全「可能」，但卻會違反 T 對稱。

簡單地宣稱這種交互作用在自然界不會發生，雖然符合一致性，卻是很遜的說法。我認為，培西和奎因的主張是更適切的回答，他們擴大核心理論支持額外的對稱，來解釋這項「巧合」。處理得當的話，可解釋 T 違反之渺小（也有其他可能的解釋提出，但都禁不起時間的考驗）。核心理論在這種擴張下並非毫無影響，溫柏格和我指出，這意謂有一種很輕的新粒子存在，具有驚人的特性，就是軸子。

軸子尚未由實驗偵測到，然而所謂「沒有觀測到」不具決定性，因為理論預測，軸子與普通物質的交互作用極為微弱，迄今沒有實驗能達到其必要的靈敏度。本書寫作之時，全球有幾個實驗團隊正積極尋找軸子的證據，或可明確排除其可能性。

我們可以計算大霹靂時產生的軸子。從計算中看到，宇宙遍布軸子的氣體，或許是宇宙暗物質的來源。

Baryon 重子，見 **Hadron 強子**。

Boost 推進

在科學文獻中，愈來愈常見到將對系統各部分運動增加固定的速度的轉換，稱為推進。我認為，這個詞是借用火箭推進器將速度帶給負載物而來。不過，本書中我以**伽利略轉換**取代，這是向伽利略致敬，他帶我們登上一間封閉的船艙裡進行優美的思考實驗，突顯其重要性，見 **Galilean transformation 伽利略轉換**。

Boson 玻色子／ Fermion 費米子

基本粒子分為兩大類：玻色子和費米子。

在**核心理論**中，**光子**、**弱子**、**色膠子**、**重力子**和**希格斯粒子**是玻色子，在正文中我常將這些稱為**作用力粒子**，玻色子可以單獨創造或銷毀。

玻色子遵守玻色的相容原理，大致來說，這表示同種類的兩個玻色子會特別高興做同樣的事情。光子是玻色子，而雷射正是運用光子包容原理的最佳例子。如果有機會的話，一群光子會試著都做同樣的事情，造成純光束。

在核心理論中，**夸克**和**輕子**是費米子，在正文中我通常稱這些為**物質粒子**。

費米子成對出沒，因此若手上有個費米子的話，就很難甩掉它，可能變成另一種費米子，或是變成三個、五個費米子，再加上任何數目的非費米子（即上述的玻色子）。且，這費米子不會消失不見，毫無蹤影。

費米子遵守包利的**不相容原理**，大致來說，這表示同種類的兩個費米子不喜歡做同樣的事情。電子是費米子，而電子的不相容原理對於物質的結構分演關鍵的角色，電子不相容原理將在第十四章內引領我們對豐富精彩的碳世界進行探索。

Branching ratio 分支率

粒子可以數種不同的方式衰變，這稱為具有數個衰變管道或分支，而每個衰變分支發生的相關機率則稱為分支率。因此，若是有一個粒子 A，有百分之九十的時間衰變成 B + C，百分之十的時間衰變成 D + E，我們說 A 變成 B + C 的分支率為 0.90，變成 D + E 的分支率是 0.10。

Buckminsterfullerene 巴克明斯特富勒烯／ Buckyball 巴克球

巴克明斯特富勒烯是一種純碳分子。

這種分子的的表面幾近正球形，每個碳**原子核**的化學鍵延伸至三個鄰居。其**多面體**的表面包括十二個五邊形，再加上數目不等（通常大於十二個）的六邊形。含有 60 個碳原子核的富勒烯 C_{60} 最為常見，通常稱為巴克球，因為與微觀的足球極為相似。

另參見 **Polygon 多邊形**。

Cabibbo angle 卡比博角，見 **Family 粒子家族**。

Calculus 微積分

「微積分」一詞源於拉丁文的「圓石」或「石頭」，如今在數學中的應用，可追溯到用石頭來計數或記帳（像至今還有許多人使用算盤一樣）。此字起源反映出一般的「計算」用語，涉及多道程序運算來處理信息。

在數學上，還有其他演算也以 calculus 為名，如命題邏輯演算（propositional calculus）、λ 演算（lambda calculus）、變分法（calculus of variations）等，但是其中有一種處理數學信息的方法如此重要，深深影響科學家的思維，所以講到微積分演算時，若無特定指定，就是一般公認的微積分了。

微積分最常見的意義，就是運用**分析綜合法**在於研究平滑變化的過程或**函數**，微分和積分兩分支則是方法。微分是分析極小間隔行為的概念和方法，積分則是將局部信息綜合成全盤理解的概念和方法。

牛頓全心發展微積分來描述運動，成果斐然。他引進**速度**和**加速度**的概念，找出物體在極短時間間隔下的運動特徵（微分），或倒過來利用速度和加速度的訊息來建構軌道（積分）。在古典力學中，**作用力**法則給出物體的加

速度訊息，而古典物理的一項重大挑戰是如何運用該訊息，在已知作用力下建構出物體的運動。這是積分的問題：從「小」知識建造出「大」東西。

Celestial Mechanics 天體力學

天體力學原本指應用古典力學和牛頓的**重力**理論，來描述太陽系裡主要物體的運動，主要是行星、衛星和彗星等。今日「天體力學」運用更廣，除了將力學運用至天體，也包括火箭和人造衛星的描述。因為相關的物理法則具普適性，所以天體力學應當算是力學一項專門分支，而不是一項獨立科目。

Charmed quark 魅夸克

魅夸克以「c」表示，**屬物質粒子**第二**家族**中的一員。魅夸克高度不穩定，在現今自然世界中扮演非常小的角色。魅夸克於一九七四年發現，其實驗研究是建立**核心理論**的工具。

Circulation 環繞量

不論真正的本質為何，**向量場**在數學上皆可視為普通流體的流動，如空氣或水（想像的流體在每一點上，其速度與該點向量場值成正比）。在這種模型中，每一點向量場的環繞量或旋度是流體角運動的度量。因此，圍繞龍捲風中心的曲線，大氣環繞量會很大。

讓我們更精確定義。想像曲線其實是細小管線，計算每單位時間管柱裡流通的空氣量，除以管柱截面積（忽略進出管柱的空氣），即是計算曲線的環繞量。

利用流動的比喻，將電場視為速度場，同樣可以定義環繞一個曲線的**電場**環繞量，或是環繞一個曲線的**磁場**環繞量，這些量在馬克士威方程組中扮演重要角色；見 **Ampere's law 安培定律／Ampere-Maxwell's law 安培－馬克士威定律**。

這裡我想加一點個人英雄崇拜和美學來做結尾。法拉第和馬克士威的論文極具開創性，其中電場與磁場的概念首度問世，不管是字詞定義或是心理圖像，都跟上面的環繞量和後面的**通量**很相像，並非使用傳統的數學方程式。這般複雜的心理圖像要能清楚呈現與傳達意義，是視覺想像的卓越創作，再三回味都令人感動。以圖像思考方程式，讓我們根據經驗品味欣賞物理。

Color (of light) 光的顏色／ Spectral color 光譜色

在思考光的時候，區分實際顏色與感知顏色是很重要的。

光譜色是一項物理概念，獨立於人類感知。原則上，光譜色可以完全使用物理工具（如透鏡、稜鏡和照相底片等）來定義與探索。我們可以製造出任何的光譜色，只要將一束白光通過稜

鏡，然後在出現的「彩虹」中選取一小段即可。現在知道，純光譜色對應於**電磁波**以一定的**頻率**進行周期**振盪**，不同的純光譜色精確對應於不同的頻率。根據馬克士威（經過完善驗證）的理論，我們可以得到任何頻率的電磁波，純光譜色是連續體。人類眼睛只對頻率範圍狹窄的電磁波敏感，不過，通常說到「光」時很自然涵蓋較廣，包括不同形式的電磁波，如無線電波、微波、紅外線、紫外線、X 射線和伽瑪射線，包含所有可能性的完整範圍構成了**電磁頻譜**。

光譜純色類似於音樂的**純音**。的確，純音是帶有明確頻率的聲波振盪，白光相當於**音調**大雜燴，也促成「白噪音」一詞的產生。

感知色彩的概念則混合了物理學和心理學。人們最豐富的色彩經驗（如藝術作品）相當複雜，涉及大腦高層次運作，我們對這塊知之甚少。雖然對於視覺形成初期已有一些基本的認識，然而根據基本物理原則對光的分析，相較於人類色彩感知的分析中，兩者已見巨大落差。最深刻的是：雖然純光譜色具連續性，完整分析射入光後可看到各色的強度，然而人類雙眼只能從這些強度中萃取三個平均值。

這是本書冥思主軸之一，請務必參閱正文。

Color charge 色荷／ Strong color charge 強色荷／ Weak color charge 弱色荷

強弱作用力的**核心理論**，是借用**電動力學**發展出來的想法而成，尤其是包含電荷的變體，稱為色荷。電荷或色荷守恆，也會決定像光子之類的粒子行為，如**電荷**與**光子**作用，強色荷與色**膠子**作用，弱色荷與**弱子**作用等。

強色荷有三種，正文中稱為紅色荷、綠色荷和藍色荷；八種色膠子會回應並媒介這些色荷之間的轉換。

弱色荷有兩種，正文中稱為黃色荷和紫色荷。

雖然不用多說，但我還是要強調，色荷中的「色」與光的「顏色」是截然不同的概念。

Complementary 互補的／ Complementarity 互補性

當同一件事情有兩個面向，各自有效成立，但不能同時出現，因為會彼此干擾，則稱兩者互補，是**量子理論**常見的情況。例如，可以選擇測量粒子的位置，或者選擇測量粒子的**動量**，但不能同時做這兩件事，因為每項測量會干擾彼此。一方面受到這樣的例子啟發，另一方面則是因為人生經驗豐富，波耳則建議更廣泛應用互補性的概念，以這種思考來處理艱深的問題與調和表面的矛盾。我覺得這樣寬廣的應用互補概念，

很有價值也深具啟發，以例子最能好好表達。在最後一章〈優美的答案？〉中，可以找到一些例子。

Complex dimension 複數維度

一般（「實」）**維度**自然是以**實數座標**來描述，因此電腦螢幕上一點的位置是由兩個實數指定，代表垂直與水平的位置，而普通空間的一點是由三個座標指定。然而，在許多數學和物理的情況中，考慮**複數**座標的空間是很自然之事。在這種情況下，複數空間所需要的座標數是該空間的複數維度數。由於一個複數可由兩個實數決定，即實部與虛部的量值，複數空間也用實空間代表（附額外結構）。因此，實空間維度數等於是同樣空間的複數維度的兩倍。

Complex number 複數

虛數單位 i 是一個量，自身相乘後得到 -1，因此得出 $i^2 = -1$ 的式子。複數 z 的形式是 $z = x + iy$，其中 x 和 y 為**實數**，x 稱為 z 的實數部分，y 是虛部。

複數很像實數，可以加減乘除。

複數引進數學後，讓一般由總和與次方組成的方程式（即多項式方程式）有解答。因此，像 $z^2 = -4$ 原本沒有實數解，卻可以 $z= 2i$ 解（$z= -2i$ 亦可）。數學上可以證明，只要定義複數就完全能夠達到這一點（即所謂的代數基本定理，道理並不明顯，其證明是數學一大成功）。

如「虛」（imaginary）一詞所指（與實相對應），即使數學家也難以接受這樣的數字，其「存在」多少令人懷疑。不過有幾位富有冒險精神的人，明智地聽從馬利神父「請求寬恕比請求准許更有福」的建議，大膽使用了。日久生熟，再加上不斷地成功，最終為複數贏得極高的評價。十九世紀的數學主要便是將複數應用到**微積分**和幾何上，探索琳琅滿目的各式現象。

進入二十世紀後，引進新的物體、列出理想的特性，然後宣布實現的過程（複數即是成功的例子），已演化出標準的作業程序。諾特是推進這種思潮的重要力量，若是柏拉圖地下有知，一定會對這些發展感到欣慰，肯定數學家終於擁抱其哲學思維，發現「理想」的喜悅。

（容我離題，請讀者姑且當詩讀：事實上，代數中重要一類物體稱為「理想」，也許諾特在純數學的代表作中，其深度及意義可與正文貫穿的守恆定理媲美者，首推諾特環的概念。何謂諾特環？若環中所有由愈大的理想構成的鏈皆會結束，則該環即為諾特環。）

另一種表示複數的有用方法是寫為 $z = r\cos\theta + ir\sin\theta$，其中 r 是正實數或零，θ 是角度；r 是複數的幅度，θ 稱為相位角。因此無論是（x, y）或（r, θ），都可做為複數的座標。

在**量子理論**中，複數**無所不在**。

複數是上帝的數字。

Confinement 禁閉

量子色動力學（**QCD**）是**強作用力**理論，**夸克**和**膠子**是其中基本的成分。壓倒性的證據（見第十六章〈量子美（三）〉）顯示這個理論是正確的，但是夸克和膠子都不以個別粒子出現，而是組成更複雜的**強子**，這種情形說是夸克和膠子被禁閉了。

我們可能想從質子解放（「解除禁閉」）夸克，用鑷子慢慢將質子拉開，或是用高能粒子炸碎質子取出成分。然而，這些嘗試一一宣告失敗，我認為失敗得很有意思，也很美麗。

如果是慢慢拉，可發現有股不可抗拒的**作用力**將夸克拉回。

如果快速拉動，得到的是**強子束**。

可再參見第十六章〈量子美（三）〉，尤其是第二部分。

Conservation law 守恆定律／Conserved quantity 守恆量

如果一個量值不隨時間變化，稱為守恆，任何物理量保持守恆的陳述稱為守恆定律。人類對於自然世界的基本了解可說是各種守恆定律，諾特提出一個重要的定理，讓守恆定律和**對稱**或不變性之間緊密相連。

例如：**能量**守恆、**動量**守恆、**角動量**守恆和**電荷**守恆是守恆定律；能量、動量、角動量和電荷是守恆量。

「能量守恆定律」特別值得一提，因為科學用語與日常不盡相同。我們常被提醒要節省能源，例如夜晚關燈、將冷暖氣機溫度調低一點，或是多走路少開車等，難道這個世界真的需要我們幫忙，才能保有基本定律的運轉？其實，重點是當我們被督促要節省能源時，能做的是將能源保留成日後可用的形式，而不是變成無用（如熱氣）或有害（化學反應釋放毒素）的形式。熱力學中自由能的概念比較像這種日常概念，自由能是指一般有用的能量，並不守恆，會隨時間消減。

Consistency 一致／Contradiction 矛盾

如果一組有假設和觀察的系統不會導出矛盾，則稱該系統為一致。當一項陳述與其反面都是正確時，稱為矛盾。

在純粹臆想的理論中，沒有針對具體物理現象的主張，觀察也不會導致矛盾；雖然不存在矛盾能讓這些理論保有一致，但這並不代表它是好理論。牛頓在《原理》重申觀點：

不從現象推論而出的陳述只能稱為假說；無論假說是根據形而上學、物理論證、隱匿本質或機械原因，在實驗哲學中不應具有任何地位。

在評估物理理論的價值時，不僅要

考慮一致性，也要考量其力量與經濟性，請參閱 **Falsifiable 證偽／ powerful 有力**與 **Economy (of ideas) 經濟性（思想經濟性）**。

Continuous group 連續群，參見 **Group 群**。

Continuous symmetry 連續對稱

如果結構在一個連續範圍內的轉換皆保持**不變**，亦即若結構允許由平滑參數描述的對稱轉換，則說該結構具有連續對稱性，或是該結構允許對稱轉換的連續群。

例如：一個圓可以繞中心旋轉任意角度，但仍然是同一個圓，所以該圓在連續範圍的旋轉中保持不變。相較上，等邊三角形只有繞中心旋轉 120 度的整數倍時才能保持不變，因此只允許離散而非連續的對稱。

請參見 **Analog 類比**與 **Digital 數位**。

Coordinate 座標

以一組數字來指定空間各點，這些數字稱為座標。

引進座標可謂是將「左腦」計算和數量的概念，與「右腦」形狀和形式的概念相結合。雖然背後的心理學不太清楚，然而無疑「座標」可幫助大腦不同模組互相溝通，集中力量。

最簡單與最基本使用座標的例子，是**實數**描述的直線。這需要三個步驟：

- 選擇直線上一個點（任何一點皆可），該點稱為原點。
- 選擇一個長度（公尺、公分、英寸、英尺或光年都可以），稱為長度單位，在此選擇公尺。
- 選擇直線上一個方向（只有兩種可能性），稱為正方向。

現在，為了確定 P 點的座標，我們以公尺為單位，測量 P 點和原點之間的距離。這是一個正實數，如果從原點到 P 點是正方向，則該數字為 P 點的座標；如果從原點到 P 點是反方向，則該數字的負號為 P 點的座標，而原點本身的座標是零。

依照這種方式，對於直線上的各點與實數之間建立完美的對應：每一點都有一個獨特的實數座標，而每一個實數都是獨特一點的座標。

以類似的方式，可以用二個實數為一組指定平面上各點，或是三個實數為一組指定三度空間模型的各點，這些數字稱為各點的座標，也可使用**複數**座標來描述平面。實際上，在複數 z 中，$z = x + iy$ 帶有兩個實數 x 和 y，也是表示平面上的一點。

當然，如果只有一段直線，仍然可以用實數來指定各點，只是不用到所有的實數，其他的情況也類似。

從地圖的經驗可知道，經過適當的**投影**可將曲面再現於平面上（如一張

紙）。以這種方式，可以用座標來指定曲面各點。

座標的基本概念允許多種變化和推廣：

- 可以用更多的數字！雖然對超過三個維度的東西（如五度空間）很難具象化，但是在執行上不會比三個數字一組的數字困難太多，因此更高維度的空間實則在人類智慧的掌控中，參見 Dimension **維度**。
- 可以將程序顛倒過來！引進座標是為了讓我們用實數組來描述幾何物體。另一方面在人類的色彩感知裡，我們發現任何感知的**顏色**基本上都可用紅藍綠三種基本顏色，獨一無二地混合調配出來，紅藍綠三種顏色不同的強度可用三個正實數描述，每個強度組合各對應一個不同的感知顏色。我們可以將這些三個一組的數字當做三維**性質空間**的座標，即感知顏色的空間。這類例子不可勝數，以**色荷**為基礎的空間在**核心理論**中扮演核心角色。
- 可以定義三維或三維以上的彎曲空間！這些概念同樣難以直接具象化，不過在地圖上繪製距離，將曲面表現在平面上的手法，可以用**度規**以代數描述，且易於推廣。
- 可以定義時空，讓時間和空間的立足點相同！要做到這一點，只需要將事件日期當做是除了發生地點之外的另一項座標（注意到負數對於西元前 BCE 的作用，例如西元前五年或許應該稱為負五年，並寫成 -5 CE）。在**廣義相對論中**，這個想法與前一個想法結合，定義彎曲的時空。
- 可以使用不同類型的數字！複數座標廣泛應用於量子理論中，而**格拉斯曼數**座標讓我們提出希望濃厚的**超對稱**想法。

Core theory 核心理論

如本書所稱，核心理論指統御**強作用力**、**弱作用力**、**電磁力**和**重力**的理論，包含**量子理論**和**局部對稱**（包括**廣義相對論**，**伽利略對稱**的局部版）等原則。

核心理論或是排除重力的子理論，通常稱為標準模型。我覺得稱為核心理論較為妥當，在正文中解釋過原因。

（為什麼有人會想將重力排除在核心理論的定義中呢？通常是認為量子力學和廣義相對論之間具有根本的衝突，有時候則是聲稱這項衝突會成為造成物理學癱瘓的危機。這兩種說法都太誇張了，第二個根本是誤導。例如，天文學家經常結合廣義相對論和量子力學來做研究，並沒有遭遇嚴重的阻礙。

我們可以運用統合其他作用力的原理，即以「局部對稱」這種獨特且強大的概念，將廣義相對論帶入核心理論的方程式中，而量子理論的規則依然適用無礙。

這樣包含重力的核心理論，對於黑洞物理學等某些思考實驗無法提出令人信服的答案；在探究宇宙大霹靂的起源時，其方程式會發散而無法使用，所以它不是萬物理論，這從粒子**家族**、**暗能量**與**暗物質**等問題，我們已經知道了。儘管如此，這是具一致性、可證偽、強大與經濟的理論。我認為，將廣義相對論納入成為核心理論的一部分，是完全恰當的做法，我自己一向這麼做。）

Cosmic ray 宇宙射線

當我們說「看到」宇宙，即恆星、星雲、星系等等，通常心裡所想的是這些物體發射到地球的電磁波，參見**顏色（光）**；以量子理論來說，便是看到**光子**。光子自由穿越太空中廣大空曠的區域，我們知道如何安排透鏡，使其來源成像。這裡所謂的「空曠」是指缺乏**正常物質**，因為正常物質基本上是與光子作用的物質。雖然這定義有點繞圈圈，但是重點在於宇宙中有這種區域存在。如**真空**的討論，「空蕩蕩」的空間仍然含有**暗能量**、常見的**暗物質**、一個或以上的希格斯場，以及不斷進行中的量子自發活動（見**量子擾動**）。

除了光子之外，天體物體會發射其他粒子：**電子**、**正電子**、**質子**以及各式**重核**，特別如鐵原子核。有些粒子擁有巨大的能量，比**大型強子對撞機**裡更為大，其中一部分來到了地球。這些粒子以及最高能的光子（γ 射線），就是由帶電粒子構成所謂的宇宙射線，因為受到星系磁場偏折的關係，會遵循彎曲的路徑，所以很難推斷來源。

在對撞機強大的加速器誕生前，高能物理剛開創的時代裡宇宙射線是研究高能粒子的最佳來源。正電子、渺子（μ）和 π 介子等幾項基本的發現，都是透過研究宇宙射線而來。暗物質粒子碰撞湮沒可能造成少許宇宙射線，目前有許多種實驗正在進行，探索這種可能性。

Current 流

電流是測量**電荷**流動，最簡單與理想化的情況是研究一個**電子**的運動。在電子瞬時位置的電流，等於電荷乘以電子**速度**，其他地方為零。若電子速度保持恆定，則電流大小也恆定，但是跟著電子動。

若是有許多電子和其他帶電粒子，則總電流為每個粒子電流（都是電荷乘以速度）的總和，這種基本的「微觀」電流值在空間任意點、任意時間皆具有定義，亦即電流是向量場。

在這樣定義下，在沒有帶電粒子處

的微觀電流強度為零，所以會隨電子運動在空間和時間上呈現劇烈變化。為方便應用，通常會將包含許多電子的空間區域平均電流量，在空間和時間上都呈現平穩變化。一般討論電路或是電器用品裡面的電流時，這樣平均視為理所當然。

還有其他類似荷值的流動，如**弱作用力**的兩個弱**色荷**，或是**強作用力**的三個強色荷。另外，還有「質量」取代「電荷」、涉及質量流動的質量流，以及涉及能量轉移的能量流等等。在日常用語中，「流」一詞最常用來描述水的流動，是一種質量流的概念。

Dark energy 暗能量／ Dark matter 暗物質

根本上，核心理論讓我們對地球與鄰近所發現一切的物質，具有詳細深入的了解。這種「正常」或「普通」的物質是由 u 和 d **夸克**、色**膠子**、**光子**、**電子**，和相較上稀少的微中子流組成。然而，天文觀測顯示其他種物質，才是構成宇宙總質量的絕大部分。目前，我們對這種物質的細節尚不了解，但是可將已知事實整理出簡單的頭緒。

- **正常物質**占宇宙總質量約 5%，分布極不均勻，形成了星系（由氣體雲、恆星和行星組成），由幾乎毫無正常物質的大片區域分隔。
- 暗物質占宇宙總質量約 27%，也群聚於星系附近，但沒像正常物質那麼集中。天文學家通常說星系被瀰漫的暗物質暈包圍，但有鑑於暗物質質量更大，說星系是暗物質雲裡的雜質會更恰當。暗物質與包括光在內的普通物質的交互作用相當微弱，因此不是傳統意義的「暗」，而應該算是「透明」。
- 暗能量占宇宙總質量約 68%，呈均勻分布，彷彿就是空間本身的質量密度。證據顯示，這能量在數十億年前也是一直保持恆定。和暗物質一樣，暗能量也與普通物質的交互作用微弱，所以也是透明而非暗的。

暗物質和暗能量在空間上的分布，可由觀察普通物質來推斷。在許多天文物理和宇宙學的情況裡，必須假設非正常物質的存在，才能利用已知的物理法則（即核心理論），來解釋正常物質的運動。換句話說，我們計算正常物質在自身重力作用下的運動，與所觀察到的運動並不一致。

這種差異原則上可能是廣義相對論失敗所致，但是儘管諸多嘗試，仍然沒有其他有說服力的替代理論出現（甚至一再降低門檻也無濟於事）。

另一方面，也可基於不同的想法來改進核心理論，以預測存在新的物質形

式，來解釋暗物質。由**超對稱理論**提出的**軸子**和其他新粒子符合理想模式：這些粒子夠穩定，且與正常物質交互作用微弱。此外，經計算得知它在大霹靂中具有豐足的產量，並以現已觀察到的模式凝聚，這些不同的可能性都是當前炙手可熱的實驗題材。

暗能量具有愛因斯坦「宇宙項」的預期屬性，也和**希格斯場**、**量子流體**自發活動等造成的能量密度性質相符合，可能是其中幾項效應皆對暗能量加減有所貢獻。相對於暗物質的情況，現有理論對於暗能量的想法相當模糊，且難以證偽。

值得一提的是，現代暗物質／暗能量的問題有兩個知名的歷史前例。十九世紀中葉時，依據牛頓**重力**理論進行繁瑣複雜的**天體力學**計算，顯示理論和觀測有兩項小歧異，一是天王星運動，二是水星運動。天王星的難題是由一種形式的「暗物質」解決，當時勒維耶（Urbain Le Verrier）與亞當斯（John Couch Adams）指出，加速度的不同可能是因為有一個未知行星的重力所造成，他們可以計算出位置，結果我們需要的那顆行星（海王星）找到了！水星的難題則是由愛因斯坦的**廣義相對論**取代牛頓的理論而得到解決，新理論是基於完全不同而深奧的理由提出，對於水星**軌道**有稍微不同的預測，結果與觀察所得吻合了。

有人使用**人擇**觀點來解釋暗能量和暗物質的問題。兩者的論證結構相似：

- 我們現在可以觀察到的宇宙，只是更大結構（有時稱為多重宇宙）的一部分（注意，隨著時間推移，可觀測的空間區域會擴大，這是由於光速有限的緣故）。
- 在其他遙遠的多重宇宙裡可能有不同的物理條件，特別是暗能量或暗物質的變化。
- 暗能量或暗物質密度與我們這個宇宙所觀察到截然不同的區域裡，智慧生命不可能出現。
- 因此，可觀察到的密度值必與我們所觀察到者接近。

目前第二項和第三項有爭議，所以對此想法仍保有懷疑。但是，隨著我們對基本法則認識加深與判斷能力提升，合理推論最後可能會被普遍接受。若是這樣，我認為這套思維將會極具說服力，果真如此我們觀察到世界的重大特徵，即暗能量與／或暗物質的密度，不是由抽象的動力學或對稱原理來決定，而是因為生物選擇的緣故。

Digital 數位

如果一個量無法平滑變化，稱為數位量，參見 **Analog 類比**。

Dimension 維度

直覺上，一個維度是一個可能的運動方向，因此說直線或曲線具有一個維度。平面或曲面具有兩個維度，因為需要兩個方向獨立的運動（如水平垂直向、南北向和東西向等），才能從一個點到達另一點。平常的空間或固體，具有三個維度。

引進座標後，更靈活的「空間」與維度概念因運而生，這裡請參考**座標**概念的討論。由座標描述的空間，其維度即是所需的座標數。將這項概念運用到簡單平滑的幾何物體，與先前直覺的概念吻合。

數學家將這些多少算直觀的概念，以許多方式加以推廣。兩項值得注意的推廣為**複數維度**與**碎形維度**。複數維度加上更多取**複數值**的座標。碎形維度適用於局部結構極豐富且極不平滑的物體：見**碎形**。近年來，物理學家引進與超對稱相關的**量子維度**概念，量子維度的座標是**格拉斯曼數**。

英文的 dimension 還有一種完全不同的科學用法，指的是量值的「單位」。在這層意義上，面積的 dimension 是長度平方，速度的 dimension 是長度除以時間，**作用力**的 dimension 是質量乘以長度除以時間平方等等。本書為避免混淆，我避免使用 dimension 的這層意義。

Dirac equation 狄拉克方程式

一九二八年，狄拉克（1902-1984）提出描述**電子**的**量子力學動力學方程式**，今日稱為狄拉克方程式。狄拉克方程對**薛丁格**早期電子方程式的改進，猶如愛因斯坦以力學方程式對牛頓力學的改進。在兩種情況中，新的方程式都符合狹義相對論，但先前較簡單的方程式則否（兩者的新方程式都重現舊方程式的預測，描述以比光速慢許多的物體之運動行為）。

除了代表電子在不同運動（與自旋）狀態的解之外，狄拉克方程還有其他的解。這些解描述與電子質量相同、但電荷相反的新粒子，稱為反電子，或**正電子**。正電子是一九三二年由安德森（Carl Anderson）研究**宇宙射線**的實驗發現，可參見**反物質**。

狄拉克方程稍加修正後，不只可描述電子的行為，也可以描述**自旋** 1/2 的基本粒子之行為，包括所有**夸克**和**輕子**，也就是正文中討論的**物質粒子**。若經過稍微大的修正，也可描述自旋 -1/2 **強子**的行為，包括**質子**和**中子**。

Dynamical law 動力學法則／Dynamical equation 動力學方程式

動力學法則是指出數量如何隨時間變化的法則，以動力學方程式表述。

例如：牛頓第二運動定律指出物體的**加速度**，即是**速度**隨時間的變化。

反例：相對下，**守恆定律**指量不隨

時間變化。

核心理論的基本法則是動力學法則，但也指出少數特別量的守恆定律。

第二反例：在核心理論內，有些數是屬於所謂自由參數。這種量出現在方程式裡，其值非受一般原則所定，而是取自實驗，這些參數不隨時間改變。

可能的反反例：**軸子**物理學的核心思想是這些參數中有一種 θ 參數，遵守更廣理論中一項動力方程式。在該理論中，所觀察到 θ 非常小的「巧合」，其實是動力方程式的自然解。更廣來說，希望有一天核心理論其他的自由參數，都能夠藉由強大理論中的動力方程式而確定。

又見 **Initial conditions 初始條件**。

Economy (of ideas) 經濟性（思想經濟性）

若一項解釋或理論的假設極少，卻解釋極多現象，則稱為具經濟性。

雖然未涉及商品或服務的交換，這裡的概念與經濟學有一定相關性。在經濟學中，我們說善用有限的資源來創造有價值的產品，是很經濟地使用資源，這裡是類以的想法。

相較於使用一大堆假設，卻只解釋範圍有限的事實或觀察，科學家自然偏好經濟性的假設。這份直覺可獲貝氏統計佐證，即若兩項解釋都同樣符合數據，則較經濟的解釋更有可能是正確的。

Electric charge 電荷

在現代物理學中，特別是**核心理論**，電荷是物質的主要屬性，這是最簡約的解釋。電荷是離散（即**數位**）的**守恆量**，**電磁場**與它作用。

電荷最簡單的表現是會產生作用力。根據庫侖定律，兩個帶電粒子感受到的電力，與兩者電荷乘積呈正比（與距離平方呈反比）。當電性相同時，兩者相斥；當電性相反時，兩者相吸。因此，兩個**質子**或兩個**電子**之間會互相排斥，質子和電子之間則會互相吸引。

電荷是質子電荷的整數倍。電子相對於質子，帶有相等但相反的電荷（理論上，**夸克**帶有分數的質子電荷，然而夸克不以單獨的粒子出現，而只存在**強子**內部，整個強子的電荷是質子電荷的整數倍）。

Electric current 電流，見 **Current 流**。

Electric field 電場／Electric fluid 電流體

任何一點的電場值，其定義為在該點的帶電粒子所感受到的電**作用力**除以其**電荷**之比。因作用力是**向量**，所以電場也是一種**向量場**。

這項定義廣泛應用於分子生物學、化學、電子工程學等應用上。但是當應

用在基礎物理時卻會產生問題，因為**量子擾動**占重要成分，作用力和位置都會變動；拯救之道是隨時間和空間進行平均，得到近似值。

不過，我們可以在基礎物理學上使用另一種方法繞過這些問題，結果更加有效。我們不再堅持方程式都只限於可觀察的量，當然，我們希望這些可觀察的量可以用方程式來加以描述，但我們也發現若加入其他東西會有所幫助（見**Renormalization 重正化**）！

依循這種精神，我將電流體定義成是出現在**馬克士威方程式**，充滿空間的動態物質。

當我們思索該如何解讀「星際空間的電場為零」這句話時，馬上可看到區分電場和電流體的必要性。將電場定義為該點平均而言產生多少電作用力，這句話才會有意義（且近似正確）。另一方面，我們絕不能說馬克士威方程式裡具有自發活動的量子力學實體會在任一地點消失。對實體本身與平均值兩種概念的術語不加以區分，基本上是錯誤的做法（這個缺點似乎不會對大多數物理學家造成困擾，但卻讓我感到很困擾）！我將實體本身稱為電流體，將其平均值稱為電場，以便解決問題。

（也就是說若無混淆之虞時，我偶爾會用「電場」來指實體與平均值，可謂死性難改啊！）

又見 **Quantum fluid 量子流體**。

Electricity 電

「電」泛指與**電荷**作用及涵蓋廣泛與其行為相關的現象。

Electrodynamics 電動力學／Electromagnetism 電磁學

這兩個術語可交互使用，專指涉及電、磁與兩者關係的科學知識。

自法拉第和馬克士威的研究後，我們明白**電**與**磁**彼此相連無法切割。根據**法拉第定律**，隨時間變化的磁場會產生電場，而根據**馬克士威定律**（見**馬克士威**），隨時間變化的電場則會產生磁場。**電磁波**即從兩則定律交織產生，包含電場與磁場。

從狹義相對論，我們得知**伽利略轉換**可使電場和磁場（以及流體）互相轉換。

Electromagnetic fluid 電磁流體／Electromagnetic field 電磁場

由於電流體和磁流體彼此間具有相當大的影響，因此很方便也很適合結合一體，電磁流體即是包含電流體和磁流體兩個成分的流體。任何點的電磁場，即為該點的平均值。

Electromagnetic spectrum 電磁頻譜，請參閱 **Color 顏色（of Light）（光）**。

Electromagnetic wave 電磁波

若是結合描述因磁場變化而產生電場的**法拉第定律**，以及描述因電場變化而產生磁場的**馬克士威定律**後，我們會發現這些場可能生生不息。這種生生不息的振盪採取**橫波**的形式，以光速在空間行進，這些波稱為電磁波。

馬克士威發現電磁波存在的可能性，並計算其速度，發現與光速吻合，於是推測光是由電磁波組成。

電磁頻譜包含所有可能**波長**的電磁波，而可見光僅占一小段。今日我們知道除可見光外，無線電波、**微波**、紅外射、紫外射、X 射線和伽瑪射線等都是電磁波，具有不同波長和**頻率**。

Electron 電子

電子是**正常物質**的成分，一八九七年由湯姆生首先確認存在。

在**核心理論**中，電子是**基本粒子**，各式基本粒子以其可以滿足的方程式來定義。

在正常物質中，電子攜帶所有負**電荷**。雖然只占正常物質極小的質量，電子對於材料的化學與結構卻扮演主導作用，控制電子操作（廣義的電子學）是現代科技文明的重大基礎。

Electron fluid 電子流體

電子流體是充滿整個世界、活躍的**量子流體**或其**媒介**。根據**核心理論**用來描述世界的**量子理論**，**電子**與**反粒子**（反電子或**正電子**）是電子流體中的擾動。在此描述中，電子流體很像水波，若未受阻礙的話，可以移動（或說「傳播」）至極遠距離。

每個基本粒子都對應類似的流體（物理文獻中通常稱為「**量子場**」），這些充滿空間的場可以並存，不會排擠別的場存在，核心理論的**動力學方程式**描述場之間如何彼此影響。

現代許多描述物質的想法，起源於對**電磁學**與光的研究，人們對於電子的認識也不例外。電子流體和**電磁流體**十分相似，現今視電子為電子流體中最小的擾動，即**量子**，相當於電磁流體中的光子。

Elementary particle 基本粒子

若某粒子遵循簡單的方程式，則稱為基本粒子。在**核心理論**裡，**夸克**、**輕子**、**光子**、**弱子**、色**膠子**、**重力子**和**希格斯粒子**，都是基本粒子。

質子和**中子**一度被認為（或者更正確說「希望」）是基本粒子，然而進一步研究發現，它們並未遵循簡單的方程式；同樣地，原子和分子也不是基本粒子。總之，我們現在知道質子、中子、原子和分子等物體都是複合物，事實上由更小的單位、核心理論中的幾個基本粒子組合而成：u 和 d 夸克、色膠子、**電子**與光子。

Ellipse 橢圓

橢圓是平面幾何圖形，看起來像是拉長的圓。橢圓通常定義如下：選A和B兩點，以及一段大於A和B之間的距離d，若P點滿足A和P間的距離加上B和P間的距離等於距離d，則所有P點的集合為一橢圓。A和B稱為焦點，其本身並不在橢圓上。

當A點和B點重合，P點形成圓，是橢圓的特例。當d遠大於A和B之間的距離，則橢圓亦會接近圓形。隨著d變小到只比A和B之間的距離稍微大一點，則橢圓會變成長橢圓，緊貼A和B點連線之邊；當d小到相當於A和B之間的距離時，則橢圓會退化成連接兩點的線段。

橢圓還可以用其他幾個看似不同、但數學上相等的方式來定義。我最喜歡的或許是這個最容易想像的方式：在一塊橡皮片上畫個圓，將橡皮往任意選定的方向均勻拉開，圓形會變形成為橢圓，以這種方式可拉出任何橢圓。

古希臘幾何學家喜歡橢圓之美，早已將其研究得十分徹底。千百年後之後，克卜勒仔細研究第谷的天文觀測後發現，環繞太陽運轉的行星軌道形成橢圓，而太陽位於其中一個焦點。雖然克卜勒最初很失望，必須放棄「完美」的圓形來做行星**軌道**，但是回過頭來看，這體現了古希臘幾何學，是「理想」變「真實」的神奇例子。

克卜勒定律引導牛頓發展出力學和重力理論。在牛頓的架構中，我們發現圍繞太陽運轉的行星軌道只是近似橢圓，因為受到其他行星的重力作用而扭曲。在這裡，最終的美在於**動力法則**本身，而非其解答。欲知詳情，請參閱第八章〈牛頓（三）〉。

Energy 能量／Kinetic energy 動能／Mass energy 質能／Energy of motion 運動能量／Potential energy 位能／Field energy 場能

能量、**動量**和**角動量**是古典物理學中十分重要的守恆量，皆形成現代物理學的重要支柱。

人們一般討論能源時分為許多類別，如風能、化學能、熱能等等，將基本的能量形式以不同的方式包裝。但僅就基本來說，能量也有幾種不同的形式。在這裡，將從基本面來探究能量概念。

動能、質能、位能和場能是這幾項的總和是總能量，也是一個守恆量。這些不同的術語似乎指極不同的真實面向。而在應用上，能量概念之所以有用，正是在於它可描述涉及真實的幾個不同面向。

動能是史上第一個被討論的能量形式，直覺上最容易掌握其重要性。定性而言，動能對應於運動，通常人們希望機器能帶動物體，因為移動東西會有動

能，所以動力工程學一個主要的目標就是將其他形式的能量，轉換變成動能。

定量來說，在牛頓力學裡，粒子的動能等於**質量**乘以速度平方，再除以二。當愛因斯坦修正力學以滿足**狹義相對論**時，運動的能量與另一種新形式的質能綁在一起，請見下面說明。

在牛頓力學裡，質量守恆和能量守恆是兩個獨立的**守恆定律**。狹義相對論要求質量的概念徹底改變，其中一要件是必須摒棄質量守恆。雖然能量守恆保留下來，但是能量的定義已然明顯不同。我認為，若將質能概念的問世看做調和相對論與非相對論能量概念的方法，最能清楚浮現質能概念的邏輯性，詳細見下面三段。

對於動量和角動量，從相對論簡化至牛頓定義的過程是平順的。當所有涉及物體的速度都遠小於光速時，這些量的相對論性表示會近似於牛頓式表示。對於能量，這段轉換的過程則比較崎嶇，必須加入新的東西到一般牛頓的能量定義中，即**質能**。

物體的質能等於其質量乘以光速平方。我們平常以 c 代表光速，這公式也許是科學界最有名的公式：

$$E_{質量} = mc^2$$

我在這裡用小標「質量」，強調這只是眾多能量形式中的一種。幾個物體的總質能等於個別質能的總和，因此全部的質能就是總質量乘以光速平方。「修正」後的牛頓能量是古典牛頓能量（動能加位能，教科書和下面都有！），再加上質能。所以，從相對論性力學順勢而生的是這種修正的牛頓能量，而非古典牛頓能量。

就總質量守恆來說，修正前後差一個固定的量（兩者都守恆），不過，修正的能量適用範圍更廣，涵蓋如**核子**反應等明顯背離質量守恆的現象。在這些情況中，反應前的質能不等於反應後的質能，然而總能量是守恆的，所以質能之間的差異必須以其他形式出現。當我們說質量轉換成能量，或能量變成質量時，指的就是這個意思。在科普文獻中存在許多錯誤說法，造成誤解與混淆。我希望在這裡幫忙澄清。

在粒子以接近光速運動的情況中，我們必須使用完整的相對論式子才能精確描述**運動能量**，而且無法清楚地分成質能和動能。

對於稍微懂一些代數的讀者，公式為：

$$E_{運動} = \frac{mc^2}{\sqrt{1-\frac{v^2}{c^2}}}$$

當速度遠小於光速 $v < c$，這約略等於質能 mc^2 與牛頓動能 $mv^2/2$ 的總和，如前面所述。當速度接近光速時，運動能量的增加將無限制。

位能指位置或距離的能量。例如，舉起地球表面的石頭會增加位能，而放下石頭會釋放位能。當放開石頭而掉落時，石頭的速度與其動能會增加，為維持能量守恆，其位能必須減少。

位能的概念可以擴張到更廣的範圍。當物體對彼此施力時，兩者交互作用的位能為距離函數。位能（距離的能量）在**超距作用**的理論中是很自然的概念，如牛頓的重力理論。除此以外，位能的概念在許多應用上都很有用，提供充分的近似。但在基礎物理學中，自從法拉第和馬克士威啟動革命後，傳遞作用力的**場**取代超距作用，場能也取代了位能。

場能在空間所有點都存在，只要場值不為零。例如，空間中一點的電場，其相關的場能密度與該點電場大小平方呈正比。

以局部定義的場能的概念取代與距離相關的位能，是深奧又優美的概念。考慮一個帶正電與一個帶負電的粒子，兩者之間的位能與距離相關，與剛才討論接近地表的石頭具有相同的理由。然而在法拉第－馬克士威圖像中，相同量的能量以極不同的方式產生。兩個粒子都產生電場，總電場是個別電場的總和。與總電場相關的能量密度由其平方決定，所以不僅包括各自電場的平方，同時也包括兩者同時出現的交叉項（對此不熟悉的讀者，先退一步思考，例如 $1 + 1 = 2$ 的平方，是 $2 \times 2 = 4$，而不是 1 的平方乘兩次等於 2。兩個項和起來的平方會多出一項，以代數表示為 $(a + b)^2 = a^2 + b^2 + 2ab$，多出一個交叉項 $2ab$）。出現在總場能密度中的交叉項與組成兩個場的相對幾何有關，進而與兩個粒子之間的相對距離有關。將全部的能量密度加起來，也就是將空間中所有貢獻都放進來得出總場能，會發現這些分項的貢獻正好與舊理論的位能相當，可加以取代。

在這個例子中，場能只是一種不同（更複雜）的方式，得到與位能相同的答案。但是在更完整的物理學中，基本法則是局部表述，自然會導出場能。位能是突現的近似概念，在某些情況很有用，但是在其他情況卻顯得不足。

能量**守恆**律、甚或能量本身，最好是透過諾特定理來理解，將守恆法則與**對稱**做連接。在該架構內，能量守恆反映出物理法則在**時間平移**下的對稱（即**不變性**），也就是讓所有事件前進或減退一定時間間隔的轉換。換句話說，當法則與外部特定的時間無關時，能量就會維持守恆。

在量子世界中，能量呈現出額外精巧的優美特徵。尤其值得注意的是**普朗克－愛因斯坦關係**，指出光子能量與與**顏色**之間的關係。再與波耳的想法結合時，這關係讓我們得以對**光譜**信息進行解碼。原子的光譜有其**穩定態**能量的編

碼，讓我們看見了天籟之音。

Exclusion principle 不相容原理／Pauli exclusion principle 包利不相容原理

在原來的形式中，包利不相容原理指兩個**電子**不可共享相同的量子態。此原則適用於所有**費米子**：兩個相同的費米子不可共享相同的量子態。電子或一般費米子排斥做同樣的事情，會造成之間斥力。這種斥力純粹是量子力學效應，而非傳統的作用力，如電力等。

不相容原理對於認識原子具有關鍵性，因為在原子中阻止電子聚集在原子核附近，儘管後者具強大的電吸引力；而外層電子離原子核很遠，也會受到鄰近原子的影響。在這種方式下，不相容原理打開通往化學的大門。

Falsifiable 證偽／ powerful 強大

當一個命題（或理論）與實證觀察比較後，有推翻的可能性，則稱為可證偽。波普爵士（1902-1994）提倡，將證偽性做為區分科學與其他人文研究的標準。雖然有其道理，然而我不認為波普的證偽標準充分反映科學做法，因為我們往往追求更好的方法，更甚於剔除不適用的想法。

證偽性比較適合做判斷理論是否成熟的（部分）標準，而非做為科學與否的憑判。在這種情況下，證偽性應該與理論的力量一起考量：有的理論能夠成功預測，但偶爾會失準（如氣象學）；或是有些預測本質是統計的，而不容易證偽的（如**量子理論**），但仍然具有很大的價值，而以上兩種情形理當還是符合科學的定義。

我們不該將很強大但不完美的理論逕行判為錯誤，而是直到更好的方法出現前，都應該它視為可望精益求精的出發點。牛頓（非相對論）力學、古典（非量子）電磁學，和許多沒這麼宏大的理論都被已被證偽，但仍是值得重視這些理論：

- 由於預測力量與相對簡單，這些理論仍然是有用的；
- 後來取代的理論，仍然仰賴原先理論的概念結構；
- 在後來的理論中，原來的理論因近似而保留下來，在極限下仍成立。

亦見 **Consistency 一致性／Contradiction 矛盾**、**Economy (of ideas) 經濟（思想）**。

Family 粒子家族

核心理論的**物質粒子夸克**和**輕子**很特別，三個成一組，我們說形成三個家族，每個家族包含十六個粒子，擁有相同的**強荷**、**弱荷**和**電荷**的模式。

換另一種說法，以第十六章〈量子美（三）〉的幾何語言，我們說這三個

家族各擁有六個實體，都占有相同的**性質空間**。

在主文中討論過，弱作用力中將單位的黃弱荷轉換成單位的紫弱荷，會使（左手）u 夸克變成一個（左手）d 夸克。當時我約略提過這會有問題，現在來講明白一點。這裡的問題是弱色轉換會伴隨家族轉換，因此除了 u → d，也有 u → s 和 u → b。談到這些轉換的相對可能性，需要引入額外的數字到**核心理論**。例如，相對於第一種轉換，卡比博角可給出第二種轉換的可能性。夸克中還有許多額外的轉換要考慮（如 c → d），帶進輕子時還會更多。要全部在核心理論裡加以描述，需要引進十多個的新參數。這些「混合角」的值已經由實驗測量，但是缺乏令人信服的理論，解釋為何有這些值。

對於這個問題，也沒有令人信服的理論，解釋為何自然特別鍾情於三個家族。（注 2）

Faraday's law 法拉第定律

此定律指出，沿封閉曲線**電場環繞量**等於該曲線所包的任意曲面上**磁場通量**變率之負值；法拉第定律被歸入**馬克士威方程組**中。

Fermion 費米子，見 **Boson 玻色子／Fermion 費米子**。

Field 場／Fluid 流體

最好是透過實例來介紹「場」這個概念。

- 在描述天氣時，可以把空間中許多點在不同時間的溫度值視為溫度場。
- 在描述水流時，可以考慮水在空間中許多點在不同時間的**速度**值，定義了速度場。
- 在描述電的現象時，可考慮空間中許多點在不同時間，對位於該處的**帶電**粒子施加的作用力。在除以電荷大小後，即可定義**電場**。

一般而言，在不同位置、時間給定 X 量的值，我們說這是「X 場」。換句話說，X 場是 X 在時空的函數。

本書所指「流體」一詞，泛指任何充滿空間的動態物理量，例子包括**電流體**、**磁流體**、**膠子流體**與**希格斯流體**。場和流體之間還有更多細微但重要的差別，尤見**電場／電流體**。

又見 **Medium 介質**。

Field energy 場能量，見 **Energy 能量**。

Flavor 味

夸克有六個種類，或不同的六「味」，依質量由小至大排列為：u（上）、d（下）、s（奇）、c（魅）、

b（底）和 t（頂）。每一種都具有相同的三維色**性質空間**，因此對於**強作用力**的表現都一致。夸克 u、c 和 t 具有質子 2/3 的電荷，d、s 和 b 具有質子 1/3 的電荷。對於弱交互作用，有不同且稍微複雜的行為，見 Family **粒子家族**。

夸克有這麼多類型到底有何深意，目前還不清楚。在夸克中，只有 u 和 d 夸克在當今自然界扮演一定的角色，因為它是質子和中子主要組成。

輕子也有類似的多種類型，我們也說輕子具有不同的「味」。

Fluid 流體，見 **Field 場／Fluid 流體**。

Flux 通量

無論本質為何，向量場在數學上都可代表一種流體的流動，如空氣或水。在數學上，每一點這種假想的流動的速度都與該點向量場的值呈正比。在此模型中，通量就是流體通過某面的流率（正值或負值，將在以下討論）。不管此面是否有邊界，這種通量的定義都成立。

因此，若考慮流動的河水，描繪出一個正面迎向水流的面，則它將具有顯著的水流通量。反之，若該面側切水流，則形成的通量將很小。

現在，如果還沒有看過「**環繞量**」這個條目的人，應該先看看！因為，我要補充兩個概念之間一點微妙的關係。了解之後，便能明白確實認識**馬克士威方程組**的關鍵，完全在於對幾何概念與圖像的掌握。

馬克士威方程組其中的兩個方程式，需要考慮被曲線圍成的表面，比較一個物理量在曲線的環繞量以及另一個物理量流過表面的通量（在**法拉第定律**中，電場環繞量與磁場通量有關，在**安培－馬克士威定律**中，磁場的環繞量與電流與電場通量有關）。

為了計算方程式裡使用的環繞量，必須確定環繞曲線的方向，兩種可能的選擇，流量的答案符號會不同。為了讓馬克士威方程組保持不變，不管採取何種選擇，記得當改變外圍曲線的方向時（亦即環繞量的符號），要確保表面通量的符號也要改變。

在此，一般使用簡單的右手規則：若右手四指為曲線方向，（通量定義中）流體傳輸以拇指方向運動則定為正，以反方向運動則定為負。若照這條原則，那麼改變曲線方向也會改變流量與通量的符號，所以流量和通量之間的關係保持相同。

馬克士威方程組的另外兩個方程式：電與磁高斯定律，考慮的是封閉曲面的通量。當流體從曲面內流到曲面外，則視通量為正，反方向則視通量為負。

Force 作用力

在物理學與本書冥想中，作用力一詞有兩種極不同的用法。

在牛頓力學中，作用力是衡量物體對另一個物體的影響。物體施加的作用力，是讓其他物體產生加速度的能力，見**加速度**。

另一種常見但不太精確的用法，是指是大自然作用的機制。在**核心理論**中，自然有四種基本的作用力：重力、電磁力與強、弱作用力。這裡也常見以交互作用來取代作用力（因此有電磁交互作用、強交互作用等等），我都選用「作用力」，因為聽起來更加有力。

Force particle 作用力粒子

「作用力粒子」並非正式用語，我用來稱**核心理論**中為**玻色子**的基本粒子：**光子**、**弱子**、色**膠子**、**重力子**和**希格斯粒子**。我希望這樣方便使用，且能隱約透露這些粒子在自然中所扮演的角色。

Fractals 碎形

碎形是擁有所有尺度結構的幾何物體，因此放大一個複雜的碎形圖像時，即放大細節仔細觀看，可發現細節與原先整體一樣複雜；事實上在許多碎形中，放大的部分與整體一模一樣！

碎形有許多大小和形狀，沒有單一嚴謹的定義可適用於所有稱為「碎形」的物體。這項廣闊的概念涵蓋各式各樣有趣的例子，內在結構千變萬化。

因為碎形的小部分如同整體一般複雜，**分析綜合**法與古典數學化身的**微積分**遠遠使不上力，而必須由遞迴和自相似性等不同的想法登場（這裡我點到為止，雖然這些想法很有趣，但與主題關係不大）。

極為複雜的碎形可由簡單的規則一步步形成，非常適合電腦繪圖，產生許多令人嘆為觀止的圖案，促成新視覺藝術形式的誕生。

Frequency 頻率

如果有個過程隨時間重複發生，其**周期**是重複之間的時間間隔，其頻率是數字 1 除以周期，也就是周期倒數。因此，高頻指重複頻繁的過程，頻率以秒的倒數衡量，此單位也稱赫茲，是為紀念發現**電磁輻射**的赫茲。

例如：若某過程每兩秒重複一次，其頻率為 1/2 赫茲；若過程每秒重複兩次，即每半秒重複一次，則頻率為 2 赫茲。年輕健康的人可聽到的空氣振動或聲波，其頻率大約從 20 到 2 萬赫茲。人類眼睛對頻率約為 4×10^{14} 到 8×10^{14} 赫茲之間的**電磁波**敏感，這振盪速率可謂相當得快！

Function 函數

當一些量會隨時間變化，稱做時間的函數。更廣義來說，當每個 x 值決定

y 的值，則說量 y 是量 x 的函數，寫成 y(x)，表示 y 的值由 x 決定。

例如：

- 波士頓的溫度是時間的函數。
- 更廣義來說，地表的溫度是地表位置與時間的函數，亦即是時空的函數。

可參見 **Field 場**。

Galilean transformation 伽利略轉換／Galilean symmetry 伽利略對稱／Galilean invariance 伽利略不變性

伽利略轉換是對系統每個部分的運動都加減同樣速度的轉換。正文提到，伽利略提出一個漂亮的思考實驗，可以讓我們想像在伽利略轉換下物理法則得以保持**不變**：若是關在甲板下封閉的船艙內，在風平浪靜的日子裡，無法在船艙內感受到船隻到底前進多快。**狹義相對論**的支柱之一，在於假設物理法則在伽利略轉換下保持不變，也就是說物理法則滿足伽利略對稱，亦見 **Boost 推進**。

Gauge particle 規範粒子

為了實現**局部**（即規範）**對稱**，必須引進適當的**流體**，並讓它具特定性質。**核心理論**中，**重力**、**強**、**弱**與**電磁流體**的引入原因在此。這些流體的最小單位（或量子）分別為**重力子**、**色膠子**、**弱子**和**光子**，因此被稱為規範粒子。這些粒子聽來平凡，但卻包含深奧而優美的事實：這些粒子媒介自然的基本作用力，是對稱的化身。

Gauge symmetry 規範對稱，這是 **Local symmetry 局部對稱**的另一種說法。

Gauss' law 高斯定律

實際上有兩個高斯定律，形式非常相似。

高斯的**電場**定律，或稱為電場高斯定律，指通過任何封閉表面的電場**通量**，等於表面包含的**電荷**量。

高斯的**磁場**定律，或稱為磁場高斯定律，指通過任何封閉表面的磁場通量等於零。或者，可以說這個磁通量等於表面包含的磁荷，但是自然界中不存在「磁荷」這種東西，所以為零。

這兩則高斯定律被歸入 **Maxwell's equations 馬克士威方程組**中。

General covariance 廣義協變

這即為本書所說 **Local Galilean symmetry 局部伽利略對稱**，廣義協變是愛因斯坦所用的名稱，是 **General relativity 廣義相對論**的基礎原則。

General relativity 廣義相對論

廣義相對論是愛因斯坦的**重力**理論。

惠勒這樣描述廣義相對論的本質：

物質告訴時空如何彎曲。

時空告訴物質如何運動。

正文則對這點提出廣泛的解釋（和批評）！

「廣義相對論」中的「廣義」為愛因斯坦所造，點出新理論與先前**狹義相對論**的關係。在本書中，我們借用描述其他作用力的語言，使用更具系統性的不同語言來談這層關係。狹義相對論考慮的是**伽利略轉換**，而廣義相對論考慮的是更廣義的轉換，等於是允許時空中不同地點使用不同的伽利略轉換。用我們的話來說，廣義相對論是基於**局部對稱**，而狹義相對論是基於非局部或（更貼切的）**剛性對稱**。

Geodesic 測地線

彎曲的表面不會有直線，測地線是最接近的替代品。測地曲線的特性，在於它是線上鄰近兩點最短的路徑。我們必須限制兩點「鄰近」，因為範圍過長的話，測地線可能繞一圈回來接近原先的點，或在環繞的途徑中出現捷徑。

例如：球體上的測地線是大圓，是通過球心的平面在球面所截的曲線，因此赤道是大圓，而經線也是測地線。客機所用的極地航線近似測地線，可節省燃油。

這樣定義的測地線並不限於曲面，可以在更高維度的彎曲空間，以及適當定義距離的時空中，定義測地線。

Gluon 膠子／ Color gluon 色膠子

膠子是 **Gluon fluid 膠子流體**的最小單位（或 **Quanta 量子**）。

Gluon fluid 膠子流體／ Gluon field 膠子場

膠子流體是充滿空間的動態實體，造成**強作用力**。各點的膠子場是用來衡量該點膠子流體的平均影響（平均於適當小的時空間隔）。

Graphene 石墨烯

石墨烯是完全由碳組成的化學物質。石墨烯的碳原子形成二維平面，原子核排成蜂窩圖案，石墨烯具有驚人的機械和電性。

Grassmann number 格拉斯曼數

這些數滿足**反對稱**乘法法則

xy = -yx

格拉斯曼數出現在超對稱中，是量子維度的座標。

Graviton 重力子

重力子是**重力流體**（也稱**度規流體**）最小的激發單位或**量子**，因此，重力子之於**重力**，相當於**光子**之於**電磁力**。根據預測，個別重力子與**正常物質**的交互作用極其微弱，直接觀察到個別

重力子的可能性微乎其微；眾多重力子則可成為可偵測得的重力波。

Gravity 重力[注4]

基本粒子之間的重力是已知**核心理論**四個**作用力**中最微弱者。但是其他三種作用力回應的**荷值**皆具有正負號，有許多粒子時容易彼此抵消。相較上，重力子主要回應**能量**，不會抵消，許多粒子存在只可能讓力量增強。在**天體力學**中，重力是最主要的作用力。

在幾乎所有情況下，重力會造成物體之間的吸引，**暗能量**則為例外。我在尾注列出兩項進一步參考之處，在此只點出對於宇宙整體現在、未來和過去的三項結果：

- 銀河系附近（本銀河系範圍及鄰近區域）的重力由**正常物質**與**暗物質**主宰，暗能量的重力效應不顯著。然而從宇宙大尺度來說，正常物質與暗物質聚集於星系附近，雖然暗能量在我們附近密度低，卻無所不在，且效應會累積。於是，本質是互斥重力的暗能量，現在主導了宇宙整體的演化。宇宙擴張原本預期會受重力吸引而減慢，實際上卻正在加速。
- 將今日的宇宙學直接延伸到很遠的未來，預測本銀河系經過幾千億年後，會與仙女座大星系與旁邊的一些矮星系合併，形成一座孤島，宇宙其餘的正常物質（與暗物質）將因加速擴張而遙遠與快速離去，以至於無法觀察到（由於光速有限的緣故）。

當然，科學家們對宇宙的看法在短時間內已有大的改變，因此以上是非常大膽的推斷，因為我們發現宇宙擴張，還不到一百年呢！

- 自從大霹靂發生至一百三十億年之間，大多時候正常物質和暗物質的重力作用凌駕暗能量的作用，甚至就宇宙尺度來說也是如此。唯有過去二十億年左右，這些形式的物質隨宇宙擴張而稀釋，而暗能量的密度保持不變，才成為主導。不過，有很好的理由推測宇宙極早期也是由暗能量主導，其重力斥力導致宇宙快速擴張的暴脹期。

牛頓的萬有引力理論是人類思想史上劃時代的成就。他以幾項精確陳述的數學原理，對諸多天體運動提出正確解釋，為科學準確與雄心設立新標準。然而，二十世紀早期牛頓理論由愛因斯坦**廣義相對**論取代，至今仍是無可動搖的基礎。

Group (of transformations) 群（轉換群）／ Continuous group 連續群／李 Lie group 群

結構在轉換下不變或具對稱性，是指整體結構在各個部分的轉換下維持不變。在許多場合，除了考慮個別的對稱轉換之外，考慮其集合也是很有用的一件事。這種對稱轉換的集合，就稱為轉換群。

轉換群有各式各樣。例如，有些允許連續變化，有些則是離散的（見 **Continuous symmetry 連續對稱**）。但是，所有的轉換群皆享有幾點重要的特徵：

- 兩對稱轉換可以連結，先進行一項，再進行另一項。合併運作也會讓結構保持不變，所以定義一種新的對稱運作。
- 每項對稱運作都有一個相反或所謂逆轉換。若原先的轉換將 x 變成 x'，則逆轉換是 x' 變成 x。
- 若是依第一道規則，將轉換與逆轉換合併（順序無妨），得到的結果是自身轉換，將每個 x「變成」自己。

十九世紀下半葉，挪威數學家索菲斯．李（Sophus Lie）對連續變化並可用**微積分**研究的轉換群做深入研究。為了紀念他，這些連續對稱群稱為李群。圓、球的所有可能繞軸旋轉的合併所形成的連續群，以及其高維度的推廣都屬於李群。

這些旋轉群以及其他李群，在現代量子物理學中有許多應用。最值得注意的是，基於不同**電荷或色荷**（**核心理論強**、**弱**和**電磁力**之基石）的**特性空間**對稱群是李群，而我們試圖統一這些理論時所思考的更大**對稱群**也是李群；可參見 **Local symmetry 局部對稱**。

Hadron 強子

由於受到**強作用力**，**夸克**、反夸克和**膠子**可結合成各式各樣的複合物，強子即是泛稱。**質子**和**中子**都是強子之例，**原子核**也是。其他所有已知的強子都高度不穩定，生命周期從幾奈秒（10^{-9} 秒）到更短都有。

大多數強子可依**夸克模型**架構做半定量理解（有需要者可參見定量）。根據夸克模型，強子分為兩大類：**重子**和**介子**。重子（包括質子和中子）是包含三個夸克的束縛態，介子是包含一個夸克和一個反夸克的束縛態（另有包含三個反夸克的反重子，見**反物質**）。依**量子色動力學（QCD）**提出更精確的圖像，這兩項基本圖像只應該被視為是骨架，由膠子和額外的夸克－反夸克對來填補。

理論家普遍預測基本夸克模型之外還有其他完全不同的強子，如「膠球」，其中膠子支配夸克和反夸克，這是方興未艾的研究領域。

參見 **Quantum chromodynamics (QCD) 量子色動力學**，以及第十六章〈量子美（三）〉第二部分的廣泛討

論。

Handedness 手徵性，見**Parity 字稱**。

Harmony 和諧

當兩個以上的樂音聽起來很悅耳時，稱為和諧音。這個心理現象的生理起源，仍然不是很清楚，本書正文粗略提及一個理論。自畢達哥拉斯以來，更廣義的「融洽相處的事物」也稱為和諧，不再限於音樂。

Higgs field 希格斯場／Higgs fluid 希格斯流體

希格斯流體是一種填滿整個空間的介質，在**核心理論**方程式中扮演重要角色。希格斯場則是希格斯流體對其他粒子平均影響的度量。見**場／流體**、**電場／電流體**，以及第十六章〈量子美（三）〉第三部分的延伸討論。

Higgs mechanism 希格斯機制

物理學家希望用**局部對稱**的優美方程式來描述**弱作用力**。但是，在真空中這些方程式只有在弱作用流體的**量子**（**弱子**）像**光子**一樣質量為零才成立。然而實際上，弱子的質量卻是質子的幾十倍。希格斯機制讓我們既能保持方程式的優美，同時又尊重現實，其核心思想是空間遍布一種**希格斯場**，修改粒子本來應該具有的行為。

根據希格斯機制，我們生活在一種弱荷**流超導體**的空間裡。

見 **Higgs field 希格斯場／Higgs fluid 希格斯流體**、**Higgs particle 希格斯粒子／Higgs boson 希格斯玻色子**，以及第十六章〈量子美（三）〉第三部分的延伸討論。

Higgs particle 希格斯粒子／Higgs boson 希格斯玻色子

這兩個詞都是指**希格斯流體**的最小單位，即**量子**。

見 **Higgs field 希格斯場／Higgs fluid 希格斯流體**，以及第十六章〈量子美（三）〉第三部分的延伸討論。

Hypercharge 超荷（注5）

核心理論各個粒子實體所具有的平均**電荷**稱為超荷〔實體定義詳見第十六章〈量子美（三）〉第四部分〕。

弱力、**超荷**和**電磁**作用之間的複雜關係，在正文有稍加解釋。若要詳細探討，需要好幾頁相當枯燥的陳述，而且對於回答本書主題意義不大。有興趣的讀者，可參照尾注列出的兩個參考文獻。

Infinitesimal 無窮小

「infinitesimal」即「infinitely small」的濃縮字。

在當代物理和數學中，**速度**和**加速**

度是以極限的方法來定義。例如，粒子的速度定義如下：在極小時間 Δt 之內考慮粒子位移 Δx，而 Δx / Δt 的比值在 Δt 趨近於零的極限值，即為速度。

早期微積分的開拓者並未具有堅實的基礎和明確的定義，而是憑直覺和猜測來獲得進展。萊布尼茲往往不取極限，而喜歡直接考慮無窮小的時間 Δt 之內的無窮小位移 Δx，然後取兩個無窮小量的比。他與弟子們未能精確陳述這個概念，基本上被遺忘了幾百年，直到二十世紀數學家才加以**嚴格化**。

無窮小的概念，和**投影幾何**中**無限點**的精神相似，雖然方向相反！在這兩種情況下，極限的過程最後由達成的結果所代替。

無窮小提供體現理想的新途徑。在物理世界的描述中，無窮小尚未扮演顯著的角色，但是美好的理想，說不定有朝一日會出現在自然界。

Initial conditions 初始條件

按照目前的理解，物理學的基本律是動力學方程式。換句話說，只要給定世界在一瞬間的狀態，可以推導出其他時間的狀態。但是，動力學方程式未說明起點為何，因此提供初始條件是所有物理描述的第一步。

Intensity (of light) 光強度

視覺感知的亮度，在物理上的精確定義就是光的強度。這代表的是入射光束在單位時間、單位面積傳輸到表面的能量，此定義讓我們可將強度推廣到整個**電磁波**頻譜，包括無線電、紅外線、紫外線和 X 光。

Invariance 不變性

在轉換之下維持不變的性質，稱為不變性。例如：

- 若將所有物體朝同一方向移動同樣的距離，彼此之間的距離不會改變（距離在**平移**之下的不變性）
- 若讓圓形繞著中心旋轉，會維持不變（圓在旋轉之下的不變性）
- 在任何慣性座標系，也就是從不同的等速運動平台觀察，光速皆維持不變。因此，我們說光速在**伽利略變換**（也就是**推進**）之下，具有不變性。

第三例正是愛因斯坦**狹義相對論**的關鍵假設。

Isotope 同位素

具有相同質子數、但不同中子數的不同核種，稱為同位素。同位素帶有相同**電荷**，因此化學行為幾乎相同，雖然**質量**顯著不同。

Jet (of particles) 強子束

在現代高能加速器（如**大型強子對**

撞機）中，粒子對撞之後的產物，常常可以看到幾乎朝同一方向運動的高能量**強子**流，此被稱為強子束。

根據**量子色動力學**（**QCD**）和**漸近自由**，強子束的成因很有趣。粒子最初的激烈對撞可以由**夸克**、反夸克、與**膠子**的**強交互作用**來描述，但這些基本粒子從最初的火球冒出之後，接觸到無所不在的 **QCD 量子流體**與其不停歇的**量子擾動**（也就是**虛粒子**），並在達成平衡的過程中產生成群的強子。由於**能量**和**動量**的**守恆**，強子群繼承原生夸克、反夸克和膠子的屬性，因此一個高能量夸克會製造出大批強子，朝夸克原來動量的方向運動，並瓜分原來的能量，這就是強子束！因此，觀察研究強子束時，我們瞥見夸克、反夸克和膠子的實體，這並不是很誇大的說法。雖然，這些基本粒子不能以自由粒子的形式存在（見**禁閉**）。

Kinetic energy 動能，見 **Energy 能量**。

Large Hadron collider 大型強子對撞機

大型強子對撞機（LHC）是日內瓦附近 CERN 實驗室的計畫，旨在探測高能量的基本交互作用，也就是研究比以前更短時間和距離之下的物理過程。

實驗構想為：**質子**在加速下達到很高的**動能**，並收納入兩道窄束，儲存在地底周長 27 公里的巨大環形管道，在強力磁鐵的引導路徑下，朝相反的方向循環運動（將這種高能質子偏折很困難，所以該環必須很大，磁場必須很強）。在幾個觀測點，兩粒子束交叉對撞。朝著相反方向運動的高能質子在碰撞之後，在非常狹小的空間釋出巨大能量，重現大霹靂一瞬間的極端條件。龐大的「探測器」長寬高都達幾十米，布滿複雜尖端的電子儀器，讀取對撞產物的物理信息，然後由訓練有素的科學家團隊以功能強大的全球電腦網路進行分析。

自埃及金字塔、羅馬渠道、中國長城、歐洲大教堂以降，LHC 是文明的現代里程碑，這些都代表著人類集體努力和科技成果。

二〇一二年七月，LHC 科學家宣布發現希格斯玻色子〔參閱第十六章〈量子美（三）〉第三部分〕。未來 LHC 會以更高的能量，測試**統**一交互作用力與**超對稱**的優美理論〔參閱第十八章〈量子美（四）〉〕。

Lepton 輕子

電子 e 和**電微中子** ν_e，與其親戚渺子 μ 和渺微中子 ν_μ、濤子 τ 和濤微中子 ν_τ，統稱為輕子，其反粒子為反輕子。

Lie group 李群，參閱 **Group 群**。

Line of force 力線

在磁鐵棒的影響下，灑在白紙上的鐵屑會形成曲線，從磁鐵一端延伸到另一端，如圖二十所示。這些美麗的圖案和類似的現象激發法拉第的想像，他猜想這些線為獨立的存在，鐵粉並非創造物，而是透露其存在。這直覺帶領著他，並導致新的實驗發現，而馬克士威進一步提出這些現象的精確數學描述。現代物理學充滿整個空間的**流體**，正是從這些想法應運而生，並取代**超距力**，成為交互作用的基本模型。

Local symmetry 局部對稱

對稱性由轉換而定義，當不同的時間和空間可以允許不同的轉換並維持結構不變，稱為局部對稱。基於局部對稱與**量子理論**的**核心理論**，成功描述所知的四種交互作用，總結已知的自然律基礎。局部對稱加上**超對稱**（仍在量子理論的框架下），即是極有可能統一並改進核心理論的途徑，如第十八章〈量子美（四）〉所述。

局部對稱與傳統（即**剛性**）對稱的關係，如同變形藝術相對於傳統的透視學。局部對稱是本書冥想的一大焦點，本書後半部幾乎都是圍繞在這個主題。

Magnetism 磁性／ Magnetic field 磁場／ Magnetic fluid 磁流體

「磁」是一個廣義的詞，泛指物體彼此施加的**電流**，以及特別磁性物質之間的作用力與相關現象。磁性物質多來自鐵礦石的產物，可用於製造一般常見的「磁鐵」，如指南針、冰箱磁鐵貼等許多用途。

至於磁場的精確定義與磁力作用的形式，大致類似於**電場／電流體**的討論，但細節更加繁瑣複雜。請參閱**注6**。

Mass 質量

「質量」的科學概念隨著時間演變，曾在幾個密切相關但不完全相同的場合出現，在這裡將介紹最重要的三種概念：

1. 牛頓力學最早以科學的方式合理定義「質量」的概念。在此，質量是物質的主要屬性，永遠不能被創造或毀滅，也沒有辦法以更簡單的方法進一步解釋本質。質量測量物體的慣性，或對**加速度**的抵抗；質量大的物體除非受到很大的外力作用（**作用力**），傾向保持恆定的速度。質量的概念在牛頓第二運動定律下定量化：物體加速度等於外加作用力除以物體質量。牛頓的質量概念至今仍受到廣泛應用，也仍然然稱為「質量」，雖然牛頓力學不完全精確，但是一般已是夠用的近似，並且比更精確的相對論力學容易使用。

2. 愛因斯坦對力學進行修改，使其與狹義相對論一致。相對論力學的「質量」是不同的概念，是單個粒子的屬

性，但在交互作用中可創造或銷毀。相對論的「質量」是度量粒子對質能的貢獻，並支配其**運動能量**。質量是粒子的屬性，但並不是固定定義（**守恆**）的普適量。

核心理論中每個**基本粒子**具有特定的質量，但碰撞前後粒子質量的總和可能差異甚大。高能**電子**和**正電子**碰撞產物的總質量，往往是碰撞之前粒子總質量的幾十萬倍。

在相對論力學中的守恆量是**能量**，而不是質量。我喜歡以這句口令總結相對論力學中質量和能量的關係：粒子帶有質量，世界帶有能量。

3. 宇宙學指出宇宙質量由各種東西以不同比例組成：**正常物質**（5%）、**暗物質**（27%）與**暗能量**（68%），這是「質量」術語的草率用法（暗能量更是不具有以上兩個方法所定義的質量）。然而，無論是在科學和科普作品中這種說法都很普及，所以也改不了。其意義如下：根據**廣義相對論**，宇宙擴張速度的時變率（大約是加速度），是由其中的能量密度決定。將能量的平均密度除以光速平方，得到一個與質量密度單位相同的量，上面提到的百分比就是不同來源對於這個「量」的貢獻。

由於質量不守恆，反而有希望用更基本的方式解釋來源。事實上，大部分**正常物質**的質量源自於**量子色動力學**（**QCD**），這是極其漂亮的解釋。**質子**的重要組成上、下**夸克**與色**膠子**等質量都比質子輕很多，所以質子的質量必定有其他來源。

理解質子質量起源的關鍵步驟，在於正確了解質子本身。質子是什麼呢？從現代基本物理學的角度來看，質子是夸克和膠子**流體**穩定與局部的激發模式。這種模式可以運動，**伽利略對稱**保證此點，如果從遠處觀看（與其大小相比較），看起來像一個粒子。這個激發態帶有膠子的**場能**以及夸克的**運動能量**。如果穩定激發態帶有 ε 的能量，則 ε / c^2 就是這個看似粒子的質量，即質子的質量。這就是我們身體絕大多數質量的起源，是從無而有的質量，從能量產生。

Mass energy 質能，參見 **Energy 能量**。

Maxwell's equations 馬克士威方程組

馬克士威方程組是描述**電場**、**磁場**、**電荷**和**電流**空間分布等關係的四道方程式，正文和尾注中都有廣泛討論。

又見 **Ampere's law 安培定律**／**Ampere-Maxwell's law 安培－馬克士威定律**、**Faraday's law 法拉第定律**和 **Gauss's law 高斯定律**，這是四道馬克士威方程式的個別說明。

Maxwell term 馬克士威修正項／

Maxwell's law 馬克士威定律

馬克士威為了調解**電場**和**磁場動力學法則**之間的矛盾，提出了前所未知的電磁效應。我先前稱此為馬克士威定律，指隨時間變化的電場會感應（即「創造」）磁場。**法拉第定律**指隨時間變化的磁場會感應電場，因此兩定律互相成對。先前已知電流會感應磁場（**安培定律**），而馬克士威定律提供了另一種製造磁場的方式。安培定律經馬克士威項補充後成為完整的公式，稱為**安培－馬克士威定律**。

Medium / Media 介質

介質是充滿空間之物，而「Media」在物理上僅是介質的複數。

介質與**流體**可以互換使用。若要細分，「流體」一般用來指組成部分可以彼此互換位置的物質，如空氣或水的流動；而「介質」意謂比較結實的物質，可變形、震動，但具有較完整結構，如玻璃或果凍。不過，核心理論中的介質或流體，如**膠子流體**和**電子流體**，和日常生活中的流體或介質，不論是空氣、水、玻璃或果凍，都天差地遠，因此再去計較究竟像流體或是介質，就沒什麼意義了。

Meson 介子，見 Hadron 強子。

Metric 度規／ Metric fluid 度規流體

空間的度規指出兩個非常鄰近點之間的距離。度規是空間得以從點的集合，轉變成為具有大小和形狀結構的祕密成分。

一開始，假設使用小尺規來測量普通空間中的兩個相鄰點之間的距離。接下來，任何合理的光滑表面上兩個鄰近點之間的距離，也可以使用相同的標尺測量。在這裡，討論局限於「小」尺規和「鄰近」點，因為如果表面過於彎曲，那麼太長的尺規沒有辦法塞進來測量大的距離。

接下來，考慮用平面地圖代表先前的曲面。當然有很多方式做到這一點，只需給定曲面上的點和地圖上的點之對應關係，如這裡是布拉格、那裡是新德里等等，並注意地圖上鄰近兩點對應於在現實中鄰近的兩點即可。定義「對應」（投影法）具有極大的自由，從形形色色的地圖上即可看到相同區域的各式表現手法。

然而，這樣的地圖並未指出兩個點在現實中的距離。除了地圖本身之外，度規可提供這樣的信息，更精確地說，度規是位置的**函數**，對於地圖上的每一點，分配一個「東西」或量值。在每個點上，度規就是一個小尺規，告訴我們從該點出發所有方向的鄰近點之距離，並確保地圖上兩點的距離和原先曲面上所對應的兩點距離皆相同。

在這個例子中，可看到如何將平面

（地圖）轉變為具有大小和形狀的表面。依此類推，我們可以發揮想像力加以變化。接下來還需討論兩件事，才能充分交代度規在物理上的重要性。

首先，讓我們將重點從帶進度規概念的曲面測量，轉到度規概念本身，將任何可提供地圖尺度的量測準則都稱為度規，不管是否源自於曲面〔這一步正是黎曼（1826-1866）推廣導師高斯（1777-1855）時所走的路〕。現在，度規這個概念有了自己的生命。

接下來，增加**維度**。我們可以把三維空間所有的點都加上定義尺寸的工具，而不再限於二維的地圖。更進一步，可將三維空間和時間組合為四維時空，並在每一個**座標**點定義度規。透過這種方式，可以用非常彈性的方式描述（或說「定義」）彎曲的三維空間或四維時空，因為這個方法推廣自人們具有清楚直覺的曲面測量，我們相當確定這是「正確」的做法。

度規的數學概念，是一種填充空間（或時空）的度量，也就是**場**的概念，其他例子包括**電場**、**磁場**和水流的**速度場**。在這些例子中，「場」是現實的重要成分，根據動力學方程的音樂起舞，受物質影響，並反過來影響物質的行為。我們可以正當而籠統地宣稱，場具有真實的存在。愛因斯坦在**廣義相對論**中，假定時空度規像其他場一樣，是物理實體獨立存在，具有自己的生命。我們稱之為度規流體，或鑑於**廣義相對論**中發揮的作用，稱為**重力流體**。

「度規」的概念還有許多種不同的變化與推廣，對於其他應用很有幫助，共同點都是與距離有關。這裡說的「度規」目前在物理學中最為有用，和本書思想也最有關係。

並非所有的空間都有明確的距離概念，或空間可能有不同定義距離的方法。在這種情況下，度規可能不存在，或有好幾種不同的**互補**可能性，色覺的三維空間就是個有趣的例子。

是否能以精確與定量的方式，來定義不同感知顏色之間的**距離**是多少呢？幾個認真的思想家都曾經思量過這項問題，尤其是包括提出著名量子力學方程式的薛丁格。每一個答案在內容上皆自洽，但至今沒有一個定義特別有用，或明顯優於其他定義。

Microwave 微波／ Microwave background radiation 微波背景輻射

波長介於一毫米至一米左右的**電磁波**稱為微波輻射。

在早期宇宙，物質處於高溫、高密度的狀態，原子不能維持束縛。質子、氦**原子核**和**電子**組成的電漿呈現白熱，宇宙處處充滿了光。隨著宇宙擴張與冷卻，電子與原子核最終結合為中性原子，於是突然間宇宙對於光等形式的電磁輻射變成透明，並持續至今。處處皆

有的光仍然遍及宇宙，但在宇宙持續擴張之下，光的波長被拉大。今天，大多數的光已移到**電磁波譜**的微波部分，這就是微波背景輻射。

微波背景輻射是在一九六四年由彭澤斯和威爾遜發現，幾十年來一直處於研究尖端。鑑於微波背景輻射的起源，讓我們獲知宇宙極早期、純淨未受干擾的信息。

Momentum 動量

動量再加上**能量**和**角動量**，是古典物理學的三大**守恆**量，都成為現代物理學的支柱。

物體的動量是運動速度的量度。定量來說，動量等於**質量**乘以**速度**（這是非相對論版本，在速度很小才成立，**狹義相對論**中有類似但較複雜的公式）。

動量具有方向以及大小，因此是**向量**。

許多物體組成的系統總動量，等於個別物體動量的總和。

在許多情況下，動量都維持守恆，最容易以諾特的一般守恆定理來理解，也就是**守恆定律**與**對稱**的關係。在此架構中，動量守恆反映物理法則在**空間平移**轉換下的對稱性（不變性），亦即將系統中所有物體都朝同一個方向移動相同的距離。換句話說，當自然法則和位置無關時，動量就會維持守恆。

在量子世界中，動量仍然是有效的概念，更增添量子理論一分精巧優美。

Multiverse 多重宇宙，見 **Universe 宇宙／ Visible universe 可見宇宙／ Multiverse 多重宇宙**。

Mutatron 突變子

在統一強、弱作用力的理論中，存在能夠誘發強、弱色彩轉換的粒子，我們（其實目前只有我）將這些假想粒子稱為突變子。

Nanotube 碳奈米管

碳奈米管是一種完全由碳組成的分子。顧名思義，碳奈米管呈現管狀，在一個維度無限延伸，可有許多大小和形狀，具有非常特別的機械和電性質。例如，有一種奈米管在長方向的強度非常大，製成纖維後質量很輕，卻比鋼還強韌；本書第十四章〈量子美（二）〉有更廣泛的討論和圖片。

Natural frequency 自然頻率／ Resonant frequency 共振頻率

許多物體，尤其是質地堅硬者，傾向以特定的模式振動，稱為其自然振動模式。每個自然模式下，物體會進行形變，並在固定的時間間隔後重複發生，此間隔稱為模式的**周期**，周期的倒數稱為模式的**頻率**。物體自然模式的頻率，稱為其自然頻率。因為在空氣中振動的

物體會發出聲波，我們可以聽到所發出自然頻率的**純音**。例如：

- 音叉的設計讓其自然頻率在人耳聽力範圍。
- 鑼和鐘通常具有好幾個自然頻率。以不同方式敲不同的部位，可以聽到不同組合的聲音。這是因為不同的敲擊，會建立不同的**初始條件**，以不同比例激發各個自然模式。

物體的自然頻率也稱為共振頻率。

樂器和聲音的現象，和原子與光有相似之處：樂器的自然模式類似於原子的穩定態，樂器的音色組成則與原子的光譜類似。這些相似之處不僅是隱喻，甚至描述這兩種系統的公式也非常類似，可以說原子**光譜**非常真實地展現出天籟之音了。

Natural number 自然數

數字 1、2、3 等從計數行為中自然產生的數，稱為自然數，是畢達哥拉斯最認可的數字。自然數形成離散的序列，和**實數**顯然不同。

Neutrino 微中子

三種帶電**輕子**：電子 e、渺子 μ、濤子 τ，都具有對應的不帶電微中子：ν_e、ν_μ、ν_τ。左手微中子零**電荷**也沒有強**色荷**，但攜帶單位黃色**弱荷**。因此微中子參與**弱力**，但不參與**電磁**或**強作用力**。因此，微中子與正常物質的交互作用非常微弱。一個戲劇化的例子是：每秒地球表面平方公分的面積會有 650 億來自太陽的微中子通過，因太陽燃燒牽涉弱作用。然而，一般來說感受不到其效果，甚至需要非常複雜的龐大探測器來檢測其存在。

根據計算，在大霹靂之際會產生大量微中子，這種宇宙背景氣體迄今未被發現，只是因為微中子交互作用太過微弱。微中子曾被認為是很好的**暗物質**候選者，但這個想法最後被放棄，因為現在知道它質量太小了。

微中子還有許多其他有趣的現象，尾注列有兩項深度閱讀參考。

Neutron 中子

原子核是由中子與質子組成。中子具有零**電荷**，但質量約與質子相當。大多數**正常物質**的質量，源於其組成的**質子**和中子質量。中子曾經被認為是**基本粒子**，但今日知道中子是複合物體，由更基本的**夸克**和**膠子**組成。

Normal matter 正常物質

我用「正常物質」一詞來指從**夸克**、**膠子**、**電子**和**光子**組成的物質，是地球與其周圍環境物質的主要形式。人體以這種物質組成，而且化學、生物學、材料科學、各式工程學以及幾乎所有天體物理學等研究，也僅涉及正常物

質，應與暗能量和暗物質加以區別。

Nucleon 核子

組成原子核的粒子稱為核子，即質子或中子。

Nucleus 原子核

原子具有非常小的核心即原子核，包含所有的正電荷的和絕大部分的質量。如第十六章〈量子美（三）〉所述，原子核研究揭示自然界**強**、**弱力**兩個新作用力的存在，並在二十世紀對於**核心理論**的發展有絕大貢獻。

Orbit 軌道／ Orbital 軌域

行星圍繞太陽，或人造衛星圍繞地球的軌道概念，大眾皆已廣泛理解，不需要特別解釋。基本上，物體的位置隨著時間改變，描繪出一條曲線。

軌域在量子物理學和化學的應用，是指**穩定態**的**波函數**。我們說**電子**「占有一個軌域」時，電子的狀態是由與軌域對應的波函數描述。在歷史上，「軌域」一詞來自波耳的原子模型，以古典軌道來描述穩定態。

Oscillation 振盪

物理過程在固定時間後一再重複相同的行為，稱為振盪。彈撥琴弦或敲打音叉，都會造成振盪。

Pauli exclusion principle 包利不相容原理，見 **Exclusion principle 不相容原理**。

Parity 宇稱／ parity transformation 宇稱轉換／ parity violation 宇稱不守恆／ handedness 手徵性

在數學和物理上的一些場合，人們用右手（或左手，雖比較罕見）來定義公式。

在大多數情況下，這些「右手規則」僅僅是慣例，將事物重新命名，用「左手規則」也無妨。例如，物理學家把空間中的轉動定義方向，當物體繞軸旋轉時，我們使用右手規則定義旋轉朝著軸向。試想一下，轉動的物體是花式溜冰選手，她的旋轉軸是一條連接頭與腳之間的直線。這條線定義空間中的方向，而方向到底是朝上還是朝下，通常用右手法則決定。例如，如果她的轉動讓右手甩向腹部，我們稱之為「上」，也就是從她的腳趾指向頭部的方向，而如果旋轉讓右手甩向背部，我們稱之為「下」。顯然，如果在規則中互換左右，同時也互換上下，由此產生的「左手法則」會完全等價。這裡再給兩個例子：

- 時鐘的指針繞著垂直於時鐘的軸旋轉。如果鐘面朝上，運用右手規則可以決定「順時針」旋轉定義往下的方向。

- 在安裝標準螺絲時，需要使其繞軸轉動：要鎖緊螺絲時必須順時針轉動，使之向下推進；因為標準螺絲的螺紋依右手定則定義，稱為右旋螺紋。有種較少用的螺絲，具有左旋螺紋。

在這些情況下，用左手代替右手，一樣能做相同的描述，只需在定義時將「順時針」和「逆時針」，以及「右旋」和「左旋」交換即可。

同樣地在物理教科書中，可發現許多右手規則，描述如何計算**磁場**的方向，以及**磁力**產生的方向。但是，若將右換成左，並同時逆轉磁場方向的定義，那麼所有物理定律都會維持不變。

在一九五六年以前，物理學家認為物理中出現的左右之分僅僅是約定俗成的慣例。這種約定是非常有用的，比如說螺絲製造廠要知道螺紋要怎麼刻。但是，這樣的約定並非根本，也有可能採用不同的協議！

若用**對稱性**來陳述這個假設，可讓「左右」這個主題很自然融入本書深層思考。若在方程式中互換左右，並適當改變定義之下維持內容不變，我們稱方程式具有宇稱性，或在宇稱轉換下保持不變。

〔稍具技術的闡述和有趣的訓練：在這裡所謂「交換左右」需要稍加詳述，因為左和右是物體（例如手）位於空間的性質，我們不能只是把右手換成左手（或右手螺絲換成左手螺絲等等），而不把空間本身做變化，否則轉換之後的物體可能會拼湊不起來。最簡單空間宇稱轉換的方法，就是選擇一個原點 O 做為參考，並且把空間中所有其他點轉換為相對於 O 的對映點，也就是從原點 O 看任何一點 P 轉變為相反方向的對角點。〕

當進行宇稱轉換時，每個點轉為自己的對映點，**向量**轉變方向是自然的事。例如，可以想像從 A 點指向 B 點的向量，看起來和轉換後從 A' 指向 B' 點的向量方向相反。

這裡提供一個有趣的練習：用右手拇指、食指和中指定義三個垂直的方向，然後左手同樣這麼做。讓三個方向對準，卻讓左、右手同樣指頭指向相反方向。在這個練習中，可實現宇稱轉換：手指代表方向，三個方向都變向時，左手就變成了右手！

一九五六年，李政道（1926 –）與楊振寧（1922 –）分析了一些令人意外的實驗結果後，指出雖然在物理學出現的右手規則，包括讓一代又一代學生搞不清楚的磁力學，只不過是約定俗成，但**弱作用力**確實區分左、右。換言之，他們認為宇稱對稱性不再嚴謹正確，於是提出宇稱違反。此說很快被實驗證實，這項突破讓物理學家更加了解弱作用。

今天，我們知道宇稱違反是弱作用

的主要特點，對**核心理論**的制定扮演重要角色。弱力真的區分左右，不能藉由重新定義來改變這點！

要精確表述左、右的區別，必須引入粒子手徵性的概念。當**自旋**的粒了運動時，定義了兩個方向：自旋的方向（如前文定義），以及速度的方向。在定義自旋方向時，使用右手規則，若粒子的自旋方向與速度方向相同時，稱為右手粒子；反之，若粒子的自旋方向與速度方向相反，則稱為左手粒子。

在這樣的準備之後，可以開始討論弱交互作用如何違反宇稱性：左手夸克與輕子、右手反夸克與反輕子，會參與弱交互作用，但具相反手徵性粒子則不然。

最後，我按之前的承諾在此定義**軸向量**。上文討論可看到，宇稱轉換之後向量的方向會轉變，根據這種方式轉換的向量稱為自然向量或極向量。但是並非所有的向量皆如此！根據右手規則定義的向量，在宇稱轉換下將改變方向兩次（而抵消不變）：第一次改變符號是因為是向量的緣故，第二次是因為對於新系統來說，向量以「錯誤」的手規則定義的緣故（因為右手已經變成左手）！這種在宇稱轉換下不變的向量，稱為非自然向量或軸向量。在物理學中，磁場是軸向量場。

Period 周期／ Periodic 周期性

周期性過程是一再重複的過程，通常是指時間上的重複，不過科學文獻中也經常用於空間上的重複。在周期性過程中，每次重複之間經過的時間稱為周期；也見**頻率**。

Periodic table 周期表

周期表是將化學元素排列為圖表的有用方式，每行是化學性質相似的元素。在每行當中，原子序和原子量向下增加；在每列當中，原子序和原子量從左到右增加。在最簡單的周期表中，原子序每向右一格就增加一，到了最右邊就往下一列從最左開始（常見的例外是將稀土族和錒系另列成獨立的序列）。**量子力學**以**薛丁格方程式**，賦予周期表結構完整的解釋，獲得以下此例的輝煌成功：

理想→真實

在解釋周期表時，**角動量**的量子理論和**包利不相容原理**居主導作用。

Period (of oscillation) 周期（振盪），見**頻率**。

Perspective 透視，見 **Projective geometry 投影幾何／ Perspective 透視**。

Photon 光子／ Planck-Einstein relation 普朗克－愛因斯坦關係式

光子是**電磁流體**的最小量子擾動。

根據古典物理**馬克士威方程組**，**電磁波**的能量可以是任意小。在**量子理論**則非如此：能量以離散的「**量子**」為單位。因為這些單元不能進一步細分，與粒子的性質類似，在某些情況下想成粒子是很有用的。在這個意義上，光子是光的粒子。

（光子的量子力學描述並不嚴格符合古典力學的波或粒子概念，這些理念是從對一般物體的日常經驗所獲得，在微觀物體的陌生領域完全瓦解。兩種圖像對於幫助了解都有用，但皆不完全合於現實；見**互補**。）

對於純色光，單位能量（單一光子的能量）和**電磁波頻率**具有簡單的定量關係。這是普朗克和愛因斯坦在二十世紀初期提出，稱為普朗克－愛因斯坦關係式。至今，普朗克－愛因斯坦關係式仍然成立，沒有實質的修改。這是一項重要的應用，對於回答本書冥想問題有極大幫助。

這個關係式如下：光子的能量等於對應的電磁波頻率，乘以**普朗克常數**。

該如何應用呢？當原子發射或吸收光子時，會從一個穩定態轉換到另一個穩定態。因為能量在過程中守恆，光子的能量等於兩個穩定態之間的能量差。因此，原子頻譜代表其可能穩定態的能量。

欲進一步了解這個有趣現象，請參照 **Spectra 頻譜**。

Planck Einstein relation 普朗克－愛因斯坦關係式，參見 **Photon 光子**。

Planck's constant 普朗克常數／reduced Planck's constant 減縮普朗克常數

一九〇〇年普朗克（1858-1947）研究**電磁流體**與熱氣體如何達成平衡，發現若物質和電磁輻射之間的能量轉移以**量子化**單元進行，而且此最小單位與光頻率成正比，就能解釋觀測光譜。這個關係式稱為**普朗克－愛因斯坦關係式**，而比例常數稱為普朗克常數。

愛因斯坦指出，普朗克－愛因斯坦關係式不僅適用於光和原子能量的交換，更適用於**電磁流體**本身。波耳在原子模型中，提出氫原子中的電子維持**穩定態**所需滿足的條件，其中普朗克常數扮演重要角色。波耳模型成功描述氫原子**光譜**，讓普朗克常數從光的領域進入物質的描述。

在現代**量子理論**中，普朗克常數**無所不在**；在粒子**自旋**的描述也出現過，電子、質子、微中子、中子等許多粒子，都具有「**1 / 2 自旋**」。在「**自旋**」條目的討論中，這是一種自發旋轉運動，普朗克常數出現在該運動的**定量**描述。具體來說，這些粒子的自旋所對應的角動量等於二分之一的減縮普朗克常

數，也就是普朗克常數除以 2π。

Platonic solid 柏拉圖方體／ platonic surface 柏拉圖表面

柏拉圖方體是一種特別的多面體，每面都由相同的正**多邊形**組成，而且所有的面在頂點都以相同的方式相接。柏拉圖方體數目有限，一共只有五個：正四面體、正八面體、正二十面體、正立方體和正十二面體，正文有相當的篇幅加以討論。

《幾何原本》的高潮，就在於描述這些方體的數學結構，並證明是僅有的可能。

從很多角度來看，柏拉圖方體的表面比圍繞而成的方體更重要，我稱之為柏拉圖表面。

許多世紀以來，數學家、科學家和神祕主義者都對柏拉圖方體相當著迷。

Point at infinity 無限遠點／ vanishing point 消失點

若與平面垂直站直，目視平面上的兩條遠離而去的平行線，會覺得似乎在接近地平線趨向同一點。若想像畫下來或說**投影**到畫布上，兩條線會在極限點相遇，成為透視畫很自然的元素，即**無限遠點**或**消失點**，正文中對此現象多有著墨與發想。

Polarization of light 偏極（光），見 **Transverse wave 橫波／ Polarization (of light) 偏極（光）**。

Polygon 多邊形／ Regular polygon 正多邊形

多邊形是平面上將一系列的點由線段連接，形成的閉合迴路圖形，三角形和矩形是大家熟悉的例子。多邊形的定義點，也就是線段相接處，稱為頂點。

正多邊形是其邊長皆相等，且頂點角度也都相等的多邊形。等邊三角形是具有三個邊的正多邊形，正方形是具有四個邊的正多邊形，以此類推。

Polyhedron 多面體

多面體是三度空間的立體，由**多邊形**平面包圈，平面相接處為直線，邊緣交接處則形成尖銳的頂點。

Positron 正電子，「正電子」即反電子，是**電子**的**反粒子**。

Potential energy 位能，參見 **Energy 能量**。

Pressure 壓力

考慮連續介質（而不是粒子）的作用力時，會出現「壓力」的概念。連續體的每個區域都對鄰近區域通過其分隔面施力（這些「分隔面」是為思考問題而引入，並非代表物質真的具有不連

續）。在這種情況下，壓力定義為每單位面積上的力。

Probability cloud 機率雲

在古典力學中，粒子在特定時間位於空間中確定的位置。在量子力學中，粒子的描述則完全不同，粒子不再位於確切位置，而是根據延伸整個空間的機率雲而分布。廣義來說，機率雲的形狀可以隨時間而改變，不過某些很重要的情況下，機率雲維持不變（見 Stationary state **穩定態**）。

顧名思義，可以想像機率雲是一種延伸的物體，在空間中的每點皆具有一些非負（即正或零）的密度，而這個密度值即代表在該點找到粒子的相對機率。因此在機率雲密度高的地方，粒子較容易出現，而機率雲密度低之處，則比較不可能找到粒子。

量子力學並未直接給出機率雲方程式，而是將滿足薛丁格方程的波函數平方之後計算得到；參見 **Wave function 波函數**與 **Schrödinger equation 薛丁格方程式**。

Projection 投影

這個詞在數學和物理學中使用非常靈活，不是只有一個定義，而是有數個精確的技術定義，適用於各子領域中。總的說，投影指從一個空間對應到另一個空間，讓第一個空間中的信息以新形式展現，有時（但必非一定）在過程中會失落某些信息。本書並未講究術語精確，而是以密切相關的方式，非正式地使用「投影」一詞：

- 柏拉圖洞穴譬喻中的影子：影子是物體二維、無色彩的投影，且遺失許多信息。
- 眼睛視力的投影：視網膜接收到三維世界的二維影像，由水晶體聚焦產生影像，將物體每點發射的所有光線聚焦到視網膜一個極小的區域（完美視力），保存有用的空間信息。

第十章〈馬克士威（二）〉中有廣泛的討論，射入眼睛稱為「光」的**電磁波**中，實際擁有比眼睛提取更多的信息。

人類視覺將**頻譜**色強度的無窮維空間**投影**成感知色彩的三維空間，並且將**偏極**的信息丟棄了。

- 幾何投影：將物體中心的線連接到表面，將柏拉圖表面投影到包覆的球體；或是在講求幾何精確的繪畫中（受藝術啟發的**透視學**），將光線投影到畫布；以及曲面的投影，如將地形或整個地球表面投影到平面的地圖上。
- 色彩**性質空間**的**色彩**投影。例如，將座標是 **RGB 強度**的紅、綠、藍色三維色彩性質空間，去除 B 座標，投影到二維性質空間。

Projective geometry 投影幾何／Perspective 透視

投影幾何是數學涵蓋廣泛的一個分支，與透視繪畫學關係密切。其核心思想在於了解從不同觀點（即角度）觀看，所得到物體的圖像之間具有何種關係。這些圖像有哪些共同點？如何用一個圖像得到的信息，建立出其他的圖像？這些就是投影幾何所涉及的問題。投影幾何讓我們能將**轉換**、**對稱**、**不變**、**相對**和**互補**等深奧思想，具體呈現出來，效果卓著。

Property space 性質空間

在人類色彩感知中，任何感知顏色都可以由紅、綠、藍三原色獨特調配出來。紅綠藍色不同的**強度**由三個正實數描述，每個強度組合對應獨特的感知色彩。可將將這三位一組的數字，詮釋成三維性質空間的**座標**，即感知色彩的空間。

還有許多同樣的例子，我們用數字編碼「屬性」，將一組數字視為座標，藉此定義性質空間。以**色荷**為基礎的性質空間，在**核心理論**中扮演核心角色。

Proton 質子

質子與中子是**原子核**的基石。質子具有與**電子**相反的**電荷**，質量約為兩千倍。**正常物質**的大多質量來自於其中的質子和中子。質子曾被認為是基本粒子，但是今日知道，質子是複雜的物體，由更基本的夸克和膠子組成。

Pure tone 純音，見 **Tone 音／ Pure tone 純音**。

Pythagorean theorem 畢氏定理

畢氏定理是幾何學早期驚人的發現，指直角三角形兩短邊的長度平方和，等於最長邊（斜邊）的長度平方。

Qualitative 定性／ Quantitative 定量

當一個概念、理論、描述或測量可以數字表達時，稱為定量，反之稱為定性。在定量描述中用的「數字」，可以是**自然數**、**實數**、**複數**或其他，取決於應用的情況。

當概念、理論、描述或測量可以數字表達，卻不完全精確或一致時，稱為半定量。因此，或許會發現不同的人使用相同的半定量物理學推導，卻導出不同的預測，端視如何填補理論模糊之處而定。

「定性」一詞也可以下列方式用於強調。當指一個想法或現象在定性上是新的東西，我們指它不僅是之前東西的闡述或加強，而是根本的不同，所以兩者無法定量比較。例如，**量子理論**的**波函數**取代古典物理的**軌道**，在定性上已不相同。

Quantization 量子化

這個詞有三層不同的使用意義：廣義、狹義與術語。

廣義：將一個連續數繪製或**投射**成離散量，即是量子化該量。換言之，量子化是將**類比**量以**數位**量表示的過程。就此意義，量子化在現代工程和信息處理上是非常普遍的做法，因為**數位**量比**類比**量更易傳播與保持精確（深入討論見**類比**與**數位**）。除了少數特異的例外，現代計算機只以數位信息運作，所以在讀取類比訊號如光的**強度**時，在讀取之前會先量子化；把某種東西變為量子的動作即稱為量子化。

照上面的意義，量子力學的重要結果，就是會將古典物理中許多視為連續的量進行量子化（這是大自然或說造物者的行為，而非人類工程師所為）！例如：

- 電磁波的**能量**，見 Photon **光子**。
- 原子的**能量**。根據古典力學，帶負電的電子可以在許多稍有差異的軌道上圍繞帶正電的質子運轉，能量範圍應呈現連續。在量子力學中，各個允許的軌道明顯不同，因為量子化的緣故，允許的能量也是如此。見**穩定態**與**光譜**（**原子／分子等**），以及第十二章〈量子美（一）〉的圖文深入探討。
- 所有的**基本粒子**，見**量子**（**物質單位**）。

術語：物理學家經常將量子力學運用到物理系統的過程稱為「量子化」該系統，這與平常使用差異甚大，容易造成混淆。雖然專家之間溝通無礙，不過本書我都極力避免。

Quantum (unit of matter) 量子（物質單位）／ Quanta 量子

通常所說的**基本粒子**，在**核心理論**中視為**量子流體**的擾動。因此，同理而言，**光子**是**電磁流體**的擾動，**電子**是**電子流體**的擾動，**膠子**是**膠子流體**的擾動，**希格斯粒子**是**希格斯流體**中的擾動等等。若是根據古典物理學的規則來處理這些流體運動，會發現能量允許連續分布，但若根據**量子理論**的規則來處理，會發現允許的擾動以不可化約的單位進行，也就是所謂的基本粒子！

可特別參考**光子**，獲得更多關於**電磁場量子**的知識，也就是普朗克和愛因斯坦原來指的「光量子」。

量子色動力學 Quantum chromodynamics (QCD)

量子色動力學（QCD）是強作用力的核心理論。

QCD 引進許多新想法來描述自然，包括夸克、色荷、色膠子、漸近自由、禁閉與強子束。

QCD 在其範疇內對本書問題「世

界是否體現美麗的想法？」，提供一份正面明確的回答。因為，QCD 在豐富獨特的強**色荷性質空間**背景下，表現了令人目眩的局部對稱原則。

Quantum dimension 量子維度

量子維度是**格拉斯曼數座標**的維度，是**超對稱**的靈魂。

Quantum dot 量子點

物理學家發展精細技術，雕塑極小的材料結構，每邊只有幾個原子尺度，這些結構稱為量子點。實際上，量子點是一種人工分子。

Quantum electrodynamics 量子電動力學（QED）

量子電動力學（QED）是**核心理論**的**電磁理論**。

QED 以**馬克士威方程組**為基礎，形式不變，但根據**量子理論**的規則來解釋。因此，**電磁流體**的擾動是以離散單位（或**量子**／**光子**）進行，流體表現自發性活動，即**量子擾動**。

如狄拉克所言，QED 為「所有化學和大部分物理」提供穩固完整的基礎。

Quantum fluctuation 量子擾動／Virtual particle 虛粒子／Vacuum polarization 真空偏極／Zero-point motion 零點運動

量子流體理論是我們對自然最深刻理解的基礎，讓我們以新方式看待所觀察的粒子，視為量子流體中最小的擾動或**量子**。因此，光子是**電磁流體**的量子，電子是**電子流體**的量子等等。

然而，這些流體除所支持的粒子之外還扮演很多角色，如同水不是只支持波浪存在而已。特別是流體有自發活動，即量子擾動。量子流體的自發活動和以粒子形式出現的擾動密切相關，等於是流體的一體兩面！通常我們指自發活動是由虛粒子組成，其實虛粒子是想像的產物，人們用這種物體來描述自發活動。

量子流體的自發活動會因為粒子存在而受到影響，反之亦然。因此，粒子特性會因量子流體反饋而修改：粒子存在會影響流體活動，而活動又反饋影響粒子。這種反饋循環稱為真空偏極，虛粒子的概念可借做簡單好用的圖像。虛粒子會形成氣體布滿空間，任何真實粒子都會受這氣體推擠影響。

零點運動是量子流體自發活動的另一種說法。「零點運動」強調活動或運動的存在，縱使所有能量來源全部移除，或絕對零度也不例外。

粒子是流體的擾動，而流體具自發活動，則粒子也會繼承自發性，並展現零點運動。為了偵側微小作用對於**正常物質**影響而設計的實驗，如觀測重力波

或宇宙**軸子**背景等，會加在儀器本身訊號上成為背景「噪音」。這種量子噪音來自基礎物理學，無法靠冷卻儀器或隔離而移除，最佳因應之道是了解問題根源來加以解決。

量子擾動對於觀察時粒子行為（即真空偏極）的效應，對於理解大自然深層運作至為關鍵。**漸近自由**是真空偏極的一面，而作用力**統**一的定量描述也攸關於此；第十六章〈量子美（三）〉和第十八章〈量子美（四）〉主要即是圍繞這些想法發展。

亦見 **Renormalization 重正化／Renormalization group 重正化群**。

Quantum fluid 量子流體／ Quantum field 量子場

在**量子理論**中，**流體**或**場**的特性與古典物理學中「媒介」的特性顯著不同。最值得注意的是：

- 縱使沒有外在影響或「起因」，**量子流體**會出現自發活動。見 Quantum fluctuation **量子擾動／虛粒子／真空偏振／ Zero-point motion 零點運動**。
- **量子流體**的擾動或激發無法任意小，但會以最小的單位**量子**進行。

量子流體是**核心理論**建構的主要成分。

Quantum jump 量子跳躍／ Quantum leap 量子躍遷

見**穩定態**，這為討論躍遷提供自然背景。在此我只想強調量子躍遷其實是非常小的跳躍，因此，當某人宣稱自己做「思想上的量子跳躍」，其實是非常謙虛的說法——要不然他就是不知道自己在說什麼。

Quantum theory 量子論／ Quantum mechanics 量子力學

二十世紀早期物理學上的大發現，即原本用來描述鉅觀物體的物理學（牛頓力學和馬克士威電磁學），並不足以描述原子和**原子核**。為了在原子和次原子尺度上描述物質，不僅需要更深入的認識，更需要完全不同的架構，甚者以前許多確認的想法都必須放棄。這嶄新的架構統稱為量子理論或量子力學，主要建立於一九三〇年代晚期。此後，處理量子理論所帶來的數學挑戰已大有進步（見 **Renormalization 重正化**），透過**核心理論**也對自然四大作用力具有更仔細的認識，但是這些發展都在量子理論架構裡面。

許多物理理論可以說是對物理世界相當特定的表述。例如，**狹義相對論**基本是**伽利略對稱**加光速**不變性**的綜合；**核心理論**基本上是**局部對稱**的表述，加上相關**對稱轉換**如何作用在時空和物質上的特定細節。

按目前的理解，量子理論並非如此。量子理論不是具體的假設，而是緊密交織的思想網絡。我並非指量子理論模糊不清，事實不是如此。除了罕見且通常為偶發例外的情況，在面對任何具體的物理問題時，能夠運用量子力學的研究者都同意「運用量子理論來解決問題」的確切做法。不過，我想極少人能確切說出這些步驟到底運用哪些假設。

雖然確切的定義難以捉摸，但這裡還是可以釐清一些量子理論對描述物理世界所帶來簇新的主題：

- 在描述物質時，基本客體不是空間中或甚至**場**（如**電場**）的點狀粒子，而是**波函數**。波函數對所描述客體的每個可能配置狀態賦予**複數**的**振幅**。

  因此，某粒子的波函數為該粒子所有可能的位置，亦即空間每一個點，賦予振幅值。一對粒子的波函數對於空間中該粒子對所在點，亦即該粒子對在六維空間中的位置，賦予振幅值。電場波函數之廣大難以置信，因為電場每個可能整體組成都帶有振幅值，讓電場的波函數是個（向量）函數的函數！
- 任何一個物理系統的任何有效問題，都可以波函數來回答。但是，問題和答案之間並非截然分明。無論是波函數回答問題的方式，或是給出的答案，會有意想不到，甚至怪異的特點。

具體來說，先考慮單個粒子相對簡單的情況（這裡部分摘自主文）。要處理問題，我們必須進行特定實驗，以不同方式探測波函數。例如，我們可以做測量粒子位置的實驗，或是測量粒子**動量**的實驗。這些實驗涉及兩個問題：粒子在哪裡？粒子移動速度有多快？

波函數如何回答這些問題呢？首先，進行一些處理，然後給出機率。

對於位置的問題，處理相當簡單。我們取波函數的值或振幅（複數），然後平方。這樣對於每個可能的位置，會得到一個正數或零，這個數字是在該位置找到粒子的機率（嚴格說是機率密度，但這裡不需讓問題變複雜）。

對於動量的問題，處理要複雜得多。要找出觀測到動量的可能值，首先須進行波函數的加權平均（確切的加權方式視對何種動量感興趣而定），然後將平均平方。

三大重點是：

- 得到是機率，而不是明確的答案。
- 實驗無法直接得到波函數本身，而只是窺視處理過的版本。
- 回答不同的問題，可能需要以不同的方式處理波函數。

這三點引起很大的問題。

第一個引起決定論的問題，計算機

率真的是最佳選擇？

第二個引起多重世界的問題。當沒有窺視時，完整的波函數描述是什麼？究竟是代表現實的巨大擴張，或者只是一種想像的工具，只是一個夢而已？

第三個引起互補性的問題。回答不同的問題，可能需要以互不相容的方式處理波函數。在這種情況下，根據量子理論，是不可能同時回答兩個問題的。縱使每一個問題都各自完全合法，並且具備詳實的答案，我們就是無法做到。因為如此，造成位置問題與動量問題，稱為海森堡測不準原理，指無法同時測量粒子的位置與動量。若是有人想做實驗弄清楚如何辦到，就得扳倒量子理論，因為量子理論說做不到。愛因斯坦反覆想要設計出這種實驗，但是從來沒成功，最後終於承認失敗。

這裡每一個問題都令人著迷，前面兩個已受到眾多關注。對我而言，第三個別具意義與價值，互補性是真實的一個面向，也是給予我們智慧的一堂課，在本書冥思中別具份量。

雖然我已經針對單一粒子來說明這些問題，但是當探索更複雜的系統時，這些問題依舊存在。

- 由於波函數提供的是機率，而非特定的答案，若是不斷就相同的問題尋求相同的波函數，將會得到不同的答案。這裡與一種我很喜歡也很常用的直觀想法關係密切，那就是量子物體會表現出自發性活動，見 **Quantum fluctuation 量子擾動**。
- 許多在古典物理學的連續量，在量子理論中成為離散量，見 **Photon 光子**和**光譜**。
- 最後，很重要的：雖然量子理論原則上只能預測機率，但也提出許多十分明確的預測。例如，量子理論做為理論基礎，不管是預測氫譜、奈米管強度與導電性，以及強子質量與特性等，提出的答案都是精確實在的「數量」，而非機率。就本書提問，這份闡釋是近來的歷史亮點，見〈量子美（一）、（二）、（三）〉的討論。

Quark 夸克

夸克的概念是一九六四年由蓋爾曼和茨威格獨立發展出，他們引進**夸克模型**的基本要素，為混亂的**強子**分類學帶來秩序。一連串的發展下，兩人的開創性研究結合出現代的夸克概念，對**核心理論**的**物質粒子**尤其重要。

Quark confinement 夸克禁閉，見 **Confinement 禁閉**。

Quark model 夸克模型

夸克模型是**強子**的半定量模型。從

歷史上看，夸克模型發揮了重要作用，統整對**強作用力**的認識。欲深入了解，見第十六章〈量子美（三）〉第二部分。

Real number 實數

直覺上，**實數**是容許平滑變化的數。若說**自然數**是在計數時自然出現的數，**實數**則是在測量長度時中真實出現的數。

長度可分割得非常細，因為分切過程並沒有明顯的限制，數學家研究時假定沒有任何限制。這又如何反映在數字中呢？因為小數點之後往右推，每個數字都代表往下可以分得更細，意謂應該容許小數點可一直下去。

牛頓對當時剛發現的無限小數感到無比震攝，並為他在無窮級數與微積分的研究注入靈感：

> 我很驚訝，沒有人想到……把應用在小數的法則與信條用在變數上面，更何況這將衍生驚人效果。無窮級數在代數中的角色，相當於無限小數在算術的角色。因此加減乘除與開根號等運算，都可輕易從後者學習。

換句話說，牛頓認為自己創新的核心，在允許自己用代數中不確定的 x，取代無限小數中具體的數字，而形成無窮級數。天才最深遠的成就似乎常出於赤子之心的單純好玩，這裡可見一般。

「永遠持續下去的小數」，是對實數的絕佳描述，呼應了絕大多數的數學家與基本上所有物理學家的看法。然而，這並非**嚴謹**的定義，要精確定義所面臨的挑戰是，必須用不會永遠持續下去的句子，來捕捉「會永遠持續下去」的中心思想。實際上，要對實數嚴謹定義相當困難，一直到十九世紀後期才達成，雖然人類已經使用實數達數百年之久。

在現代物理學中，由於發現了原子，再加上詭異的**量子理論**，「長度分割沒有限制」的假設究竟是否正確，實非顯然。然而，實數仍然是思考法寶，讓核心理論得以精益求精。為什麼呢？至少對我而言，箇中奧妙無窮；這方面可參見**無限小**。

Reductionism 化約，是「分析綜合」的貶抑代詞，見 **Analysis and synthesis 分析綜合**。

Relativity 相對論

在物理學，相對論通常指愛因斯坦的一個或兩個理論，即**狹義**或**廣義相對論**。究竟指哪一個，應該從上下文分清楚。

在本書冥思中，強調相對論兩項理論的本質都是「**對稱**」的精確陳述，即兩項陳述皆指可轉換物理法則中出現的

量，而不會改變這些法則的內容，即「變而不變」。「相對論」一詞強調「改變」的一面，但是卻未提到讓相對論完整的「不改變」，即**不變性**。這缺失不幸讓一些人推論、甚至斷言「愛因斯坦聲稱凡事皆相對」的荒謬說法，他並沒有這樣說，這陳述也是錯的。

Renormalization 重正化／
Renormalization group 重正群

量子流體是**核心理論**的主要成分，展現自發活動或**量子擾動**，一般在短距離會變得愈激烈。這些不停的擾動會滲透空間，並修正物質在未擾動前的行為，這類修正計算稱為**重正化**。

當仔細研究粒子的特性時，即能量更高、距離更短或使用更高的解析度，對於平緩的量子擾動所產生的效應，會變得較不敏感，能夠愈來愈近觀察「裸」粒子。重正群是一種數學技巧，以不同解析度看粒子，可為粒子特性之間做定量連結。

強作用力的**漸近自由**，以及第十八章〈量子美（四）〉討論的統一定量研究，都是善用重正群的例子。

Rigid symmetry 剛性對稱

若所有地方、甚至所有時間點都需要做相同的轉換，我們說物理法則具剛性對稱。相對上，**局部對稱**允許隨時空而異的轉換。

Rigor 嚴謹

當一種論點表述正確且難以挑戰，則稱為很嚴謹或具有嚴謹性。若一個概念表述精準，適用於嚴謹論點上時，則稱該概念很嚴謹。

「嚴謹」本身並不是嚴謹的概念，因為「難以挑戰」一詞有點含糊，到底有多難呢？例如，根據電腦計算**量子色動力學（QCD）**方程解，壓倒性的證據顯示該理論會產生**夸克禁閉**的現象，並正確預測**強子**的**頻譜**（換句話說：計算正確地預測哪一種強交互作用的粒子存在、質量與其他特性；夸克質量則不行）。但是，數學家一般並不認為這個結論是嚴謹的。

Schrödinger equation 薛丁格方程式

薛丁格方程式是一九二五年由薛丁格（1887-1961）提出，這是個**動力學方程式**，決定**電子**或其他粒子的**波函數**如何隨時間變化。

薛丁格方程式是近似，這有兩個重要的原因。首先，它是根據非相對論（牛頓）力學，而不是愛因斯坦的相對論力學；一九二八年，狄拉克提出另一個符合**狹義相對論**（見**狄拉克方程式**）的電子波函數方程式。其次，它不包含電子的**量子擾動**效應，如**虛光子**。儘管如此，薛丁格方程仍然足夠準確，可以將量子理論實際應用到化學、材料科學和生物學上，也是量子理論中常用來處

理這些題目的工具。

雖然我們稱「薛丁格方程式」，然而薛丁格提出的並不是單一方程式，而是一種寫下方程式的過程，得以描述量子力學適用的不同情況。

最簡單的薛丁格方程式，是單一電子受單一**質子電荷**吸引的方程式，這讓我們可以描述氫原子。雖然它和波耳原子描述天差地遠（布滿空間的波函數取代繞行軌道的粒子），然而從薛丁格方程浮現的結果，大大證實波耳對氫光譜意義的直覺，概述請看**頻譜**。

我們還可以寫下支配多個電子的薛丁格方程式。當然，若想要解釋電子對彼此的影響，一定得做到這一點。在「**波函數**」的條目解釋過，充分描述多電子物理態的**波函數**居於高**維度**的空間：兩個電子的波函數存在於六維空間，三個電子的波函數則在九維空間等等。這些波函數的解很快變得極為困難，即使是近似，用最強大的計算機也無法完全得解。因此，雖然我們已經知道支配化學的方程式，照理說不用動手操作就可以計算出實驗結果，但化學依然是一門蓬勃發展的實驗學門。

Spatial translation symmetry 空間平移對稱

空間平移是指空間中各點位移一個共通量的轉換。空間平移對稱是假設在這種轉換下，物理法則保持**不變**。空間平移對稱是用**嚴謹**的方式表述物理法則到處都相同；透過諾特定理，空間平移對稱與**動量守恆**關係緊密。

Special relativity 狹義相對論

在狹義相對論中，愛因斯坦協調兩個看似矛盾的想法。

- 伽利略觀察到，自然法則與整個系統的**等速度**運動無關。
- 根據**馬克士威方程組**，光速是自然法則的結果且無法改變。

這兩種觀點互相衝突，因為根據對其他事物的經驗，我們發現若是自己以等速運動的話，觀察到物體運動的速度也會隨之改變，可能趕上、甚至超越物體。若這物體為光束，它的速度怎麼會恆定呢？

愛因斯坦解決這項問題，他分析不同地點的同步時鐘，仔細分析整體等速運動會如何改變時鐘的同步性。由分析中發現，運動的觀察者給予事件的時間，會與靜止的觀察者不同，並視位置在哪裡來決定。同一事件對觀察者來說的時間，會混合其他觀察者的時間和空間，反之亦然。時間和空間的「相對性」，正是愛因斯坦的狹義相對論帶進物理學的創新。在他的研究之前，理論的兩項假設都已具備並廣為接受，但從來沒有人認真同時思考兩者，並強行調和兩者。

狹義相對論不只本身很重要，而且

帶進創新的概念，有助於物理法則的精益求精，成果斐然。這項創新的概念稱為「**對稱**」，帶詩意的說法即是「變而不變」。狹義相對論的兩個假設：第一個描述這改變（即**伽利略轉換**），第二個指出不變為何（即光速）。

對稱或不變（變而不變）的主題，在本書思想中重複多變。一開始是悄悄試探，逐漸突顯增強，直到最後發現這主導人類對自然的深入理解。

Spectra (atomic, molecular, and other) 頻譜（原子與分子等）

特定的原子（如氫原子），會對於某些光譜色的吸收效率比較強（普遍是說對某些頻率的**電磁波**吸收效率較強，不過這裡用更口語的「色彩」來說明）。而同樣的原子在加熱後，絕大部分放射出來的也是相同的光譜色。不同種類的原子會形成不同的色彩圖案，成為得以辨識的指紋，原子的色彩圖案即稱為頻譜。

量子理論的主要的成就，在於它提供計算原子頻譜的方式。基本思想源自於波耳歷久彌新的遺產：原子模型，他假設原子中的電子只能居於一組離散的**穩定態**。因此，電子能量的可能值也形成一個離散集合。當原子發射或吸收**光子**時，會在兩個穩定態之間轉換。因為**能量**在過程中**守恆**，光子的能量由兩個穩定態之間的能量差決定。最後，波耳見解之要在於指出光子頻譜會透露其能量。因此，原子的頻譜編碼其可能穩定態的能量（準確的「編碼」如下：電磁波的**頻率**乘以**普朗克常數**，等於其能量；見 **Photon 光子／普朗克－愛因斯坦關係式**）。

在現代量子理論中，可透過薛丁格方程解，計算可能的穩定態和其能量。但是，原子可能的能量和頻譜之間的關係，仍然如同波耳所預見；見 **Schrödinger equation 薛丁格方程式**。

上面說的是原子，但是相同的邏輯適用於分子、固體、**原子核**，甚至**強子**。在原子核中，關心的是**核子穩定態**；在強子中，關心的是以**夸克**和**膠子**為基礎的系統穩定態，但是每個頻譜中都寫有結構的祕密。

當分析太陽或其他恆星發出光線的頻譜時，可發現有些特定色彩較平均強（所謂的「發射線」），有些強度較平均弱（所謂的「吸收線」）。形成的發射和吸收線圖案，與已知原子、分子和**原子核**經測量或計算出來的頻譜做比較，可揭露恆星的大氣以及高低溫區域，肯定宇宙萬物都是由相同的東西組成，並遵循相同的法則。

表面上看來，在「電磁頻譜」中使用「頻譜」一詞，似乎與在「原子頻譜」中的用法大不相同。前者指的是各類型電磁輻射的可能範圍，而後者指的是原子發射特定色光（或**純音**／頻率）

的可能性（前面解釋過，這涉及到穩定態的可能能量）。然而從更深入來看，電磁頻譜確實是某種東西（即**電磁流體！**）的頻譜，這是相當正確的說法，因為電磁頻譜是電磁流體放射出顏色的可能範圍。

Spectral color 頻譜色，見 **Color (of light) 顏色（光）**與 **Electromagnetic spectrum 電磁光譜**。

Spin 自旋

當一個物體繞軸旋轉時，一般說該物體正在自旋，在量子世界中自旋也是相同的意思。但是基於兩大理由，此概念別具重要性：

- 許多粒子從未停止旋轉！對於這些粒子來說，沿中心繞轉是自發運動，是量子世界中的一大特點，**電子**、**質子**和**中子**都具備這種屬性。不論何時測量旋轉的**角動量**，其大小永遠是減縮**普朗克常數**的二分之一。我們說，這些粒子有 1 / 2 自旋，或為自旋 1 / 2 粒子。
- 許多粒子都是小磁鐵，尤其是電子。像地球一樣，這些粒子會產生**磁場**，方向與自旋方向一致。單一電子的磁場都相當微小，但是如果許多電子的自旋軸都排成相同的方向，產生的磁場就會加強。一般常見「磁鐵」的磁場，就是裡面電子旋轉產生同向的磁場所形成。

Spinor representation 旋量表現

旋量是一種高等形式的**向量**，在**狄拉克方程式**中描述電子**自旋**，也是統一理論 SO（10）（喬基－格拉肖）**物質粒子**的**性質空間**的數學描述，在第十八章〈量子美（四）〉和其他幾種物理前端課題中都有勾勒。不過，旋量的數學描述超出本書的範圍，尾注另外列有兩項參考。

Spontaneous symmetry breaking 自發對稱破缺

在精確落實**對稱**與完全沒有對稱之間，存在一種稱為自發對稱破缺的可能性，在對世界的描述中顯得突出。

如果方程組具有以下的情況時，稱為具有自發破缺：

- 方程組滿足對稱，但是
- 這些方程組的穩定解並未滿足對稱

在這種情況下，觀察不到對稱自有理由：對稱在方程組裡，但從其解當中我們看不到對稱！

例如：在描述天然磁石的基本方程組中，任何方向都相等，但是磁鐵中所有方向不再是相等的，在特定方向具有極性可以當指南針。要說明旋轉對稱如

何失去（或「破缺」）很簡單，但是其意義卻很深遠。

作用力會讓磁鐵裡面電子自旋的方向傾向一致。為了回應這些作用力，所有電子必須選定一個共同的方向。雖然作用力（以及描述它的方程式）對於任何選定的方向都一樣要滿足，但是一定要做一個選擇。所以方程式的穩定解，會比方程式本身擁有的對稱更少。

在**弱力核心理論**中，受到布滿空間的**希格斯場**影響，弱**色空間**方向的旋轉對稱發生自發破缺，基本的道理跟磁鐵的情況十分雷同。在磁鐵中描述電子的方程式鼓勵鄰近的電子都對齊方向；同樣地，弱作用方程式也鼓勵時空中鄰近點的希格斯場在弱**性質空間**裡對齊方向。在一定得選一個共同方向的情況下，（弱性質空間裡）旋轉對稱出現自發破缺。

這些想法對弱作用力提出很成功的解釋，並預測希格斯粒子的存在，鼓勵我們藉由思考背後更大的**對稱群**，進一步思索描述世界的方程式背後，是否可能擁有比真實世界看到更大的對稱。

Standard model 標準模型，見 **Core theory 核心理論**。

Standing wave 駐波／ Traveling wave 行波

波在有限區域振盪稱為駐波。因此，弦樂器或共鳴板的振動都是駐波；駐波通常又稱為振動或振盪。

未局限在有限區域、而是會在空間行進的波，稱為行波。在一般用語或物理學中，所說的「聲波」通常是指行波。平台鋼琴共鳴板的振動是駐波，來回推動附近的空氣，運動的空氣對鄰近的空氣施力，又對鄰近的空氣施力等等，造成擾動並生生不息。這就是行進的聲波，可以傳至遠方讓人聽見。

與電子相關的波函數可以是駐波或行波。

一個電子受質子束縛，形成電中性的氫原子，其波函數也可看成是駐波，雖然嚴格來說它擴及整個空間。然而，遠離質子的電子機率雲（反映波函數幅度）迅速減小，只有在質子旁邊一點才顯著不為零，這就是電子受質子束縛的意思。因此實際上，波函數被局限在有限的空間區域，所以應當視為駐波。

未受約束的電子其波函數能在空間自由行進，則視為行波。

又見 **Schrödinger equation 薛丁格方程式**。

Stationary state 穩定態

在歷史上，「穩定態」一詞首度在波耳的原子模型出現。受帶正電質子束縛的帶負電的電子，若是套用古典力學和電動力學，將找不到穩定態。電子會放射出**電磁波**，漸失去能量而旋入質

子。為了避免災難，波耳引進穩定態的激進假設，電子只能占據幾個古典軌道，藉以定義其允許的「狀態」。在這些特定的軌域中，電子不會放射，而保持「穩定」，因此允許的**軌域**定義了穩定態。

雖然波耳模型已由現代量子力學取代，然而他提出的要素，包括穩定態的概念，都受到現代理論的肯定。在現代量子理論中，電子的狀態由**波函數**描述，波函數與相關的**機率雲**依據**薛丁格方程式**隨時間演變。在薛丁格方程式的解中，有一些特殊的機率雲完全不會隨時間改變。在量子理論中，這些解具有波耳模型中穩定態的特性，所以我們說在量子理論中機率雲不會隨時間變化的波函數，即為穩定態。一張圖勝於千言萬語，請見第十二章〈量子美（一）〉附圖與**光譜**。

定義穩定態（即波函數的機率雲不會隨時間變化）的特殊波函數，在思考原子物理學和化學上都極為有用。為了向波耳首度提出允許軌道致敬，物理學界也沿用「軌域」一詞。

穩定態的概念只是一種近似，因為電子可以在狀態之間轉換。具體來說，在穩定態的電子可以通過發射或吸收**光子**，而轉變成另一種穩定態。波耳在模型中對於這種不連續的變化，無法提出詳細的說明或機制，只承認這只是一個附加假設：**量子躍遷**或**量子跳躍**的可能性。

在現代量子理論中，穩定態之間轉換是方程式必然的結果。物理上，這些是由於電子和**電磁流體**之間的交互作用而造成，因為相較於約束電子的**基本電力**，這種交互作用極為微弱，我們通常仍以穩定態觀念為出發點，而把躍遷視為計算的修正。在這種方式下，可發現轉換並非真的不連續，不過發生極為快速。

發射過程在概念上極為有趣。電子以光子的形式產生電磁能，而原本光子並不存在。這是由於電子遇到電磁流體的自發活動，貢獻自己一些能量，強化該活動。在這種情況下，電子轉換到能量較低的狀態，虛光子變成實光子，就有了光。

Strong force 強作用力

強作用力和**重力**、**電磁力**和**弱力**，是自然四大基本作用力。強作用力是自然界中最強大的作用力，讓原子核凝聚在一起，並支配高能**加速器**（如**大型強子對撞機**）研究裡大多數的碰撞事件。

二十世紀早期**原子核**發現不久後，物理學家體認到當時已知的**重力**和**電磁力**等作用力，無法解釋原子核最基本的屬性，甚至連它怎能聚在一起都無法解釋。這刺激往後數十年實驗和理論對於次核子物理學的深入研究。這項研究的成果便是**核心理論**，也是正文費盡篇幅

的主題。在核心理論裡，強作用力是**量子色動力學（QCD）**的表現。

「強」和「力」合起來使用可能不夠明確，因為「強作用力」或許會被想成是造成加速度，而談到中子星或黑洞的重力影響時，可能也會說重力對附近的行星施加強大的作用力。為了避免混淆，在那些情況下最好用「強大的（powerful）作用力」或「強大的交互作用」，避免「強作用力」和「強交互作用」等術語。

強作用力也被稱為強交互作用，見 **Force 作用力**。

Substance particle 物質粒子

這是統稱費米子的另一種方式，在**核心理論**指**夸克**和**輕子**。

如果**超對稱**是正確的，那麼每個物質粒子都有一個相關的**作用力粒子**當「夥伴」。當物質粒子在**量子維度**中運動時，會變成其作用力粒子夥伴。

Superconductivity 超導／Superconductor 超導體

許多金屬和幾種非金屬材料冷卻到絕對零度時，會出現質性不同的新行為，最顯著是電阻會突然下降到零，展現**超導性**，成為**超導體**。

超導性是 1911 年由昂內斯（Kamerlingh Ones）實驗發現，許多年來都無法用理論加以解釋。1957 年巴丁（John Bardeen）、庫柏（Leon Cooper）與施里弗（J. Robert Schrieffer）終於有所突破，提出超導 BCS 理論。他們的研究不僅解釋超導的出現，其概念所蘊含的力與美，也適用於其他問題，特別是預示了**自發對稱破缺**和**希格斯機制**。

在超導體內，**光子**表現得彷彿具有非零**質量**。描述這種情況的方程式，本質與**核心理論**賦予**希格斯機制**的弱子非零質量的過程一樣。**希格斯粒子**的發現為我們上了一堂偉大的課，我們等於是住在一個宇宙超導體裡（雖然超導性其實是針對弱荷流動，而非**電荷**）。這個譬喻不但有詩意，而且相當貼切。

Supersymmetry (SUSY) 超對稱（超對稱）

超對稱是一種獨特的對稱。超對稱的轉換涉及**量子維度**的位移或平移。當一個**作用力粒子**（**玻色子**）移動到量子維度，就變成了**物質粒子**（**費米子**），反之亦然。

如果作用力和物質真的是相同的東西，只是從不同的角度觀看，將能提升對自然的根本認識，連貫一體。然而，目前雖然超對稱的證據令人印象深刻，卻是間接的。

Symmetry 對稱／Symmetry transformation 對稱轉換／System

group 對稱群

在數學和數學科學中，若是物體部分發生變動，然而整體保持**不變**，即稱該物體具有對稱性，而這種轉換稱為對稱轉換。

對稱和對稱轉換的概念也適用於方程組。若是轉換涉及方程式中量的改變（一般以交換或更複雜的方式混合），卻未改變整體系統的意義，則稱該方程式系統具有對稱性。

例如：方程式 x = y 具有在 x 和 y 交換的轉換中含有對稱性，因為轉換過後的方程 y = x，與原來的意義完全相同。讓物體保持不變的全部轉換的集合，稱為其對稱群。

Synthesis 綜合

將簡單的成分或概念組合起來，產生更複雜結構的過程，見 **Analysis and synthesis 分析綜合**。

Time translation system 時間平移對稱

時間平移涉及將事件時間移動一個共同量的轉換，而時間平移對稱，是指在這種轉換下，物理法則保持**不變**。時間平移對稱是用**嚴謹**的方式，表述物理法則貫穿歷史皆保相同。時間平移對稱與能量守恆透過諾特定理緊密相關。

Tone 音／ Pure tone 純音

「純音」一詞在本書中指簡單的波動，時間和空間上皆具周期性（這裡的「簡單」具有明確的技術意義，波形為正弦波，但這裡不加贅述，尾注列有兩個簡單的參考）。

對我們來說，純音最重要的例子為聲波和**電磁波**（尤其包括光）。聲波涉及到空氣壓力和密度的變化；電磁波則是電場和磁場。

純音（前面已按數理方式定義）與單純感官的相應，是研究自然帶來一項深奧而令人滿意的結論。純音調很容易以電子方式產生，其中許多種形式都為人熟悉，包括聽力測驗、原始電子音樂（例如賀卡的聲音）或音叉。純色調是出現在彩虹，或是陽光通過稜鏡（如牛頓實驗）析出的光譜色。這些感官與概念上對於純音的互補觀點，優美地呈現出我們期盼的對應性：

真實 ↔ 理想

至於更傳統的樂器，即使彈奏一個「音符」，產生的音調遠非純音。細節變化隨樂器各有不同，但不管如何，該音符包含許多同時發出的純音，各有不同的強度。其中最強的純音為音符定名，而樂音的音色（可區分不同的樂器）主要是其他泛音的函數。

這些都在正文有進一步討論，也可參考 Spectra **光譜**。

Translation 平移

系統在時間、或空間上固定的移

動，見**Space translation symmetry 空間平移對稱**和 **Time translation symmery 時間平移對稱**。

Transverse wave 橫波／ polarization 偏振（光）

在本書思想中，最重要的橫波是**電磁波**，光是其中特殊的例子。

當電磁波行經缺乏普通物質的空間（**真空**），其電場和磁場（兩者都是**向量**）與波前進的方向垂直，正是電磁波為橫波的意思。因此就橫波來說，波產生的活動與波行進的方向呈垂直。

另一方面，聲波不是橫波。聲波壓縮、舒張空氣的運動，與波行進的方向相同，這種波稱為縱波。

即使是最簡單的光波（與純光譜色有關），除了顏色和行進方向之外，還有偏振的特性。最簡單的可能性是線性偏振，如果光波朝向我們，其電場方向永遠與頭腳連線的方向一樣，我們說光在頭腳連線的方向呈線性偏振。馬克士威方程組解，可對應於任何橫向的線性偏振，即任何方向皆與波的前進方向呈垂直。還有其他更複雜的可能性，電場隨著時間在垂直於波前進方向的平面上描繪圓或橢圓，形成圓形或橢圓偏振光。

人類對於光的偏振並不敏感（有些小小的例外），雖然有許多動物（尤其是昆蟲和鳥類）在這方面表現令人讚嘆。

Traveling wave 行波，見 **Standing wave 駐波／ Traveling wave 行波**。

Ubiquitous 無所不在，遍布、到處都是。

Unification 統一

相關的觀念統一成為連貫的整體，是講求思考的經濟性，而統一的互補性則是調和明顯的對立。當對立調和之後，可看做是在本質上已經統一之事物所表現的互補面。

本書問題提出統一美麗與實際體現的挑戰，即統一理想與真實。

無論是要綜合相關想法，或是調和明顯對立，統一在自然哲學進展的諸多哩程碑中，一直擔綱要角：

- 系統性使用**座標**，由笛卡耳（1596-1650）在一六三七年的〈La Géométrie〉中率先提出，統一了代數和幾何。
- 牛頓的萬有引力定律和運動定律，統一天文學和物理學。伽利略使用望遠鏡觀測，發現月球地形起伏與木星衛星系統，以有力圖像促成兩學門的統一。
- **馬克士威電磁方程組**統一電和磁的描述，並對光提出電磁解釋，促成光學現象的統一。

- 愛因斯坦的**狹義相對論**帶來時間空間組合的**對稱轉換**，視這些為統一時空的兩面。
- 法拉第和馬克士威的**電磁流體**，以及愛因斯坦的**度規流體**，將虛空廢棄，把時空與物質用統一方式描述。
- **量子流體**的**量子**概念，以電磁輻射（光）的光子為代表，統一物理行為的粒子與波描述。

站在今日物理學的前端，誘人的跡象顯示新統一可望很快實現。

- 核心理論都是根據局部對稱，但是**強**、**弱**與**電磁力**理論中所對應的轉換，個別對自己的**性質空間**作用，而**重力**理論的轉換是對時空作用。我們尋求涵蓋更廣的局部對稱，讓這些成為一體。

有了**超對稱**，或許可望統一**物質**和**作用力**。

這些都是在第十八章〈量子美（四）〉探討的想法。

Universe 宇宙／ Visible universe 可見宇宙／ Multiverse 多重宇宙

現代物理學開拓宇宙學的想像空間，遠超過日常用語所能形容。為了要如實呈現，必須擴大與改進日常用語。特別是，要含糊使用「宇宙」一詞來涵蓋「一切」，是行不通的。雖然科學文獻對這些問題尚未完全達成一致，不過我認為區分成三種概念很有用，可反映出科學上最常見的用法，或許很快也會成為標準的用語。

可見宇宙包括任何可觀察到的一切。因為光速是訊息傳播的極限速度，而大霹靂之後有限的時間，是觀察無法超越的極限。受到有限速度與有限時間的限制，我們明白人類只能探及有限距離的訊息，這稱為視界。有兩點需要注意：

- 隨大霹靂愈來愈久，視界也會隨著時間增長。因此，可見宇宙過去比較小，可預期未來會變大。
- 如果光速不是訊息傳播的根本限制，或者人們學會觀察超越大霹靂之前。在這種狀況下，必須重新思考何謂可見宇宙。

今日的可見宇宙，似乎大抵相同。不管看得多遠、往哪個方向，天文學家皆發現了同類的恆星，組成同類的星系，遵守同樣的物理法則。若假定這種模式隨視界擴展而延續下去，會得到了平常所稱的「宇宙」。這種意義的宇宙是我們憑過去對可見宇宙的經驗，經保守的邏輯推理延伸到無窮的未來。

然而，現代物理學定律讓我們看到，可能存在**本質**不同形式或相的物理世界，類似於水可以冰、液態水或水蒸氣等不同的形式存在。在這些不同的相中，空間布滿不同的**場**（或是相同的場，但具有不同的強度），見**真空**。因

為這些場大抵決定裡面運動的物質之特性，所以實際上這些不同的區域之中是由不同的物理法則所主導。若是空間存在這種各式各樣的區域，那麼我們定義的「宇宙」不是真實的整體或全部，整體真實是所謂的多重宇宙。

既然有多重宇宙，所以我們所觀察到的物理法則並非全部，這種想法是**人擇論點**的重點所在。

Vacuum 真空／Void 虛無

我們通常將「真空」理解成為「沒有物質的空間」，所以說將空氣抽出一個容器叫「製造真空」，或者說「真空管」、「星際真空」等。這種用法會造成混淆，因為：

- 會找到什麼，要看多麼認真尋找。例如，所謂星際空間的「真空」，其實遍布微波背景輻射，星光背景、宇宙射線、各種微中子、暗能量與暗物質等。在地球上，真空工程師可以努力將前面兩種東西與大部分第三種東西從空間中排除，但是後面三種卻沒有辦法。所幸，這不會有實用上的麻煩，因為微中子、暗能量、暗物質和其他現在還不知道的東西，與**正常物質**的交互作用極為微弱。
- 認為哪裡有什麼，要看多麼認真思考。在核心理論中，縱使理想上「空」的空間，也布滿各式**量子流體**，包括**電磁流體**、**度規流體**、**電子流體**、**希格斯流體**等等，以及度量場和希格斯**場**。

當說到「真空」一詞時，通常可以從上下文知道在講什麼；但是在做基本思考時，應當明白「真空」並非確切指特定事物。尤其，哲學上「虛無」的概念，與現今物理世界對於物理空間的任何理解都大不相同。

在現代物理宇宙學中，重要的是要考慮到布滿空間的場，如**希格斯場**：

- 具有深沈的物理效應，會改變物質的行為，及對暗能量造成貢獻
- 存在於任何物理定義的真空中（因為場四處遍布不可避免）
- 在極端條件下，場的強度會改變。

綜合這些觀察，可以想見或許有顯著不同的物理真空存在，遍布的場各有不同的強度。不同真空裡物質的行為可能截然不同，包括**暗物質**與**暗能量**的密度。

引人深思的結論，是我們必須將空間本身視為一種物質，具有不同的相，如同水可以液態水、冰或水蒸氣等形式存在，見 **Universe 宇宙／ Visible universe 可見宇宙／ Multiverse 多重宇宙**。

Vector 向量／ Vector field 向量場

向量可以幾何或代數兩種方式定義。

幾何上，向量是同時具有大小和方向的量。例如：

- 如果有A和B兩點，A到B的直線位移即是一個向量，幅度是A和B之間的距離，方向是從A到B的方向。
- 粒子的**速度**是向量。
- 任何點的**電場**是向量。

代數上，向量只是簡單的數列。

這兩個定義之間靠**座標**連結。在上面的例子中，向量是普通三維空間的向量，對應於一組三個的實數。在**座標**的條目中，則提到一些有趣且重要的變化。

當我們對空間中每點分配一個向量值，即成了向量場。例如：

- 水的不同部分以不同速度運動，這些速度定義一個向量場。
- 電場和磁場都是向量場。
- 電腦螢幕上每一點，紅綠藍三色在該點的強度以三個數標示，定義一個向量。因此，在電腦螢幕顯現的是顏色的向量場。

Velocity 速度

直觀上，速度定義為位置的變化率。

因此，定義一個粒子的速度時，我們取時間 Δt 內其位移 Δx，得到 Δx / Δt 的比，當時間間隔 Δt 愈來愈小時，得到一個極限值，即是速度。

見 **Infinitesimal 無窮小**，有一些基本的討論。

Virtual particle 虛粒子，見 **Quantum fluctuation 量子擾動／虛粒子／真空偏振／ Zero-point motion 零點運動**。

W particle W 粒子

一種大質量的粒子，在弱作用力中扮演核心角色，見**弱作用力**和**弱子**。

Wave function 波函數

在古典力學中，粒子每個時間都在空間中占據一個特定的位置，而在量子力學中，對粒子的描述則相當不同。例如，在**量子理論**中描述電子時，必須指定電子的波函數。電子的波函數會支配其**機率雲**，機率雲在空間某區中密度的量值，代表在該區找到電子的相對機率。

這裡將對電子的波函數提出更精確的描述，要能充分受惠，至少需先熟悉**複數**和機率數學。縱使讀者決定要跳過這一段，以星號（*）標示的結尾處，也是值得一看。

電子分布空間中的波函數，是一個複數的**場**，因此波函數在空間每點分配一個複數，稱為該點、該時波函數的值或振幅。波函數遵守（相對）簡單的**薛**

丁格方程式，但本身不具有直接的物理意義。

具有直接物理意義是波函數振幅平方之後得到正實數（或零）的場，數學運算後可從電子波函數得到對應的機率雲。在給定位置與給定時間發現電子的機率，與該地該時波函數振幅平方成正比。

雖然電子是由布滿空間的函數來描述，但我們不應把電子視為是延伸擴張的物質。觀察電子的時候，都是觀察到完整的物體，具有特定的質量與電荷等等。波函數帶有找到一個完整粒子的訊息，而不是粒子某部分的訊息。

量子力學描述兩個以上的粒子時，自然而然也是根據波函數，並帶進「纏結」（entanglement）的新特性。兩個粒子即具備這種新特性，以下專心說明以便了解。

為了了解纏結現象，讓我先來談談一種對兩個粒子描述的猜測，雖然乍聽之下很合理，但其實是錯的。有人可能會猜，兩個粒子的波函數是將兩個粒子的波函數相乘，但如果平方後得到機率雲，會發現在 x 找到第一個粒子又在 y 找到第二個粒子的聯合機率，等於在 x 找到第一個粒子與在 y 找到第二個粒子機率的乘積。換句話說，兩個機率是獨立的。這在物理上是不可接受的結果，因為在物理上第一個粒子的位置必然會影響第二個粒子的位置。

正確描述要直接採用波函數，是一個六**維**空間的場，**座標**為描述第一個粒子位置的三個座標，加上描述第二個粒子位置的三個座標。波函數值平方得到聯合機率，會發現粒子不再獨立，測量其中一個的位置會影響在哪裡發現另一個粒子的機率。因此，我們說兩者發生纏結了。

纏結在量子力學中很常見，也經過完整充分驗證。例如，計算氦原子兩個電子的波函數時，就會出現纏結。如今，氦**光譜**的測量與計算都已非常準確，可發現量子力學高度纏結的波函數其結果與實驗完全符合。

* 在本書問題的脈絡下，可以感受六維空間這創意想像的精美產物，在氦原子中像魔術一樣具體展現出來。當我們學會讀取氦原子的光譜時，等於是六維空間寄來的明信片！*

要從更多的角度來看波函數，可參見**量子理論**的討論。

（最後提醒與警告：「波函數」一詞並未能完善表達意思。「波」一般指振盪，而「波函數」意指振盪的函數，或是描述在某介質中的振盪，然而量子力學的波函數不必振盪，或描述其他東西的振盪。比較恰當的名稱或許是「電子機率場之平方根」，但「波函數」在一般和文獻用語中已是慣例，想改變很難。）

Wavelength 波長

進行重複或是在空間中**周期**變化的波非常重要，不僅會自然發生，也因為根據**分析綜合**的精神，波可做為基本的單位，讓我們建立複雜的波運動。純粹音符的聲波與純粹光譜色的**電磁波**，在空間和時間上都會發生周期變化，見 **Tone 音／ Pure tone 純音**。

在簡單的波中，重複之間的距離稱為波長。因此空間中的變化稱為波長，時間上的變化稱為**周期**，都是傳達相同的概念。例如：

- 人類可以聽到最低的音調，對應於空氣中的十公尺波長，而最高的音調，對應空氣中的一公分波長。無獨有偶，絕大多數樂器的尺寸大約是在這範圍的中央，因為它們的設計顯然需要根據人類最能夠聽到的聲波範圍。管風琴的低音管和短笛，分別探索這範圍兩頭的極限，而狗嘯則是更超越了一步！
- 人類可以看到的光譜色，波長範圍從四百奈米的藍端，到七百奈米的紅端。這些小小的波長完全無法用機械裝置探測，光的「樂器」則是原子和分子。

當然，在適當設備或裝置的幫助之下，有可能拓展感官之門。

Weak force 弱力

弱力與**重力**、**電磁力**、**強作用力**，是自然的四大基本作用力。

弱力與各式各樣的轉換過程有關，包括一些形式的核放射、恆星內部的核燃燒，以及宇宙萬物所有化學元素（即原子核）從質子和中子開始的合成過程。

弱力也稱為弱交互作用，見 **Force 作用力**。

在核心理論內，理解到弱力是 **W** 和 **Z** 粒子等**弱子**對弱**色荷**反應而起。如同其他核心作用力，弱力也是**局部對稱**的一種表現。

學者提出**希格斯機制**解釋弱力，具體在於解釋弱子的非零質量，這脈想法導致**希格斯粒子**的發現，並成功預測**希格斯場**布滿空間並以許多方式修改其他粒子的行為。

將「弱」和「力」放在一起有時會造成混淆，因為「弱力」可能會被想成不強大的影響。因此在駁斥占星術可信與否，論及遠方星球重力對人類命運的影響時，我們或許會說：「如此弱力，無關緊要。」為了避免混淆不清，此時我會用「微弱的作用力」或「微弱的交互作用」，而避免使用「弱力」和「弱交互作用」這類詞語。

Weakon 弱子

弱子的美妙之處，在於它可用數種**互補**方式定義：

・弱子是 W 和 Z 粒子，在**加速器**的偵測器裡觀察到。

・弱子是弱力**流體**的**量子**，對弱荷運動的回應造成**弱作用力**。

・弱子體現一種特定的**局部對稱**，即弱荷**性質空間**的旋轉對稱。這是弱子最優美的定義，色**膠子**、**光子**、**重力子**之間與弱子的家族關係，全都是**局部對稱**的體現，讓人想到本書問題，以及**核心理論**所提供的答案。變形藝術展現的局部對稱的概念，確切出現在真實物體中，我們發現「真實↔理想」。

Yang-Mills theory 楊－米爾斯理論

一九五四年楊振寧與米爾斯發現一系列廣泛的新理論，將**性質空間**的**剛性對稱**擴展到**局部對稱**裡，通常稱為楊－米爾斯理論，以茲紀念。**核心理論**的**強**、**弱作用力**部分，已併入這種建構中。

一九一五年，愛因斯坦為將**狹義相對論**擴充成**廣義相對論**，將**伽利略對稱**從剛性擴張到局部形式。大致來說，兩位學者指出如何將粒子之間作用的廣泛可能**對稱群**，由剛性對稱擴張為局部對稱。

正文中將剛性對稱擴充到局部對稱的過程，比擬為從普通透視法（受**投影幾何**支配）到變形藝術的過程，更加自由廣闊。

Z particle Z 粒子

一種大質量的粒子，在**弱作用力**扮演核心角色，見 **Weakon 弱子**。

Zero-point motion 零點運動，見 **Quantum fluctuation 量子漲落／零點運動**。

〔**注釋**〕

注 1：研究函數在小範圍內的變化以了解性質，即流數法：在數學上，最簡單的周期運動是粒子以恆定速度繞圓一圈。觀察粒子高度變動的方式，能在一條線上實現最簡單的周期運動，它稱為正弦振盪。www.youtube.com/watch?v=mitioODQYgI，在搭配巴哈的音樂下，可看到正弦運動的藝術表現。

在 http://www.mathopenref.com/trigsinewaves.html，可看到這種運動更直接的表現方式，以動畫描繪一項重要的物理過程，即懸掛重物的彈簧在平衡點附近的振動。如果將運動對時間展開，也就是繪製高度與時間的函數，可得到正弦函數。純音調的聲波和純色光波也由正弦描述：在純音中，空氣壓力和密度（相對於平均）以正弦波的形式隨時間進行變化；在純色光中，電場與磁場也是呈正弦變化。

因此，當我們耳朵分析聽到的混合

音調，或稜鏡將入射光束分成光譜組成時，所進行的分析過程和數學上的流數法完全不同。一般而言，將輸入波分成不同波長或頻率正弦函數的數學分析，稱為傅立葉分析，以法國數學物理學家傅立葉（Joseph Fourier, 1768-1830）命名。傅立葉分析和相應的傅立葉合成，都是與微積分相輔相成的有力工具。

注 2：為什麼大自然熱衷於結構，將粒子家族重複了三次？對於這一點尚未有令人信服的理論：粒子家族之間的差別，可以看做是另一種類似於強或弱荷的性質。因此，可將家族定義為一種性質空間，將三個不同的家族以顏色來做區分，比如說黃綠色、薰衣草色和牡丹色。徐一鴻、我以及別的物理學家皆猜想，這個性質空間也支持局部對稱。但是由於現有的實驗中，沒有任何跡象顯示家族間轉換的規範玻色子存在，因此就算真的有「家族對稱性」，必定也是嚴重破缺，其規範玻色子的質量一定非常大。

注 3：除重力之外的三種作用力，對荷值的反應正負皆可：有一個有趣的問題是：宇宙為何（或是否）在大尺度上呈電中性？若非如此，電荷無法完全抵消，則電力可能完全支配天文學，而不是重力。對宇宙總角動量，也可以問類似的問題：如果總角動量不是零，宇宙將演化形成漩渦狀結構。不管是什麼原因，宇宙總電荷和總角動量似乎皆為零。在另一方面，宇宙重子和反重子之間卻存在微妙不平衡，這至為重要，否則以物質形成的人類就不會存在了。而對於從大霹靂初期的完全對稱條件，是如何演變並保留這種不對稱，物理學家有一些可能的想法。見 frankwilczek.com/Wilczek_Easy_Pieces/052_Cosmic_Asymmetry_between_Matter_and_Antimatter.pdf。

注 4：重力導致物體之間的吸引力：現在稱為「暗能量」的東西，最早由愛因斯坦提出其存在的可能性。他指出，度規流體可能具有特徵能量密度，基本上就是他的「宇宙項」。為了使該能量密度在伽利略變換下維持不變，必須與同樣大小但帶著負號的壓力一起出現，因此度規流體的正密度必伴隨負壓力。在這種情況下宇宙項為正，而由於負壓力會促成擴張，正的「暗能量」密度會促使宇宙擴張。換句話說，會產生排斥的重力作用。

另外，也可以考慮負的宇宙項：如果所述度規流體的能量密度為負，就會有正壓和收縮的傾向。

後來，物理學家意識到不僅度規流體如此，其他描述自然、充滿空間的流體可能也帶有限的能量密度，可能為正或負值。伽利略對稱保證，這些也會

帶來與能量符號相反的壓力。「暗能量」指這些效果的總和，而「宇宙項」則更具體指度規流體。物理學家不知如何計算這些密度的大小，甚至不知道是否應該分別處理，視為不同的量（見 **Renormalization 重正化**）。

關於這些主題，物理學家自己都搞不清楚，因此大家可能愈看愈迷糊。若想進一步閱讀可參閱：en.wikipedia.org/wiki/Cosmological_constant；en.wikipedia.org/wiki/Dark_energy；scholarpedia.org/article/Cosmological_constant。可以說，基本定義和觀測描述完全沒有爭議，但接下來的理論發展並非坦途。

注 5：弱作用力、超電荷和電磁作用之間具有複雜的關係：電磁作用在核心理論的角色有點複雜，因為會與弱作用力相連結。問題在於，以最簡單方式作用在性質空間的規範玻色子，和具有最簡單物理性質的規範玻色子並不相同。本質簡單者通常稱為 B 和 C，B 媒介黃色和紫色弱荷之間的變換，而 C 對超電荷反應。超電荷與一般電荷密切相關，但並不完全相等。光子和 Z 玻色子是 B 和 C 的兩種數學組合，光子具零質量，帶來電磁作用，而 Z 玻色子將近百倍質子重，首次於一九八三年在實驗中觀察到，在自然界發揮的作用非常有限。

獨立實體帶有的超電荷，等於所代表粒子的平均電荷（基於歷史原因，有時是此量乘以 2）。這是因為參與弱作用的實體，可藉由弱作用改變電荷，因此這個實體並沒有明確的電荷，只能以超電荷做為替代。

歐爾特（Robert Oerter）所著《幾乎萬物理論》（*The Theory of Almost Everything*）是本很好的書，這是針對一般讀者寫的核心理論，包括強作用與電弱作用，能補充這裡的討論。

諾瓦茲（S.F. Novaes）的文章 arxiv.org/pdf/hep-ph/0001283v1.pdf 絕非輕鬆小品，但第二節以盡可能簡單的方式列出基本方程式，第一節附有時間表和背景資料，也是很有用的參考。

注 6：磁場精確定義的技術討論：磁場和所產生磁力之間關係相當複雜。運動中的帶電粒子所受的磁力與場的大小、電荷、運動速度都成正比。力的方向與由速度和磁場向量的方向形成的平面呈垂直，並由右手法則從速度方向掃向磁場方向決定符號，可參見 en.wikipedia.org/wiki/Lorentz_force。另一篇維基的好文章 en.wikipedia.org/wiki/Magnetic_field 包含更多的介紹。諾貝爾獎得主施瓦茨（Melvin Schwartz）所著《電動力學》（*Principles of Electrodynamics*），是一本條理清楚的現代教科書。

注 7：一般用右手法則來解決這種模稜

兩可的狀況：微中子物理的世界寬廣，包括在嚴酷環境的英勇實驗。南極的冰立方實驗將長串的光探測器垂入冰層中探測微中子，網站（www.icecube.wisc.edu/info/neutrinos）有廣泛探討，包括實驗介紹與歷史進展等，並提供很多深入閱讀的連結。

維基百科的文章 en.wikipedia.org/wiki/Neutrino 也不錯，雖然不夠完整。

注 8：旋量的數學描述：

旋量在物理及相關領域中，出現在幾個不同的地方。

旋量可以具有任何維度，特性取決於維度，相當有趣。

由於旋量如此基本，又和幾何密切相關，因此最令人印象深刻的應用，是在電腦繪圖方面，是計算物體在三維空間旋轉最有效的方法。例如，在互動遊戲中需要在短時間計算大量的旋轉，因此使用旋量是最好的方法。

在物理學上，旋量最基本的應用是描述電子和其他自旋 1/2 粒子的旋轉自由度；另一種對應於四維時空的旋量，出現在狄拉克的相對論電子方程式中；SO(10) 統一場論中描述物質實體的是十維空間的旋量；旋量的其他形式更是出現在量子電腦誤差校正理論中。為什麼旋量在這三處都出現，目前尚不清楚，或許是求取統一的另一個機會。

若未經特別的訓練與代數，卻想要深度了解旋量如此超乎直覺之物，恐怕難以辦到。維基百科的文章 en.wikipedia.org/wiki/Spinor 已經做得非常好，但還是相當技術性。偉大的當代數學家阿蒂亞給了場演講〈什麼是旋量？〉，可以在以下連結找到：youtube.com/watch?v= SBdW978Ii_E 在演講中，阿蒂亞將高等數學與奇聞軼事和智慧箴言巧妙穿插。

對旋量來說，旋轉 360 度和沒有旋轉是不一樣的，而要旋轉 720 度才會回復原樣。有個實驗可以顯現這種區別，你可以參照以下連結自己試試：youtube.com/watch?v=fTlbVLGBm3Q。

注 9：這裡的「簡單」具有確切的技術涵義：前面提到的兩個參考連結 www.youtube.com/watch?v=mitioODQYgI、http://www.mathopenref.com/trigsinewaves.html，此處又發揮作用。除此之外，我也要推薦兩個物理學大師探討聲學的經典作品：漢姆霍茲（H. Helmholtz）所著《音調的感知》（*On the Sensations of Tone*），以及雷利爵士所著《聲學理論》（*Theory of Sound*）。兩者都可以免費在線閱讀，也有平價多佛版。